从新手到高手

ComfyUI 智能绘画

从新手到高手

孙文博 汤超 / 编著

清华大学出版社
北京

内 容 简 介

本书全面介绍ComfyUI的使用方法和技巧。本书从认识ComfyUI的基本概念开始，逐步讲解ComfyUI的安装配置、AI生成图片的底层逻辑、节点及工作流的构建原理、常用工作流的基础模块、底模与LoRA模型的理解与应用，再到提示词撰写逻辑及权重控制技巧，以及ControlNet在ComfyUI中的使用。最后，通过讲解组合常用的多种工作流创作各类图像作为综合实战案例，帮助读者理解并掌握ComfyUI在实际应用中的技巧和方法。

本书既可以作为人工智能绘画爱好者的自学资料，也可以作为院校或培训机构ComfyUI相关课程的教材或辅导用书。

版权所有，侵权必究。举报：010-62782989，beiqinquan@tup.tsinghua.edu.cn。

图书在版编目(CIP)数据

ComfyUI智能绘画从新手到高手 / 孙文博，汤超编著.
北京：清华大学出版社，2025.6. -- (从新手到高手). -- ISBN 978-7-302-69414-4
Ⅰ.TP391.413
中国国家版本馆CIP数据核字第2025SF9979号

责任编辑：陈绿春
封面设计：潘国文
责任校对：胡伟民
责任印制：曹婉颖

出版发行：清华大学出版社
网　　　址：https://www.tup.com.cn， https://www.wqxuetang.com
地　　　址：北京清华大学学研大厦A座　　邮　编：100084
社　总　机：010-83470000　　邮　购：010-62786544
投稿与读者服务：010-62776969，c-service@tup.tsinghua.edu.cn
质 量 反 馈：010-62772015，zhiliang@tup.tsinghua.edu.cn
印 装 者：三河市人民印务有限公司
经　　　销：全国新华书店
开　　　本：188mm×260mm　　印　张：15.25　　字　数：520千字
版　　　次：2025年7月第1版　　　　　　　印　次：2025年7月第1次印刷
定　　　价：99.00元

产品编号：110161-01

前言

在这个数字化时代，图像生成技术正以其独特魅力引领创意产业、科学研究及日常生活的变革。Stable Diffusion 作为图像生成领域的一颗璀璨明珠，凭借强大的生成能力、高度的灵活性及广泛的应用场景，正逐渐成为艺术家、设计师及科研人员手中的得力工具。而 ComfyUI 作为 Stable Diffusion 的用户界面，不仅简化了复杂的配置流程，更通过其直观易用的界面和丰富的功能插件，为创作者带来了前所未有的便捷体验。

然而，对于初学者而言，学习 Stable Diffusion 及 ComfyUI 并非易事。复杂的概念、烦琐的配置以及多样的插件选择，往往令人望而却步。为了帮助广大创作者更好地掌握这一技术，我们精心编写了这本全面而深入的图书。

本书旨在从零开始，引导读者逐步走进 Stable Diffusion 及 ComfyUI 的世界。本书详细介绍了 Stable Diffusion 的基本概念、底层逻辑及主要组成部分，同时深入剖析了 ComfyUI 的安装配置、节点及工作流的构建原理。通过学习这些基础知识，读者能够深入理解 Stable Diffusion 的运行机制，并熟悉 ComfyUI 的操作界面与核心功能，为后续的高级应用奠定坚实基础。

在内容编排上，本书强调理论与实践相结合。除了系统地介绍 Stable Diffusion 及 ComfyUI 的基础知识外，还通过丰富的实战案例，展示如何运用所学知识解决实际问题。这些案例覆盖了图像尺寸调整、处理提示词、图像放大、人像换脸、风格迁移等多个方面，以帮助读者掌握多样化的图像生成技巧。

同时，我们也密切关注技术的持续发展与更新。本书中不仅介绍了 Stable Diffusion 及 ComfyUI 的最新版本和特性，还探讨了 ControlNet 等新技术在图像生成领域的应用。通过这些内容，读者能够紧跟技术前沿，不断提升自己的图像生成能力。

此外，本书特别重视用户体验和实用性。在编写过程中，力求语言简洁明了、步骤详细清晰，以便读者能够快速掌握并应用所学知识。同时，书中提供了大量图片，以辅助读者更好地理解操作步骤，并进行效果展示。

总之，本书是一本全面且深入的指南，旨在帮助读者掌握 Stable Diffusion 及 ComfyUI 的核心技术和实战技巧。无论你是初学者还是经验丰富的创作者，都能从本书中获得宝贵的知识与经验。希望本书能成为你学习和使用 Stable Diffusion 及 ComfyUI 的得力助手，助你在图像生成领域取得卓越成就。让我们一起探索图像生成技术的无限可能，共同开创更加美好的未来！

需要特别指出的是，AI 技术更新迭代速度很快，所以，在学习本书内容以及 AI 相关技术时，必须重视以下两个核心要领。

第一，明白 AI 工具的底层逻辑和操作流程，以应对不断更新的 AI 软件。

第二，始终保持对新兴 AI 工具和技术动态的高度关注和敏锐洞察力。通过积极实践和终身学习的态度，跟踪人工智能在各大领域的革新应用。例如，可以关注作者的微信公众号"好机友 AIGC"，也可以通过笔者赠送的好机友 AIGC 精华知识文摘、好机友 AI 绘画学习知识库两个在线文档关注业界动态。

特别提示：本书编写工作中两位作者各承担了一半的工作量字数。另外，在编写本书时，作者参考并使用了当时最新的 AI 工具界面截图及功能作为讲解依据。然而，由于图书的编辑、审阅到最终出版存在一定的周期，在这个过程中，AI 工具可能会进行版本更新或功能迭代。因此，实际的用户界面及部分功能可能与书中所示有所不同。各位读者一方面要在学习中举一反三，另一方面及时关注本书附赠课程的更新内容。

为帮助各位读者更快地掌握书中知识点，同时也为了拓展本书的内容，购买本书后可添加本书微信客服为好友（客服微信以及获取资源的方式请扫描下面的相关资源二维码获取），获赠以下资源。

1. ComfyUI 从入门到精通教学视频（130 分钟）
2. 好机友 AI 独家模型（30 个）
3. 模型及工作流等（55GB）
4. 20000 个整理好的 AIGC 提示词电子文档（28 类）
5. 好机友 AIGC 精华知识文摘
6. 好机友 AI 绘画学习知识库

相关资源

作者

2025 年 6 月

目录

第1章 认识 Stable Diffusion

1.1 Stable Diffusion 简介 002
1.2 ComfyUI 简介 002
1.3 ComfyUI 与 WebUI 对比 003
1.4 ComfyUI 的优势 003
1.5 ComfyUI 的缺点 004

第2章 安装并配置ComfyUI

2.1 ComfyUI整合包安装 006
    2.1.1 开发者整合包安装 006
    2.1.2 秋叶整合包安装 007
2.2 ComfyUI界面 009
    2.2.1 工作流选项 009
    2.2.2 工具选项及参数显示 011
    2.2.3 菜单界面 011
2.3 配置模型 012

    2.3.1 未使用过WebUI的配置模型 012
    2.3.2 使用过WebUI的配置模型 014
2.4 安装基础插件 015
    2.4.1 安装ComfyUI-Manager插件 015
    2.4.2 安装使用AIGODLIKE-ComfyUI-Translation插件 016
    2.4.3 Manager插件功能详解 017
2.5 ComfyUI界面常用快捷方式 019

第3章 AI生图

3.1 了解AI生图的底层逻辑 023
3.2 CLIP模型 024
    3.2.1 CLIP的基本概念 025
    3.2.2 CLIP在Stable Diffusio中的应用 025
    3.2.3 CLIP参数的影响 025
3.3 Latent空间 026
    3.3.1 Latent空间的定义 026
    3.3.2 Latent空间在Stable Diffusio中的应用 026

3.4　UNet神经网络 027
　3.4.1　UNet的工作流程 027
　3.4.2　UNet在Stable Diffusio中的作用 028
3.5　VAE变分自编码器 029

3.5.1　VAE的基本概念 029
3.5.2　VAE在Stable Diffusion中的作用 029
3.6　ComfyUI图生图的底层逻辑 030

第4章　ComfyUI的节点及工作流的构建原理

4.1　初识ComfyUI节点 033
4.2　节点的分类 034
4.3　安装自定义节点的3种方法 035
　4.3.1　管理器安装 036
　4.3.2　启动器安装 036
　4.3.3　压缩包安装 038
4.4　核心节点使用方法及注意事项详解 040
4.5　节点的基本操作 047
4.6　节点之间的连接 050

4.7　新建工作流 054
4.8　工作流构建的思路 055
　4.8.1　明确需求 055
　4.8.2　准备模型和节点 055
　4.8.3　搭建工作流主干 056
　4.8.4　添加辅助节点和参数调整 056
　4.8.5　测试和微调 056
　4.8.6　保存和分享工作流 056

第5章　掌握常用工作流的基础模块

5.1　调整图像尺寸 058
　5.1.1　获取图像尺寸 058
　5.1.2　缩放图像 059
　5.1.3　裁剪图像 060
5.2　处理图像 061
　5.2.1　局部重绘 062
　5.2.2　修复重绘 064
　5.2.3　生成遮罩 065
　5.2.4　校正图像颜色 067
　5.2.5　重构图 067
　5.2.6　抠图 070
5.3　处理提示词 071
　5.3.1　导入提示词 071
　5.3.2　批量输入提示词 072

5.3.3　反推提示词 073
5.3.4　翻译提示词 074
5.4　图像放大 075
　5.4.1　高清放大图像 075
　5.4.2　放大重绘图像 077
5.5　人像换脸 079
　5.5.1　Reactor换脸 079
　5.5.2　FaceID换脸 080
　5.5.3　InstantID换脸 082
5.6　细节调整 083
　5.6.1　面部细化 083
　5.6.2　重打光 084
　5.6.3　风格迁移 086
5.7　生成视频 087

5.7.1	文生视频 088	5.7.3	表情变化视频 091
5.7.2	图生视频 089	5.8	图像对比 093

第6章　了解底模与LoRA模型

6.1	理解并使用SD底模模型 097	6.3.7	Flux LoRA模型 105
6.1.1	什么是底模模型 097	6.3.8	Flux入门工作流讲解 106
6.1.2	理解底模模型的应用特点 097	6.4	认识Stable Diffusion 3.5模型 110
6.2	理解并使用SDXL模型 099	6.4.1	Stable Diffusion 3.5模型特点 110
6.2.1	认识SDXL模型 099	6.4.2	Stable Diffusion 3.5 的版本介绍 111
6.2.2	SD1.5与SDXL之间的区别 099	6.4.3	Stable Diffusion 3.5 的应用前景 111
6.2.3	使用SDXL模型出图失败的原因 100	6.4.4	Stable Diffusion 3.5模型在Liblib运行 111
6.2.4	SDXL-Lightning 101	6.4.5	Stable Diffusion 3.5模型本地运行 112
6.2.5	SDXL-Turbo 102	6.4.6	Stable Diffusion 3.5与Flux出图对比 113
6.3	理解并使用Flux模型 102	6.5	理解并使用LoRA模型 116
6.3.1	认识Flux模型 102	6.5.1	认识LoRA模型 116
6.3.2	Flux模型与其他模型对比 102	6.5.2	叠加LoRA模型 117
6.3.3	Flux模型版本 103	6.6	底模与LoRA模型匹配技巧 119
6.3.4	Flux模型的关键特性 103	6.7	SD1.5 LoRA、SDXL LoRA、Flux LoRA的关系 121
6.3.5	Flux模型的安装和部署 104		
6.3.6	使用Flux模型注意事项 105	6.8	VAE模型 121

第7章　掌握提示词撰写逻辑及权重控制技巧

7.1	认识正面提示词 124	7.4.1	用花括号"{}"调整权重 131
7.1.1	什么是正面提示词 124	7.4.2	用圆括号"()"调整权重 131
7.1.2	正面提示词结构 125	7.4.3	用双圆括号"(())"调整权重 131
7.2	认识负面提示词 125	7.4.4	用方括号"[]"调整权重 132
7.2.1	认识1.5模型中的负面提示词 126	7.4.5	用冒号":"调整权重 132
7.2.2	认识XL模型中的负面提示词 129	7.4.6	调整权重的技巧与思路 133
7.2.3	认识Flux模型中的负面提示词 129	7.5	理解提示词顺序对图像效果的影响 134
7.3	质量提示词 130	7.6	理解提示词注释的用法 136
7.4	掌握提示词权重 130	7.7	Flux提示词的书写 137

7.7.1	使用自然语言撰写生图准确的提示词........ 137	7.8	SDXL提示词的书写 139
7.7.2	使用Flux在图片上生成文字 138	7.9	提示词翻译节点..................................... 140

第8章　使用ControlNet精准控制图像

8.1	安装ControlNet... 144	8.6	Lineart（线稿）.. 162
8.1.1	安装ControlNet预处理器 144	8.6.1	Lineart预处理器 163
8.1.2	安装ControlNet模型 145	8.6.2	搭建Lineart工作流 163
8.2	ControlNet节点... 147	8.7	Depth（深度）... 164
8.2.1	ControlNet应用 147	8.7.1	Depth预处理器 165
8.2.2	ControlNet加载器 148	8.7.2	实例操作 165
8.2.3	ControlNet预处理器 148	8.8	Openpose（姿态）................................... 168
8.3	Canny（硬边缘）.. 148	8.8.1	Openpose预处理器 169
8.3.1	Canny预处理器 149	8.8.2	实例操作 169
8.3.2	实例操作 150	8.8.3	Openpose骨骼图 172
8.4	Softedge（软边缘）................................... 153	8.9	Inpaint（局部重绘）................................. 172
8.4.1	Softedge预处理器 154	8.9.1	Inpaint工作流搭建 173
8.4.2	实例操作 155	8.9.2	实例操作 175
8.5	Scribble（涂鸦）.. 157	8.10	Flux专用ControlNet概述..................... 177
8.5.1	Scribble预处理器 158	8.10.1	ControlNet V3 177
8.5.2	实例操作 159	8.10.2	ControlNet-Union-Pro 179

第9章　ComfyUI综合实战案例

9.1	生成相似图片工作流 183	9.8	生成证件照工作流.................................... 215
9.2	生成动态图片工作流 186	9.9	批量生成写真照工作流............................ 220
9.3	转变图片风格工作流 190	9.10	一键产品精修工作流................................ 225
9.4	产品更换模特工作流 194	9.11	一键生成人像手办工作流........................ 228
9.5	图片换背景工作流 200	9.12	一键生成艺术字工作流............................ 231
9.6	图片重打光工作流 204	9.13	一键超清放大图像工作流........................ 234
9.7	扩展图像工作流 209		

第 1 章
认识 Stable Diffusion

在介绍 ComfyUI 之前，我们首先需要了解 Stable Diffusion，因为 ComfyUI 实际上是专为 Stable Diffusion 打造的基于节点的图形用户界面（GUI）。这个界面通过拖曳节点和连接它们之间的关系，使用户能够构建、调整以及执行复杂的绘画流程。

1.1 Stable Diffusion 简介

Stable Diffusion 这一模型架构，是由 Stability AI 公司于 2022 年 8 月携手 CompVis、Stability AI 及 LAION 的研究人员，在 Latent Diffusion Model 的基础上共同创建并推出的。其核心技术源于 AI 视频剪辑技术新兴企业 Runway 的首席研究科学家 Patrick Esser，以及慕尼黑大学机器视觉学习组的 Robin Rombach。这两位开发者曾在计算机视觉大会上联袂发表了关于潜扩散模型（Latent Diffusion Model）的研究成果。

Stable Diffusion 是一款深度学习文本到图像的生成模型，它能够根据文本描述精准生成相应的图像。该模型以开源、高质量、速度快、可控性强、可解释性高以及功能多样化为主要特点。除了基础的图像生成功能，它还能执行图像翻译、风格迁移、图像修复等多项复杂任务。

Stable Diffusion 的应用场景极为广泛，不仅可作为文本生成图像的深度学习模型，还能通过接收特定的文本提示词，输出与之高度匹配的图像。例如，当用户输入 paradise, cosmic, beach（天堂般的宇宙海滩）这样的文本提示词时，Stable Diffusion 便能迅速生成一幅展现天堂般宇宙沙滩的绝美画面，如图 1-1 所示。

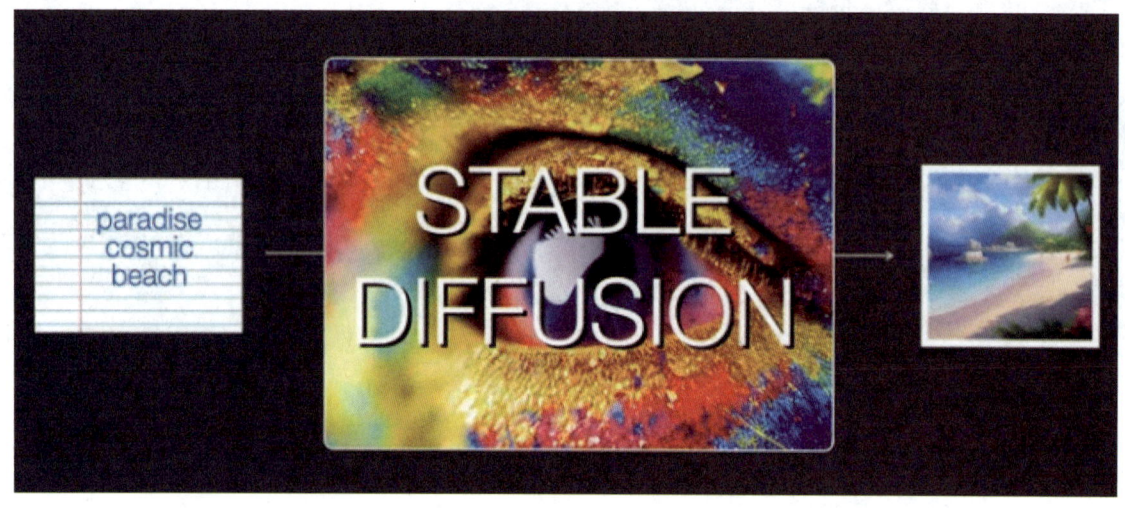

图 1-1

1.2 ComfyUI 简介

ComfyUI 是一款具有创新性的图形界面工具，它巧妙地运用了节点工作流的设计理念，成功地将复杂的稳定扩散算法过程拆解为若干个独立的操作节点。这种精细化的分解方式，极大地增强了工作流的灵活性和可定制性，使用户能够精准地调整并优化流程中的每一个环节。因此，ComfyUI不仅确保了稳定扩散过程的可靠复现，还显著提高了执行效率。

1.3 ComfyUI 与 WebUI 对比

ComfyUI凭借其卓越的自由度和灵活性，为用户提供了丰富的定制化和工作流复用选项，同时对系统配置的要求相对较低，能够大幅加快原始图像的生成速度。然而，由于集成了众多插件节点并设计了相对复杂的操作流程，用户在学习时可能会面临一定难度。

相比之下，WebUI的显著特点在于其固定的操作界面，这一设计为用户带来了直观的操作体验，使学习变得轻而易举。经过一年多的发展，WebUI已经构建了一个成熟稳定的开源生态系统。但相较于ComfyUI，WebUI在性能方面可能稍逊一筹，并且在工作流程复制方面存在局限性，需要用户在每次操作时手动配置。

除了使用流程上的差异，ComfyUI 与 WebUI 在配置、界面等方面也存在诸多不同，具体区别如下。

- **界面操作**：ComfyUI采用节点式操作界面，这种设计使管理更为便捷、操作更加灵活，同时赋予了用户较强的自定义能力；而WebUI则提供了一个完整的可视化操作界面，采用固定模板式设计，这样的设计有助于用户形成长期记忆，快速掌握操作。
- **安装配置**：ComfyUI对显卡的最低要求仅为3GB显存，这样的低配置需求带来了高效的操作体验；相较之下，WebUI对显卡的最低要求为4GB显存，其运行速度相对较慢，对于显存较小的用户来说，可能并不那么友好。
- **性能方面**：ComfyUI在显存资源占用上更为节省，生成大尺寸图片所需时间更短，速度也更快；而WebUI相较于ComfyUI来说，显存占用更多，生成图片的速度也相对较慢。
- **适用场景**：ComfyUI更适合那些需要批量生成图片或拥有特定工作流程的用户，特别是那些追求高品质输出和高度可控性的用户；而WebUI则更适合那些希望快速尝试和探索新功能的初学者，特别是对于那些对Stable Diffusion工作流程尚不熟悉的用户来说，WebUI会是一个更好的选择。

总的来说，ComfyUI 和 WebUI 各具特色，用户在选择时应根据个人需求和偏好进行权衡。若追求高质量输出和精细化控制，ComfyUI 无疑是首选；而若更看重快速入门和丰富的功能体验，WebUI 将是一个更加合适的选择。

1.4 ComfyUI 的优势

ComfyUI 的优势体现在以下几个方面。

- **性能卓越**：ComfyUI显著优化了显存使用效率，从而大幅提升了软件的启动速度和图像生成效率。

这一特点使其在显存资源有限的设备上也能确保流畅、高效的创作体验。

- **创作无界**：ComfyUI为创作者提供了前所未有的自由空间。创作者可以灵活调整各种参数和选项，实现自由无拘的创作和个性化的艺术表达。
- **精准定制工作流**：借助创新的节点流程式设计，ComfyUI使工作流的定制更加精确，并具备出色的可复现性。创作者能够轻松构建独特的工作流程，确保作品的一致性和可重复性。
- **流程轻松分享**：ComfyUI支持创作者将搭建的工作流程导出并轻松分享给他人。这一功能极大地增强了创作的协作性和共享性，便于创作者之间交流想法、分享成果。
- **快速定位错误**：当遇到问题时，ComfyUI提供直观且准确的错误定位功能，帮助创作者迅速识别并解决潜在问题，确保创作过程的顺利进行。
- **模型无缝互通**：ComfyUI实现了与WebUI环境及模型的无缝互通，使用户能够在不同平台之间自由切换，充分利用各种资源和模型，丰富创作手段。
- **智能重现工作流程**：通过导入生成的图片，ComfyUI能够智能识别并自动重现相应的工作流程，同时自动选择匹配的模型。这一功能极大地提升了创作者的工作效率，为他们提供了极大的便利。

1.5　ComfyUI 的缺点

ComfyUI 的不足之处主要体现在以下几个方面。

- **操作门槛较高**：与WebUI固定的工作界面和流程相比，ComfyUI要求创作者根据个人需求定制专属的工作流。这一特点要求创作者必须具备清晰的逻辑思维，否则难以构建出符合预期的工作流程。
- **节点多样性带来的挑战**：在ComfyUI中，实现相同功能的两个工作流可能使用的节点差异较大，除了基础节点外，其他节点可能都不尽相同，包括节点的位置以及节点之间的连接方式等。这就要求创作者必须掌握大量节点的使用方法，否则将难以理解工作流的构建逻辑。
- **插件节点复杂性**：在WebUI中，安装的插件通常是集成在一起的，便于使用。然而，在ComfyUI中，某些插件可能由多个插件节点组成，使用时需要新建这些节点并将其正确连接到工作流中的对应位置。这就要求创作者必须对插件节点的作用及其工作流程有深入的了解，否则即使安装了节点也难以有效利用。

尽管插件节点种类繁多且分类复杂，但作者将在本书第 5 章的讲解中，将常用的插件节点整合成工作流的基础模块，以帮助大家更好地掌握和正确使用这些插件节点。

第 2 章
安装并配置 ComfyUI

2.1 ComfyUI整合包安装

2.1.1 开发者整合包安装

由于ComfyUI是一款开源软件，开发者已将软件的所有文件整合成一个包，并上传至GitHub网站。因此，用户只需下载该整合包至本地并进行解压缩，即可轻松使用。以下是具体的操作步骤。

01 进入ComfyUI主页，单击Direct link to download按钮下载整合包到本地，如图2-1所示。

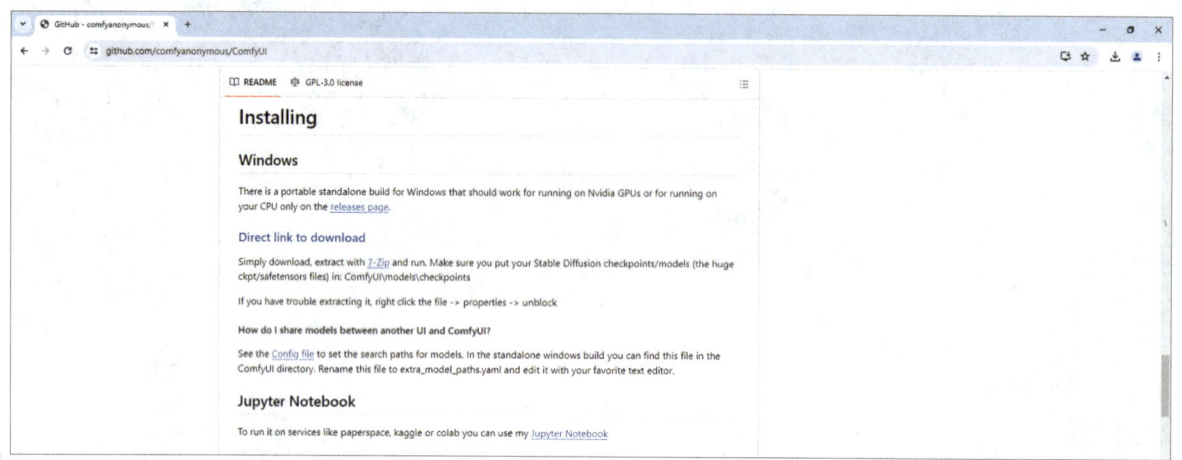

图2-1

02 在文件夹中找到下载好的文件，右击new_ComfyUI_windows_portable_nvidia_cu121_or_cpu文件，解压缩文件到想要安装的位置，如图2-2所示。

03 打开解压缩后的文件夹，找到run_nvidia_gpu.bat文件，双击它启动ComfyUI，如图2-3所示。

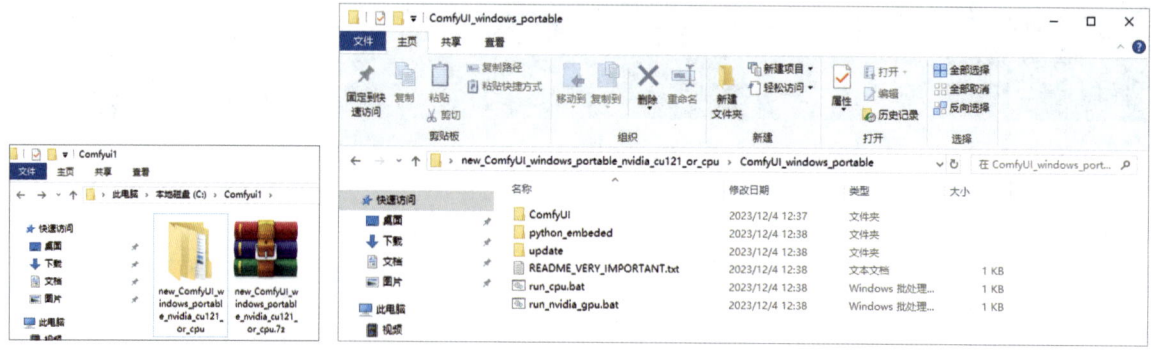

图2-2　　　　　　　　　　　　图2-3

04 等待控制台读取并更新文件后，便会在默认浏览器中打开ComfyUI页面，如图2-4所示。

05 至此，开发者整合包的安装已经完成。但需要特别注意的是，由于作者之前长期使用WebUI，所需的运行依赖环境早已配置妥当，因此，解压后整合包能够直接运行。然而，对于那些未曾使用过WebUI的用户，此步骤很可能会出现错误，需要用户自行安装所需的依赖环境。此外，鉴于这是一个开发者版本的整合包，其配置相对简化，可能不利于后期的管理与使用。因此，作者并不推荐使用开发者整合包。

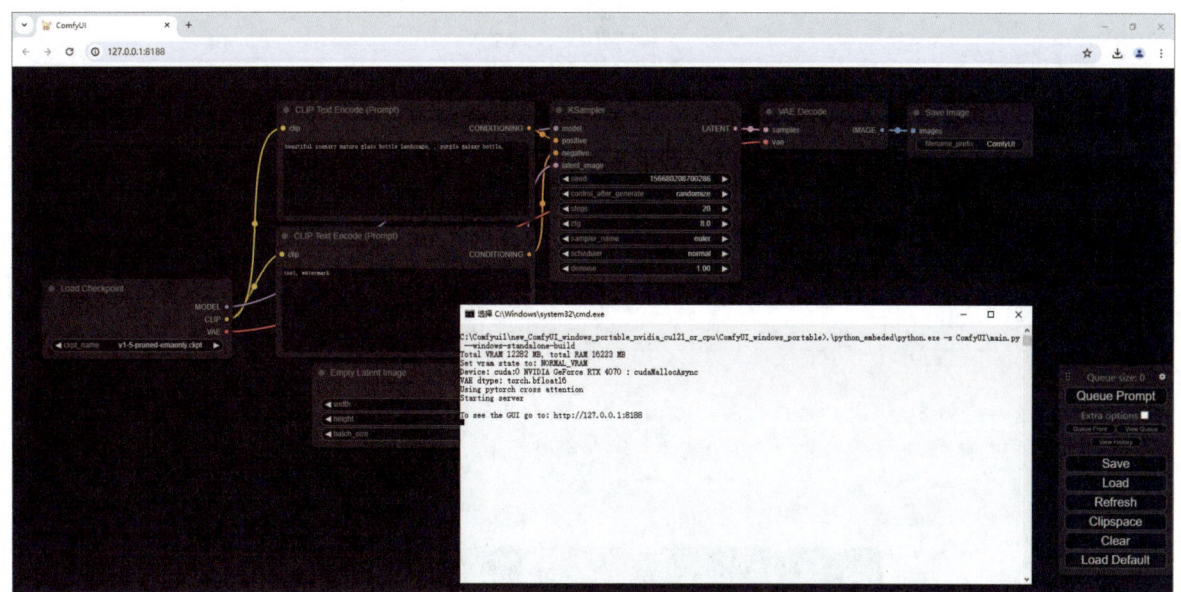

图2-4

2.1.2 秋叶整合包安装

对于曾经使用过WebUI的用户来说，秋叶整合包应该并不陌生。秋叶整合包内置了运行所需的依赖环境和启动器，使后期管理插件以及生成的图片变得异常简单方便。以下是具体的安装操作步骤。

01 进入https://pan.quark.cn/s/64b808baa960#/list/share页面，找到最新版的ComfyUI-aki整合包，作者写作时的最新版本为1.3，所以下载ComfyUl-aki-v1.3.7z文件，如图2-5所示。

图2-5

02 在计算机中找到下载好的ComfyUI-aki-v1.3文件，解压缩到想要安装的位置，如图2-6所示。

03 打开解压缩后的文件夹，找到"A绘世启动器.exe"文件，并双击打开，如图2-7所示。

图2-6

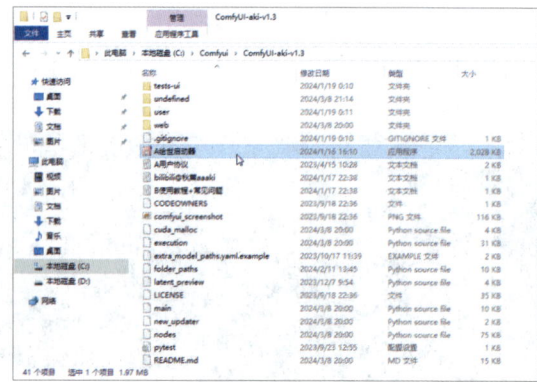

图2-7

04 待启动器更新完毕后,打开"绘世 2.8.4"窗口。对于曾使用过WebUI的用户而言,此窗口的布局应该颇为熟悉,它与WebUI的基本布局相似,但也存在一些细微的差异,如图2-8所示。

图2-8

05 单击"一键启动"按钮,待启动器读取完文件后,便会在默认浏览器中打开ComfyUI界面,如图2-9所示。

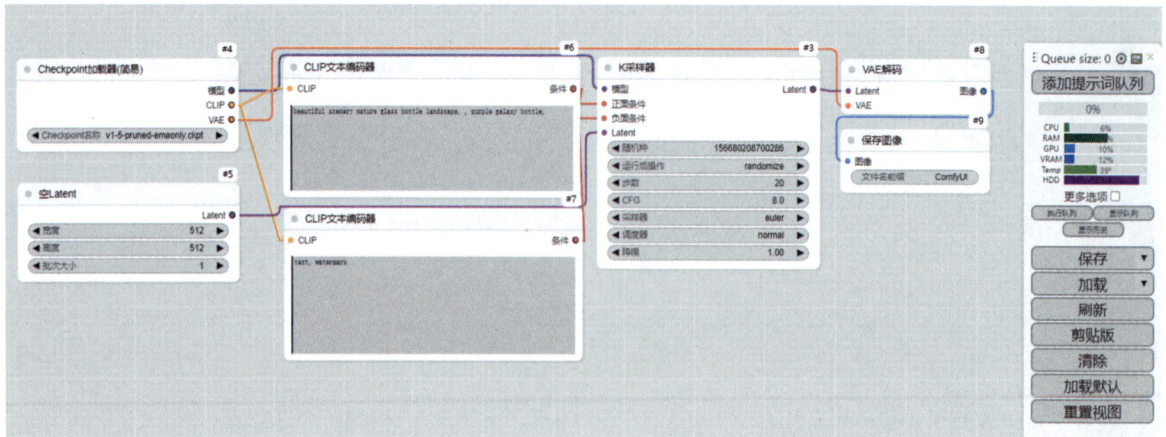

图2-9

至此，秋叶整合包的安装工作就完成了。通过对比两种整合包的安装过程，可以明显发现秋叶整合包不仅附带了一些基本插件，还将界面语言切换成了中文，极大地帮助了初学者上手使用。因此，秋叶安装包也被称为"懒人安装包"，完全可以实现一键安装，非常推荐大家使用。

注意，如果文中给出的整合包下载链接地址失效，请大家关注 B 站"秋叶 aaaki"用户，如图2-10 所示，在其相关视频中获取整合包的下载链接。

图2-10

2.2 ComfyUI界面

在前文讲解的 ComfyUI 的安装过程中，最后都会在浏览器中打开 ComfyUI 界面。尽管整合包版本有所不同，但在浏览器中呈现的界面是一致的，同时，后续的操作与使用步骤也是相同的。与 WebUI 的界面相比，ComfyUI 的界面显得更为简洁，但这可能让初学者感到无从下手。因此，作者在此对 ComfyUI 的界面进行简要讲解，以帮助初学者更好地入门，如图2-11 所示。

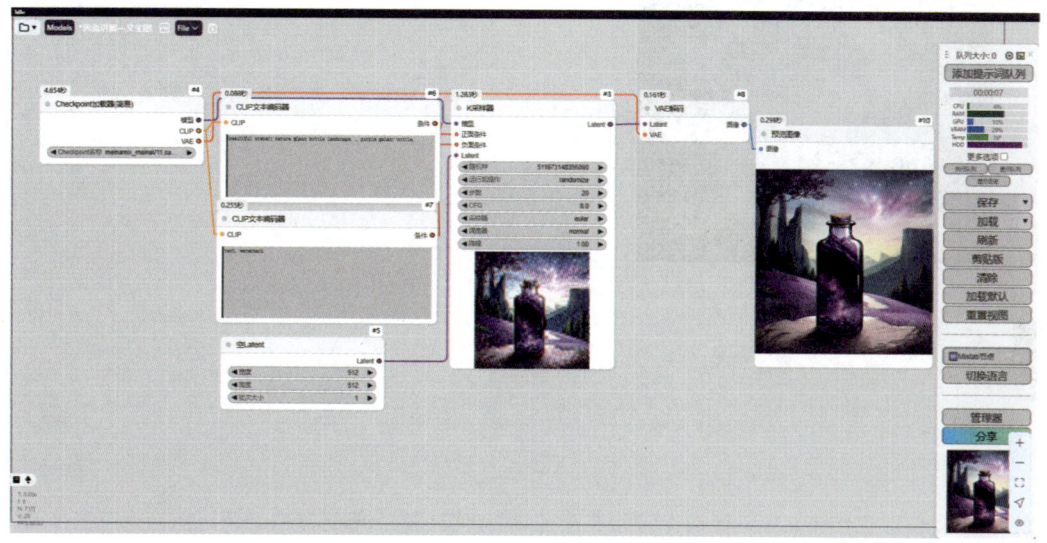

图2-11

2.2.1 工作流选项

在界面的左上角，你可以看到 5 个按钮。▭ 按钮是安装了 comfyui-workspace-manager 扩展后才会显示的工作流管理按钮。单击该按钮，在弹出的界面中，可以查看并管理已保存的工作流，同时也可以进行新建、复制、删除等操作，如图2-12所示。

Models按钮用于查找和安装模型。单击此按钮，将弹出一个界面，允许用户搜索本地的所有模型，如图2-13所示。此外，还可以通过单击Install Models按钮在C站下载所需的模型。但请注意，下载过程需要特殊的网络环境，因此，一般不建议使用此功能。

 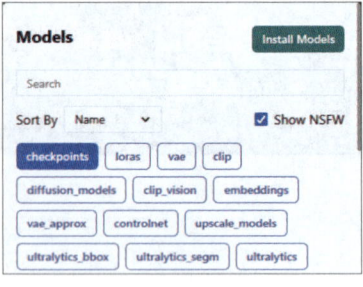

图2-12　　　　　　　　　　　　　　　　图2-13

按钮用于查看由该工作流生成并保存到本地的图像。单击此按钮，可以查看该工作流生成的所有图像以及保存到本地的相关节点参数，如图2-14所示。

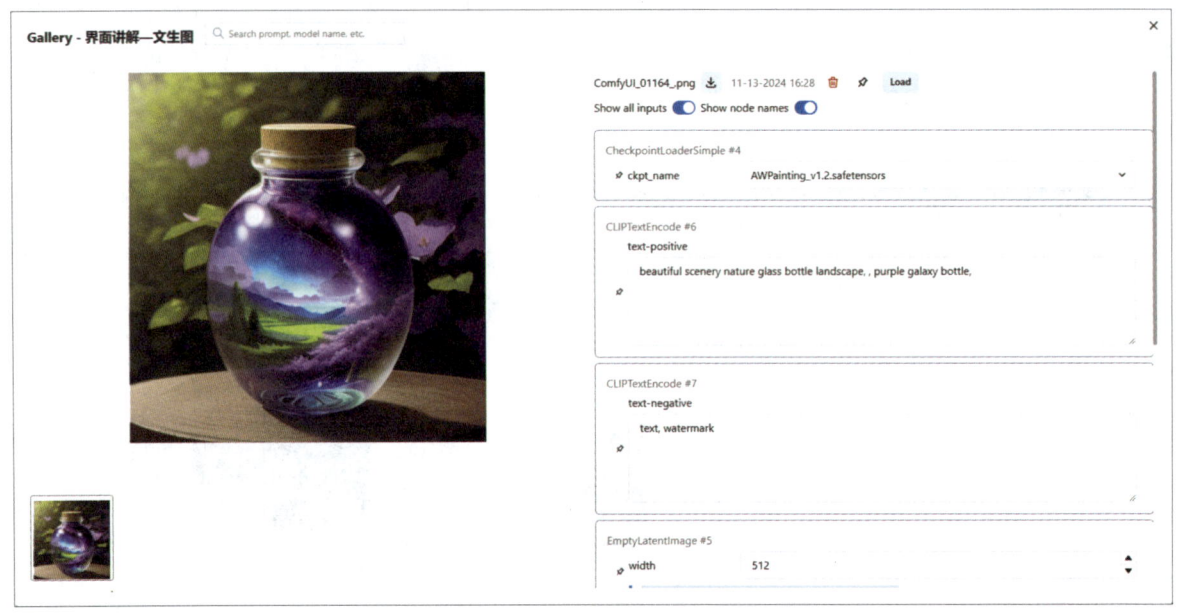

图2-14

File按钮是提供对工作流文件进行操作的列表按钮。在该按钮的列表选项中，可以执行保存工作流、撤销保存工作流、下载工作流、分享工作流等操作，具体功能如图2-15所示。

是比较常见的"保存"按钮，在这里的作用是保存当前的工作流。如果打开的是已经保存过的工作流，单击该按钮可以直接进行保存。如果是导入的工作流，单击该按钮会弹出"输入工作流名字"对话框，如图2-16所示。在输入工作流名称后，单击"确定"按钮，即可保存该工作流。

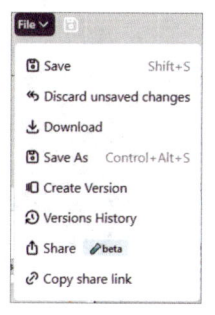
图2-15

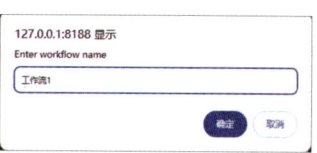
图2-16

2.2.2 工具选项及参数显示

在ComfyUI界面的左下角有两个按钮。■按钮是"管理组"按钮，如果在工作流中创建了组，可以单击该按钮，直接对组进行控制管理；♠按钮是"清理GPU占用"按钮，在使用多个模型生成图像后，可能会出现图像生成速度变慢的情况，这通常是由于GPU占用过高，此时，单击该按钮可以降低GPU的占用率，从而提高图像生成速度。除了这两个按钮，ComfyUI界面的左下角还显示了一些记录ComfyUI操作的参数，但这些参数的实际用处不大，因此可以直接忽略。

2.2.3 菜单界面

在ComfyUI界面的右下角，可以看到ComfyUI的菜单界面。菜单中的内容会根据已安装的扩展而增加相应的参数和扩展功能按钮，因此，菜单并没有一个固定的外观。

在菜单界面的上方，单击◎按钮可以打开设置窗口。在该窗口中，可以对整个ComfyUI进行设置，也可以对已安装的扩展进行设置。这里需要注意的是，在Comfy选项卡的"颜色主题"下拉列表中，可以更改整个ComfyUI界面的颜色，如图2-17所示。这也是在后文讲解中会出现黑色界面与白色界面的原因。

图2-17

在菜单中，最常用的按钮之一是"添加提示词队列"按钮，它实际上就是用于生成图像的按钮。除了单击"添加提示词队列"按钮可以生成图像，还可以单击"执行队列"按钮。既然称为队列，就意味着可以多次单击以添加多个队列，从而生成多张图片。同时，单击"显示队列"按钮可以查看正在运行中的队列和等待中的队列。对于已经运行过的队列，也可以单击"显示历史"按钮进行加载和删除，如图2-18所示。

在菜单的中间部分，"保存"和"加载"按钮都是用于对工作流进行操作的。然而，由于comfyui-workspace-manager扩展的使用更为便捷，因此，这两个按钮并不常用；"刷新"按钮可以在安装了新模型后单击，以便显示新模型；"清除"按钮可以将界面中的所有节点全部清除；"加载默认"按钮则会在清除界面后加载预先设置好的默认工作流；而单击"重置视图"按钮可以将界面恢复到初始状态，如图2-19所示。

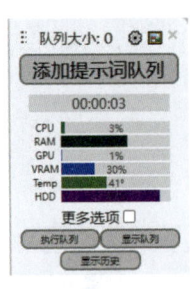
图2-18

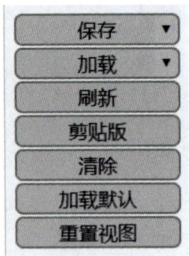
图2-19

除了上面讲解的常用按钮，在菜单的下方还有一个较为常用的"管理器"按钮。该按钮是ComfyUI-Manager扩展的选项按钮，通过它可以安装和管理节点。关于这一功能，会在本书的"基础插件安装"部分进行详细讲解。

2.3 配置模型

2.3.1 未使用过WebUI的配置模型

虽然ComfyUI已经安装完成并可以运行，但ComfyUI整合包中并不包含模型，需要创作者自行下载并配置。如果之前没有使用过WebUI，需要将模型放置在指定的位置。这里以秋叶安装包为例进行说明，官方安装包的操作步骤也是相同的。具体操作如下。

01 在AI网站中找到需要的模型并将它们下载到本地，这里以meinamix_meinaV11.safetensors Checkpoint模型、GoldenTech-20.safetensors LoRA模型、vae-ft-mse-840000-ema-pruned.safetensors VAE模型为例，如图2-20所示。

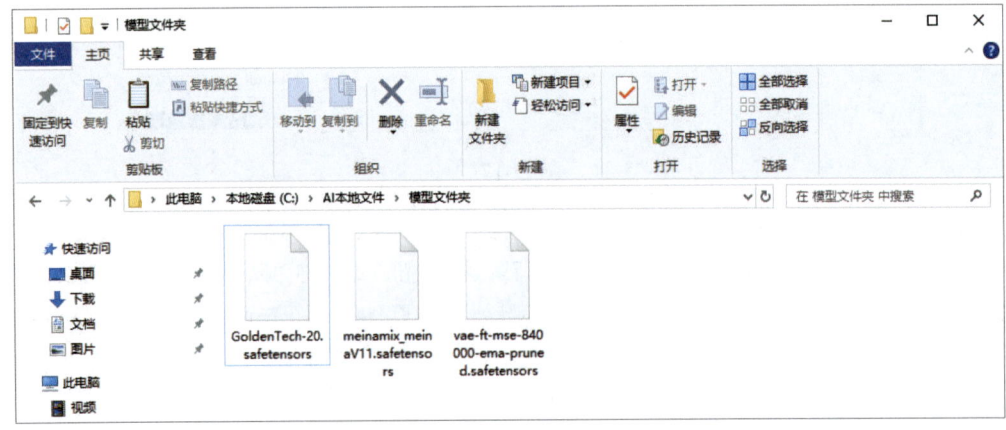
图2-20

02 进入ComfyUI根目录，打开models文件夹，其中包括ComfyUI中所有需要用到模型节点的存放文件夹，如图2-21所示。

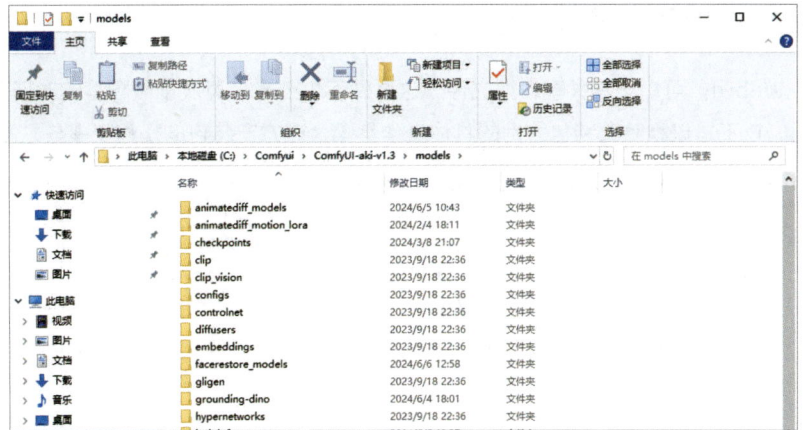

图2-21

03 找到并打开checkpoints文件夹，将meinamix_meinaV11.safetensors Checkpoint模型剪切到文件夹中，如图2-22所示。

图2-22

04 找到并打开loras和vae文件夹，使用同样的操作方法分别将GoldenTech-20.safetensors LoRA模型和vae-ft-mse-840000-ema-pruned.safetensors VAE模型放到对应的文件夹中，LoRA模型如图2-23所示，VAE模型如图2-24所示。

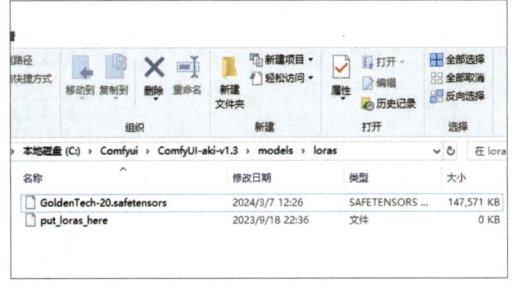 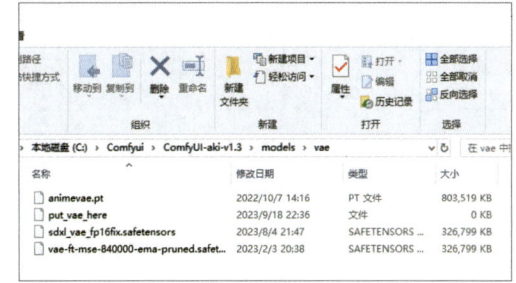

图2-23　　　　　　　　　　　　　　　图2-24

05 模型文件放置完成后，在ComfyUI中使用各节点时，即可直接调用文件夹中的模型文件。后期安装的节点如果需要用到模型文件，也应该放置在对应的文件夹中。需要注意的是，在放置模型文件时，如果ComfyUI正在运行，则需要重启ComfyUI或单击"刷新"按钮，才能看到并调用新放置的模型文件，否则无法直接调用。

2.3.2 使用过WebUI的配置模型

如果同时使用 WebUI，可以与其共享模型文件。这样做不仅节省了再次下载模型的时间，还减少了模型文件占用的存储空间。以下是以秋叶安装包为例的具体操作步骤，官方安装包的操作步骤与之相同。

01 打开ComfyUI的根目录，找到extra_model_paths.yaml.example文件，并将文件名中的.example删掉，这样文件才会启用，如图2-25所示。

02 修改完成后使用记事本软件打开该文件，把文件中base_path:后面的路径改为WebUI的根目录路径，作者这里的路径是D:\Stable Diffusion\sd-webui-aki-v4.4，如图2-26所示。需要注意的是，ControlNet的路径是否修改取决于 ControlNet 模型安装在WebUI的哪个目录，作者就是安装在models/ControlNet路径下，与路径一致，所以不需要修改。

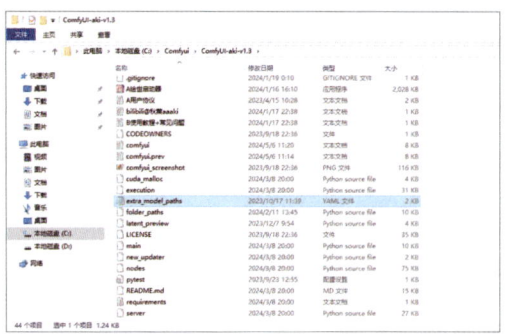

图2-25

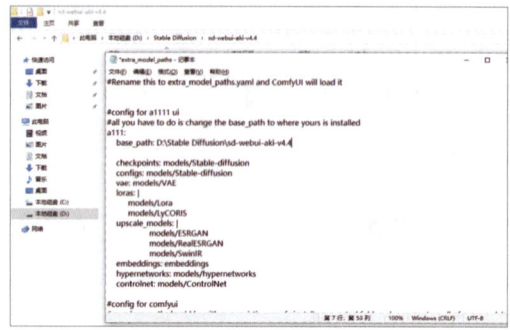

图2-26

03 路径更改完成后，保存并关闭记事本软件。重启ComfyUI，在ComfyUI的操作界面右上角单击Models按钮，左侧就会出现WebUI中已经配置好的模型，如图2-27所示。这样就不用下载两份模型或复制多份模型占用额外的空间了，两个UI可以一起使用。

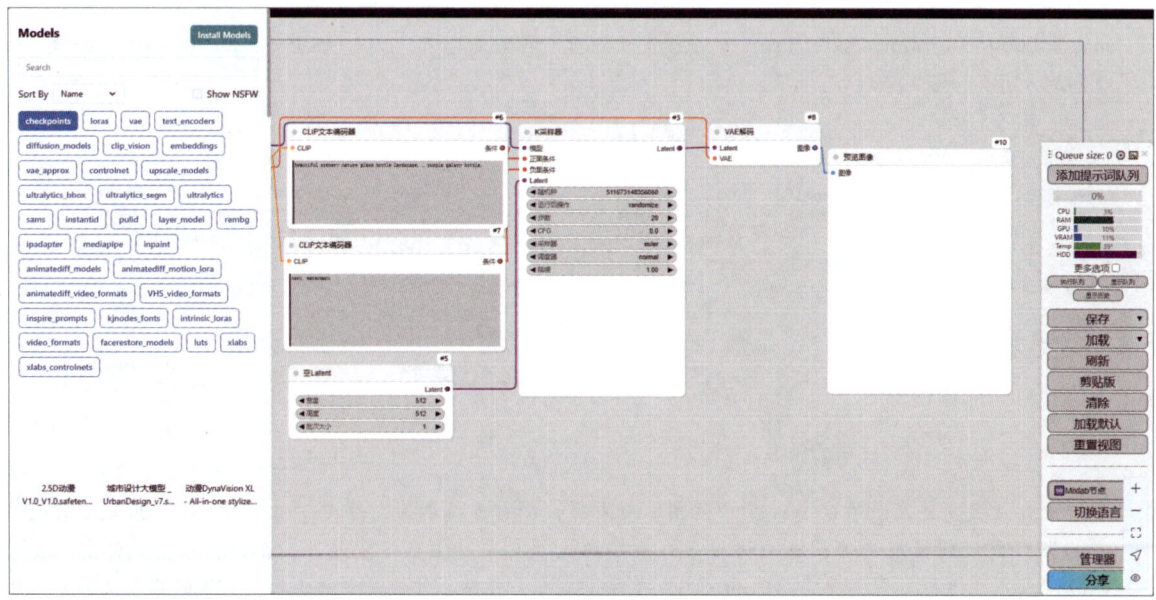

图2-27

2.4 安装基础插件

对于刚开始使用ComfyUI的创作者而言，通常面临两个问题：一是无从上手，不知如何操作ComfyUI；二是界面主要使用英文，这对许多不熟练英文的用户来说是一个挑战。为了解决这两个问题，需要使用两个插件：自定义节点管理插件ComfyUI-Manager和汉化插件AIGODLIKE-ComfyUI-Translation。秋叶整合包中已经内置了这两个插件，可以直接使用。然而，如果使用的是开发者整合包，则需要自行安装这两个插件。具体操作步骤如下。

2.4.1 安装ComfyUI-Manager插件

安装插件的方法有多种，但其他方法都需要满足一定的前置条件，这部分内容将在后文详细讲解。这里以压缩包安装为例进行说明。压缩包安装实际上是我们最为熟悉的安装方法，其操作步骤与整合包安装类似，即先下载压缩的整合包，然后解压其中的文件。不过，解压后文件放置的位置会有所不同，具体的操作步骤如下。

01 打开https://github.com/ltdrdata/ComfyUI-Manager插件页面，单击Clone列表下的Download ZIP按钮，下载插件压缩包到本地，如图2-28所示。注意，如果此网站打不开，可以在一些分享的网盘中下载该文件。

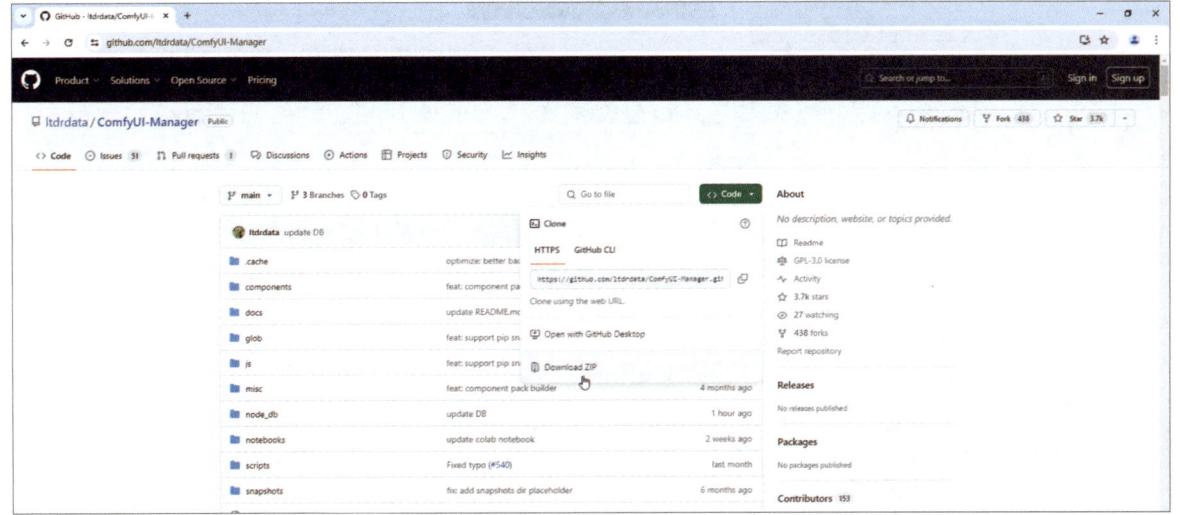

图2-28

02 将压缩包中的文件夹解压后，放入ComfyUI-aki-v1.3\custom_nodes目录中，如图2-29所示，重启ComfyUI就可以使用该插件了。需要注意的是，通过这种方式安装插件，不支持在线更新节点，因为需要先安装Manager插件后，才能在ComfyUI安装其他节点。

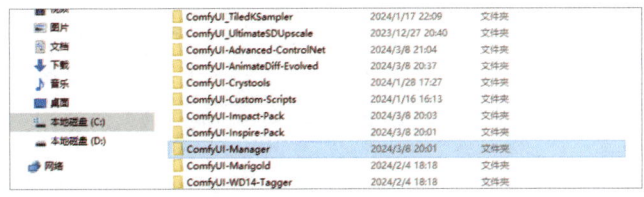

图2-29

2.4.2 安装使用AIGODLIKE-ComfyUI-Translation插件

安装完 ComfyUI-Manager 插件后，基本上就可以通过它来安装和管理插件节点了。这个插件不仅方便安装新节点，还可以管理和更新已有节点，非常实用。接下来，将通过 ComfyUI-Manager 插件来安装汉化插件 AIGODLIKE-ComfyUI-Translation，具体的操作步骤如下。

01 进入ComfyUI界面，单击右下角的Manager按钮，在弹出的ComfyUI Manager Menu窗口中，可以安装节点、安装模型、更新ComfyUI等，功能相当全面，如图2-30所示。这里只讲解安装汉化节点的方法。

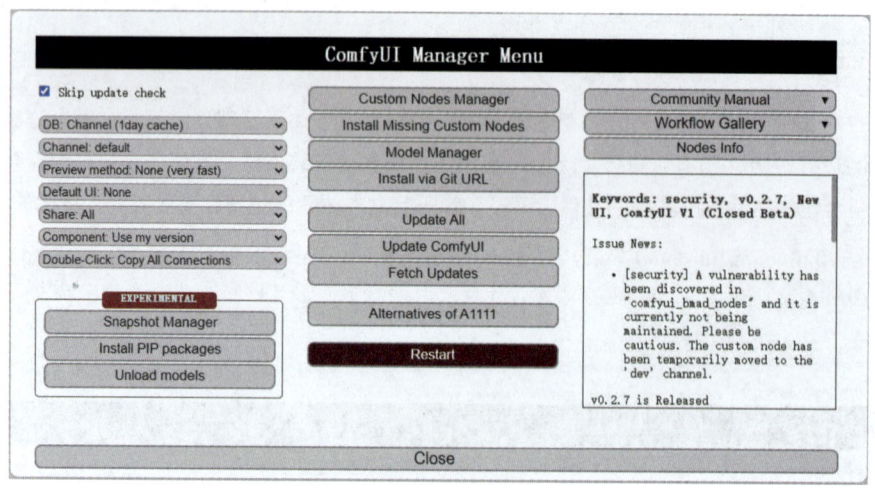

图2-30

02 单击Custom Nodes Manager按钮，即"节点管理"按钮，在打开的窗口左上角搜索框中输入想要安装的节点，这里输入AIGODLIKE-ComfyUI-Translation，窗口中便会出现插件的相关信息，如图2-31所示。

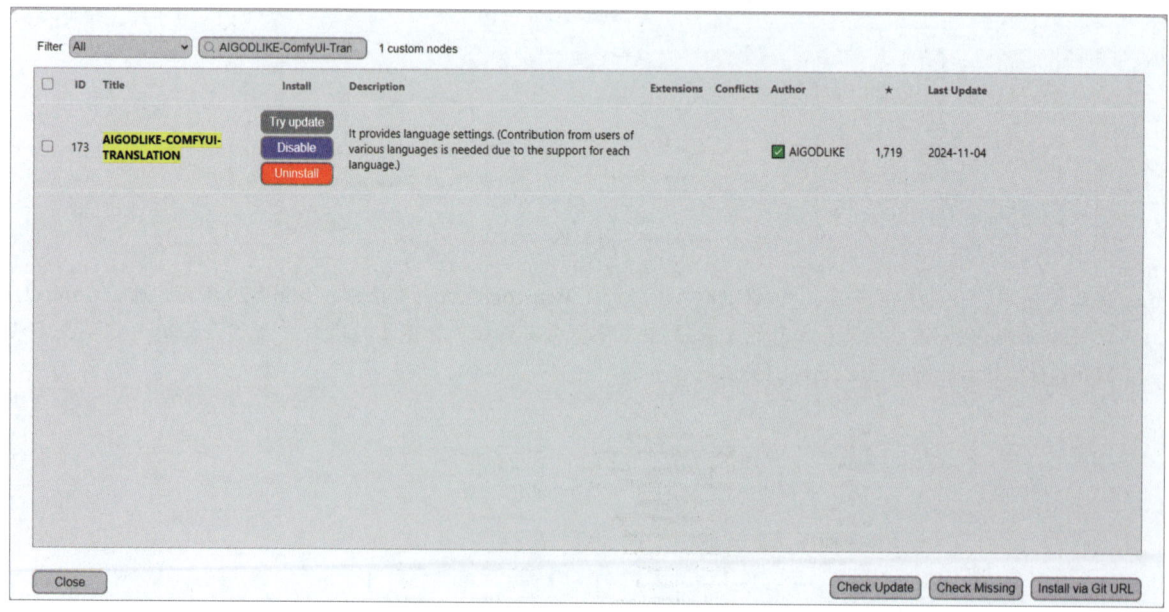

图2-31

03 单击Install按钮，等待安装结束后，节点的Install按钮将变成Try update、Disable、Uninstall按钮，说明安装成功，同时窗口左下角会出现红色的英文提示，意思是安装新的节点后，需要重启ComfyUI并刷新浏览器，即可使用新安装的节点，因为作者这里已经安装过了，所以没有显示红色的英文提示。

04 重启ComfyUI后，进入ComfyUI界面，发现还是英文界面，这是因为虽然安装了插件，但是还没有设置插件，单击菜单界面的⚙按钮，打开ComfyUI的设置窗口，在左侧选择AGL选项，并在右侧Locale设置界面中选择"中文[Chinese Simplified]"选项，如图2-32所示。

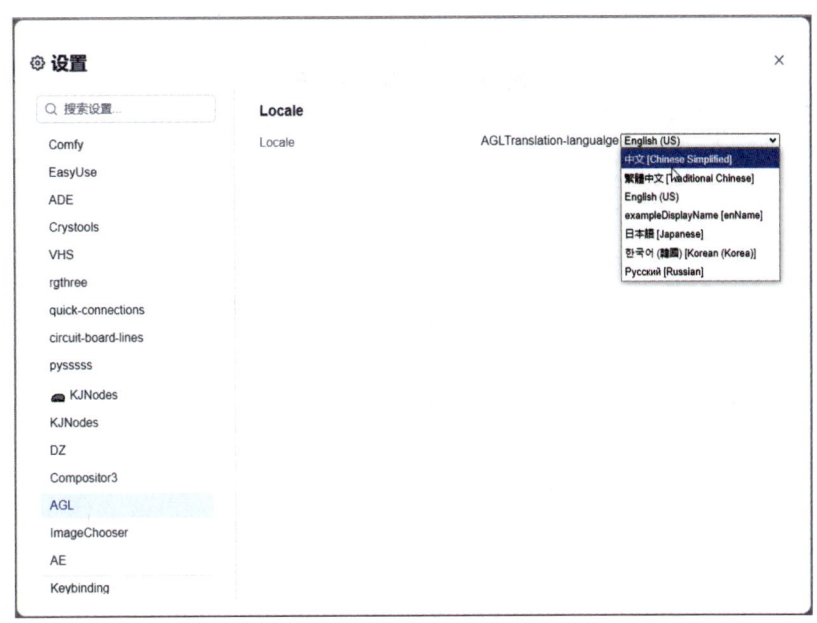

图2-32

ComfyUI界面会自动刷新，刷新后界面中的英文就会变成中文，如图2-33所示。这样，在后期使用ComfyUI时，难度会大大降低，操作也会变得更加方便快捷。但请注意，ComfyUI的版本及其扩展插件是不断更新的，因此该汉化插件也需要及时更新，否则某些新内容可能无法自动翻译。

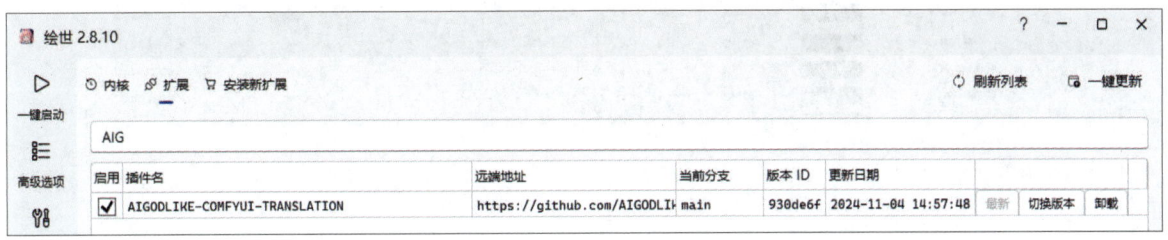

图2-33

2.4.3　Manager插件功能详解

对于英文水平一般的创作者来说，面对英文的ComfyUI管理器窗口时，可能难以理解每个功能的具体作用。然而，在安装汉化插件后，ComfyUI管理器的内容将以中文形式展示，如图2-34所示。这样一来，其中的功能就变得相对容易理解了。接下来，将详解其中略微复杂的部分。

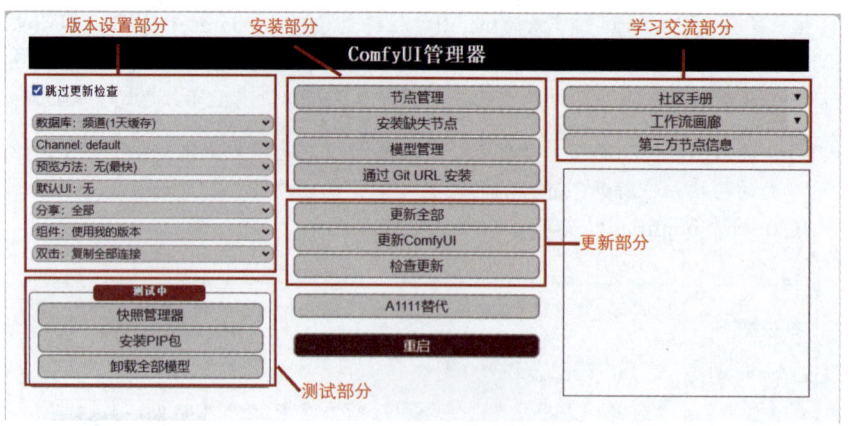

图2-34

首先是安装部分,该部分包括"节点管理""安装缺失节点""模型管理"以及"通过 Git URL 安装"等功能按钮。其中,"节点管理"功能之前已经详细讲解过,它是 ComfyUI 管理器中较为常用的功能。而"安装缺失节点"这一功能,主要针对导入的工作流。若本地未安装工作流中的某些节点,通过单击此按钮可以安装并补全这些缺失的节点,其操作方法与使用"节点管理"按钮安装节点相同。另外,"模型管理"按钮则用于安装各种类型的模型,如大模型、LoRA 模型、ControlNet 模型等。但需要注意,使用该功能需要特殊的网络配置,否则可能会导致安装失败,如图2-35所示。

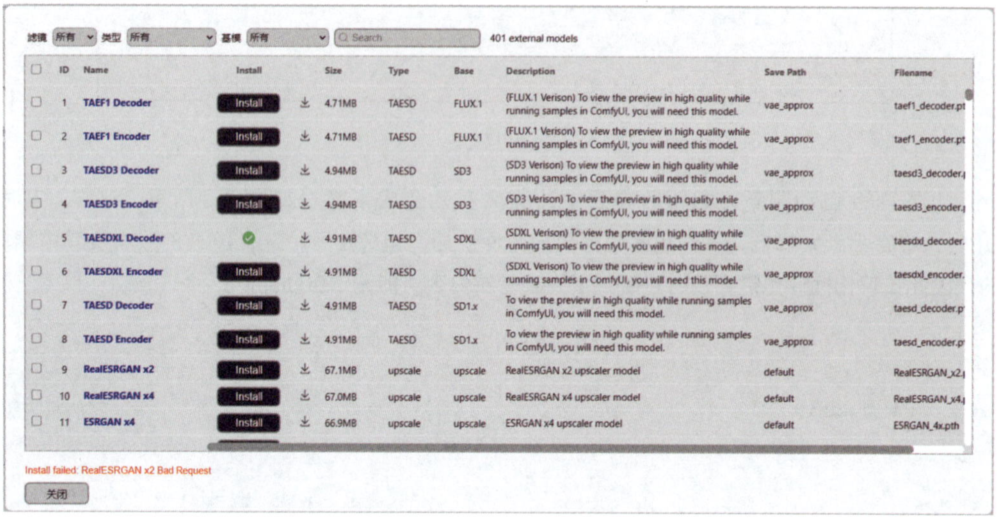

图2-35

"通过 Git URL 安装"按钮允许用户通过 Git 安装扩展节点。然而,这种方法所需的网络环境可能不稳定,有时甚至需要特殊的网络环境。同时,还需要在安装窗口中输入扩展节点的 GitHub 网址,如图2-36所示。此方法可以在其他安装方法失败时作为备选使用,但由于其不稳定性,不推荐作为首选安装方法。

更新部分则包括"更新全部""更新 ComfyUI"及"检查更新"功能按钮。"更新全部"按钮可以一键更新所有扩展节点和 ComfyUI;"更新 ComfyUI"按钮专门用于更新 ComfyUI 的版本;而"检查更新"按钮则用于检查扩展节点是否有更新,如果有需要更新的扩展节点,系统会弹出对话框提示,如图2-37所示。

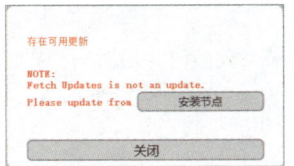

图2-36　　　　　　　　　　　　　　　　图2-37

在版本设置部分，可以更改"预览方法"。若选择"自动"选项，ComfyUI将依据显存占用情况来生成预览图。若选择TAESD或Latent2RGB选项，预览图将在K采样器下方生成。若选择"无"选项，则不会生成任何预览图。请注意，生成预览图可能会影响出图速度，因此，应该根据个人需求进行选择。预览图的效果如图2-38所示。此外，在该部分，还可能需要更改"频道"设置。在安装某些测试版的扩展节点时，需要将"频道：默认"更改为"频道：开发版"，以便在"节点管理"窗口中找到所需的扩展节点。

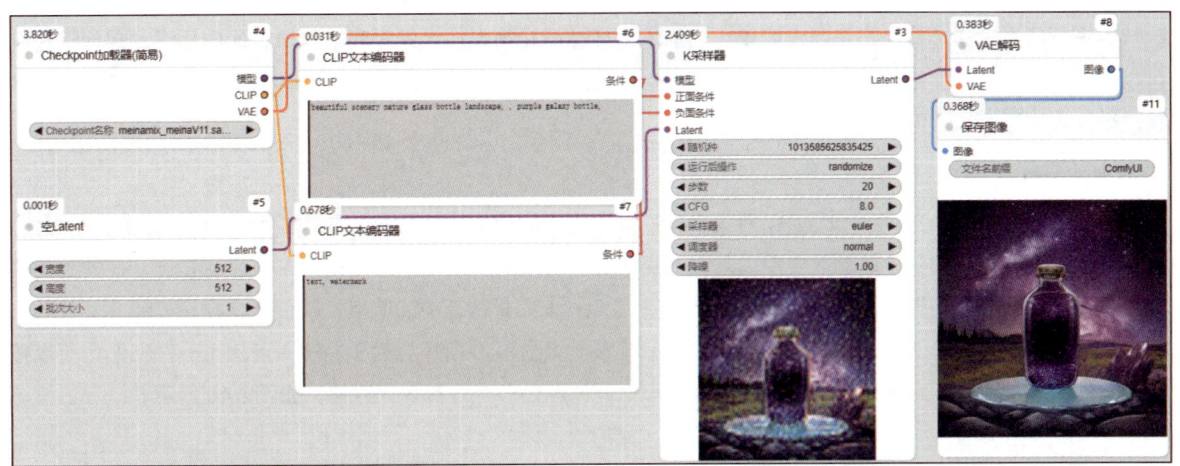

图2-38

学习交流部分涵盖"社区手册""工作流画廊"及"第三方节点信息"功能按钮。这些按钮主要便于用户进行信息交流，通常需要在特定的网络环境下才能访问。它们并不直接影响ComfyUI的使用。

测试部分则包括"快照管理器""安装PIP包"及"卸载全部模型"功能按钮。这些功能当前仍处于测试阶段，尚未完善，因此，建议用户谨慎使用。一旦这些功能经过充分测试并趋于稳定，开发者将在后续更新中正式发布。所以，对于追求稳定性的用户来说，可以等待这些功能成熟后再使用。

2.5　ComfyUI界面常用快捷方式

在使用ComfyUI时，通常会存在一些快捷键或快捷操作方法。这些快捷操作方式不仅能够提升用户的使用效率，还能帮助用户更快地熟悉和掌握软件。因此，在ComfyUI中，也提供了相应的快捷操作方式，以便用户能够更轻松地上手。具体介绍如下。

1. 移动画布

当工作流中的节点较多时，通常一个界面无法展示所有节点，部分节点会位于界面之外。为了查看这些位于界面外的节点，需要移动画布。在 ComfyUI 中，有两种方式可以实现这一目标，用户可以根据操作习惯选择合适的方式。

第一种方式是按住空格键，然后向被遮挡的节点相反方向拖动鼠标指针，画布会跟随鼠标指针移动。当看到被遮挡的节点后，释放空格键，画布便会自动停止移动。

第二种方式是在画布的空白区域按住鼠标左键，同样向被遮挡的节点相反方向移动鼠标指针，画布也会跟随鼠标指针移动。看到被遮挡的节点后，释放鼠标左键，画布便会自动停止移动。

2. 缩放画布及工作流

当工作流中的节点较多时，为了查看工作流的全部内容，通常会选择缩放工作流，使其变得更小。然而，这样做可能会导致无法清晰地看到各个节点的详细内容。因此，我们需要对画布和工作流进行缩放，以便对特定节点进行精确操作。操作方法非常简单：向前滚动鼠标滚轮可以放大画布和工作流，而向后滚动鼠标滚轮则可以缩小它们。此外，还可以按快捷键 Ctrl++ 来放大画布，或按快捷键 Ctrl+- 来缩小画布和工作流。这些就是进行放大和缩小的通用操作方法。

3. 快速复制节点

在搭建 ComfyUI 工作流的过程中，难免会多次使用同样的节点。如果每次都新建节点，可能需要重新配置，操作起来相对复杂。因此，这就需要用到复制节点功能。常规的复制节点方法是选中节点后右击，在弹出的快捷菜单中选择"克隆"选项。另外，还可以按快捷键 Ctrl + C 复制选中的节点，随后按快捷键 Ctrl + V 粘贴。但请注意，使用这种方法时，输入连接不会被粘贴过来，如图2-39 所示。为了将输入连接也一并粘贴，可以按快捷键 Ctrl + Shift + V 粘贴复制的节点，这样就可以同时粘贴节点及其输入连接，如图2-40 所示。

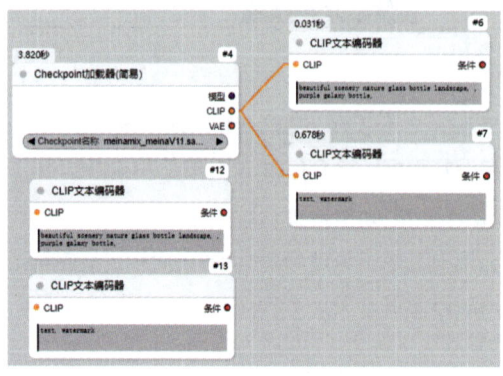

图 2-39

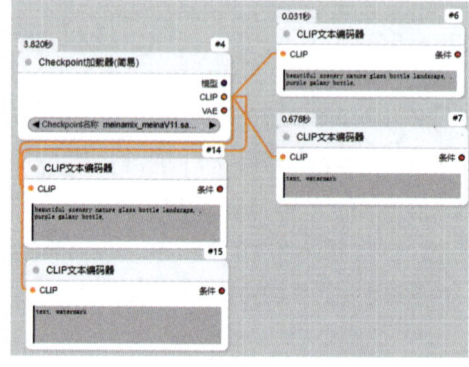

图 2-40

4. 删除节点

如果不再需要某个或多个节点，只需选中这些节点，然后按 Delete 键或 Backspace 键删除它们。

5. 同时选中多个节点

有时，可能需要同时复制或删除多个节点，这就需要选中多个节点进行操作。这里有两种方法可以实现：一种方法是按住 Ctrl 键，然后依次单击需要选中的节点；另一种方法是按住 Ctrl 键，同时使用鼠标左键框选需要选中的节点。如果想要选中全部节点，可以按快捷键 Ctrl+A。

6. 同时移动多个节点

虽然已经同时选中了多个节点,但是当尝试使用鼠标拖动它们时,可能会发现只有鼠标直接选中的那个节点在移动。如果想要同时移动多个节点,那么在选中这些节点后,还需要按住 Shift 键,然后拖动鼠标指针到合适的位置。这样,所有选中的节点都会一起移动。

7. 快速打开节点搜索面板

在 ComfyUI 界面的空白位置双击,即可调出"搜索节点"面板。在搜索框中输入想要新建的节点名称后,面板下方会显示与输入的节点名称相关的节点列表。单击节点列表中的任意一个节点,即可新建该节点。同时,面板的左侧还会显示该节点的详细信息。这里以新建"LoRA 加载器"节点为例,具体情形如图 2-41 所示。需要注意的是,当安装了大量扩展节点后,可能会出现节点名称重复,但信息不同的情况。此时,应该根据节点列表右侧的扩展节点名称来选择,以确保选中正确的节点。

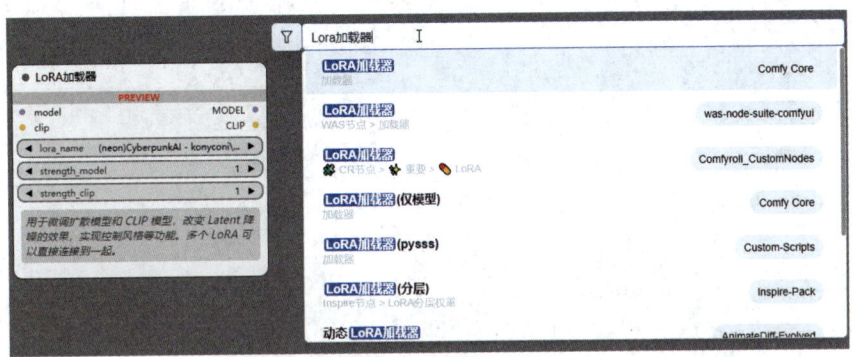

图 2-41

如果想要了解更多的快捷键,可以单击菜单界面的 ⚙ 按钮,调出 ComfyUI 的设置窗口。在窗口左侧选择"快捷键绑定"选项,右侧则会展示各个快捷键。同时,用户还可以根据个人习惯,将快捷键更改为自己更熟悉的按键组合,如图 2-42 所示。

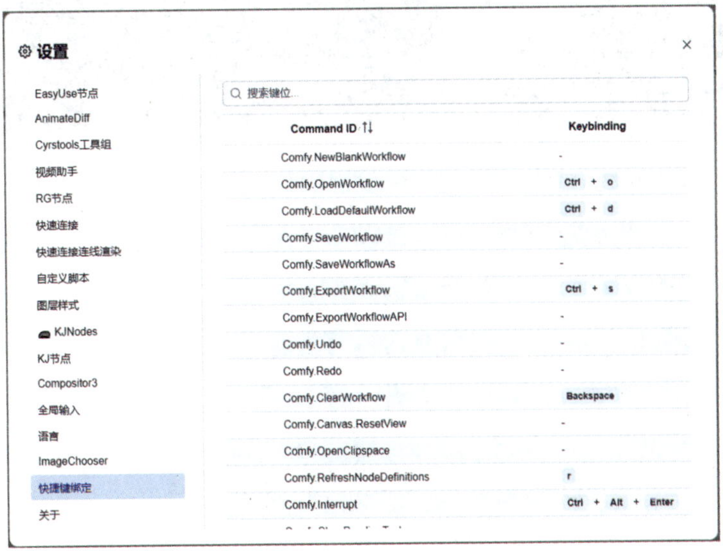

图 2-42

第 3 章

AI 生图

3.1 了解AI生图的底层逻辑

AI 生图的底层逻辑相当复杂，涵盖了深度学习框架与神经网络模型、生成对抗网络、变分自编码器、扩散模型、潜在空间与多模态模型以及图像生成与优化等诸多领域。正是这些原理共同构筑了 AI 绘画的核心技术基石，使 AI 得以创作出富有艺术韵味的视觉作品。为了帮助大家更深入地理解 AI 生图的底层逻辑，作者将通过 ComfyUI 的文生图工作流，引导大家逐步探悉 AI 生图的过程。

首先，打开 ComfyUI，并加载文生图工作流，具体界面如图3-1所示。这一工作流构成了 AI 文生图最基础的操作流程，任何更为复杂的 AI 生图任务都是基于这一流程进行拓展的。

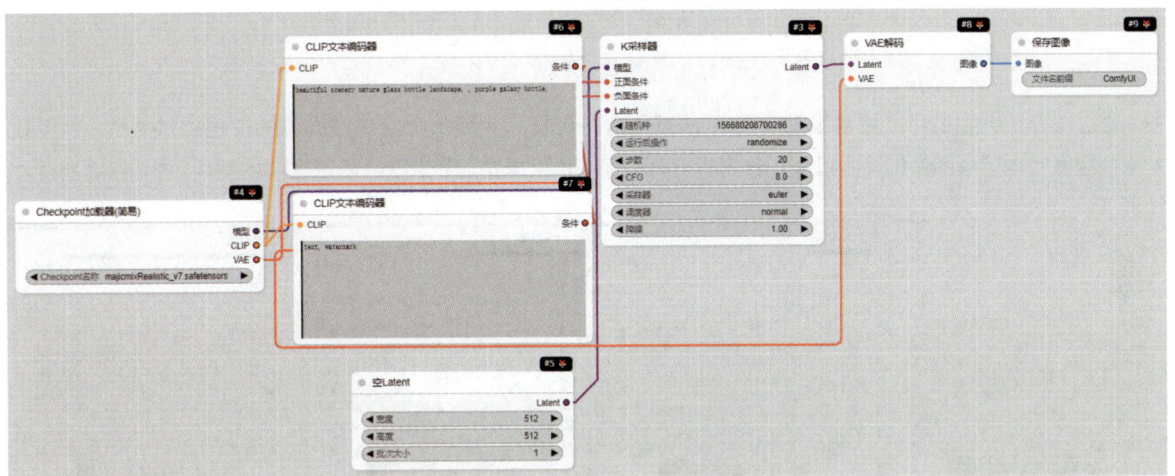

图3-1

在文生图流程的起始阶段，首先需要加载 Stable Diffusion 大模型。在"Checkpoint 加载器（简易）"节点，可以选择生成图片时所使用的底模。简而言之，想让 AI 生成何种风格的图片，就选择对应风格的底模。

为了生成满足特定要求的图像，还需要输入正向和反向提示词。两个"CLIP 文本编码器"节点分别代表正向提示词和反向提示词的功能，它们能将提示词经过编码，转化为机器可理解的格式并传入潜空间，后续会对此进行详细讲解。在"正向提示词"文本框中输入的内容，AI 会视为希望在生成图片中呈现的元素，并据此进行绘制；而在反向提示词文本框中输入的内容，AI 则会视为不希望在生成图片中出现的元素，从而在生成时减少或去除这些负面提示词所描述的图像元素。

为了控制生成图像的大小，还需要设置相应的图像尺寸。在"空 Latent"节点，可以设置生成图片的尺寸。该节点会创建一个初始的潜在空间图像，为后续操作奠定基础。这可以简单理解为生成了一张特定大小的画布，AI 将在这张画布上生成图片，而不会随意产生不符合要求的图像尺寸。

为了调整生成图像的质量和风格，还需要对采样器参数进行设置。"K 采样器"节点结合所设置的参数以及传输来的模型、提示词、图片等进行图像的绘制。具体而言，系统在潜空间内生成一张随机种子噪声图，并在采样器的引导下逐步降噪，最终生成图像。

"K 采样器"节点所绘制的图像信息仍处于潜空间状态，需要经过解码才能转换到像素空间，后文会详细阐述这一过程。此时，需要利用"VAE 解码"节点对图像进行解码，再将其输出给"保存图像"节点，从而生成我们所需的图像。

综上所述，整个文生图的流程可以概括为：CLIP 模型将输入的提示词进行转换，接着由 K 采样器在潜空间中生成图像，再经过 VAE 将图像解码为像素空间的图像，并最终输出图像。整个过程的流程如图3-2所示。

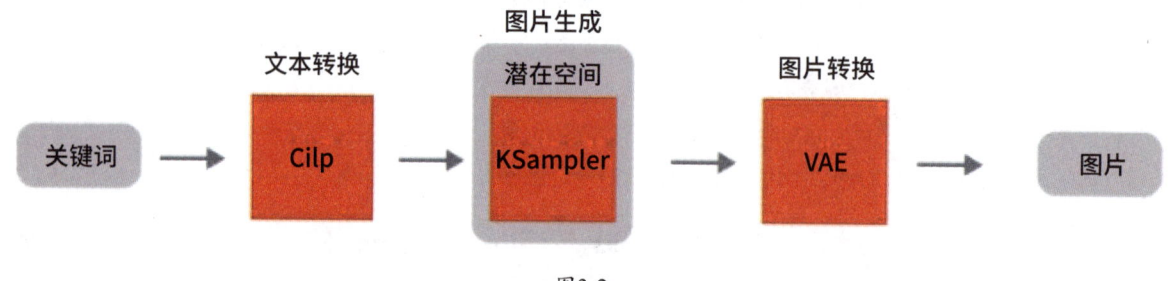

图3-2

通过工作流，我们可以更直观地感受 AI 生成图像的过程。实际上，AI 生成图像的过程相对抽象。为了让大家能更直观地了解图像的降噪过程，作者特此截取了"K 采样器"节点在降噪过程中的图片，如图3-3所示。

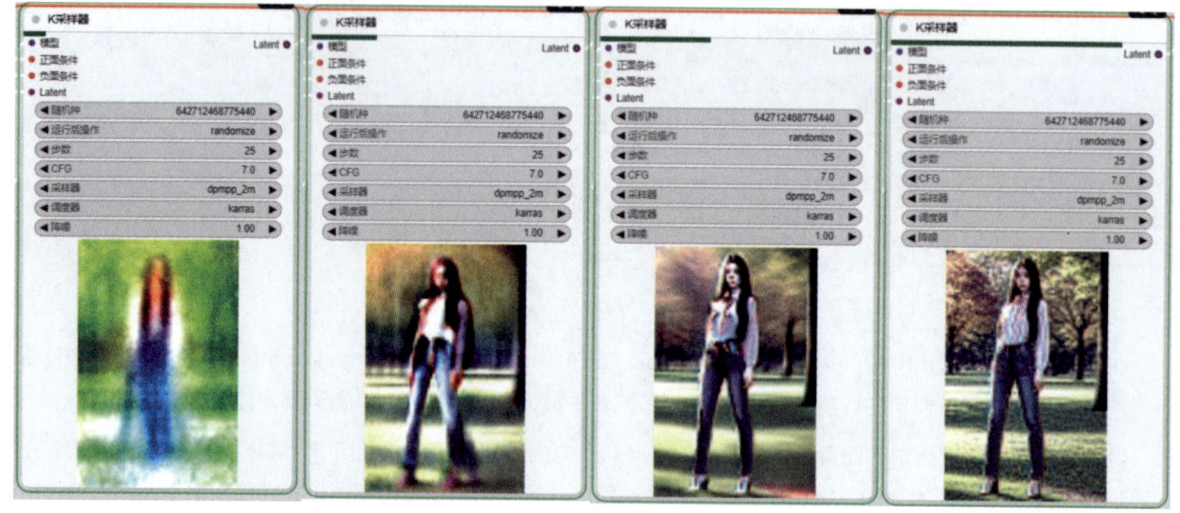

图3-3

在讲解完 ComfyUI 的文生图工作流程后，相信单击对 AI 生成图像的过程已经有了初步的了解。这将有助于大家更轻松地理解 AI 生成图像的底层逻辑。接下来，将对相关概念进行详细的阐述。

3.2 CLIP模型

在 Stable Diffusion 模型中，CLIP 扮演着一个至关重要的角色。它负责将文本与图像相互关联，从而确保模型能够根据给定的文本描述生成相应的图像。

3.2.1　CLIP的基本概念

CLIP 模型是由 OpenAI 公司开发的一种多模态模型，它能够理解文字和图片之间的关联，进而实现更为精确和一致的图像生成。CLIP 模型包含两个主要组件：一个是文本编码器，负责理解文字；另一个是图像编码器，负责解析图像。

1. 文本编码器

文本编码器宛如一位翻译官，其职责在于将我们输入的文字描述转换为模型可理解的一系列数字代码，这些代码被称为"文本向量"。由此，模型便能够"领悟"我们意欲生成何种图像。

2. 图像编码器

图像编码器宛如一位摄影师，其功能在于将图片转换成一系列数字代码，这些代码被称作"图像向量"。由此，模型便能将图片的内容转换为可处理的信息。

3.2.2　CLIP在Stable Diffusio中的应用

1. 文本指导图像生成

CLIP 技术使 Stable Diffusio 模型能够依据创作者提供的文本提示来生成相应的图像。例如，当输入"一只可爱的猫咪"时，CLIP 会将这个文字描述转换成模型可理解的数字代码，随后 Stable Diffusio 根据这些代码生成相应的图片。

2. 多模态对齐

CLIP 技术能够让文字和图片在同一个"空间"内实现对话。举例来说，当我们输入"夕阳下的海滩"时，模型不仅能够领悟"夕阳"与"海滩"这两个词汇的含义，还能够在所生成的图片中将这两个元素巧妙地融合在一起。这种对齐机制对于生成高质量且紧密贴合文本描述的图像至关重要。

3. 条件生成

Stable Diffusio 模型以 CLIP 生成的文本向量为条件，将其与初始噪声相融合，并在扩散模型的逐步去噪过程中发挥指导作用。这一过程好比依照一份食谱进行操作，其中输入的文本描述就如同食谱中的原料与制作步骤，Stable Diffusio 模型则依据这份"食谱"逐步生成图片。而 CLIP 在此过程中助力模型理解这份"食谱"，从而确保最终生成的图片与我们的描述相吻合。

3.2.3　CLIP参数的影响

在 Stable Diffusio 模型中，CLIP 终止层数的设定确实会对生成的图像产生显著影响。具体而言，CLIP 终止层数决定了在将文本提示转化为文本向量时，CLIP 模型所使用的层数深度。若 CLIP 终止层数设定得较小，模型将会利用更多的层次来深入提取文本特征，从而生成与文本描述更为贴切的图像。反之，若 CLIP 终止层数较大，模型则会提前终止文本特征的提取过程，这可能导致所生成的图像与原始文本描述之间存在一定的偏差。因此，在实际操作中，我们需要根据具体需求和期望效果来灵活调整 CLIP 的相关参数。

在 ComfyUI 中，几个常用的 CLIP 节点，包括"CLIP 文本编码器"节点、"双 CLIP 加载器"节点以及"CLIP 视觉加载器"节点。这些节点的面板图示及彼此间的连接情况，如图3-4所示。

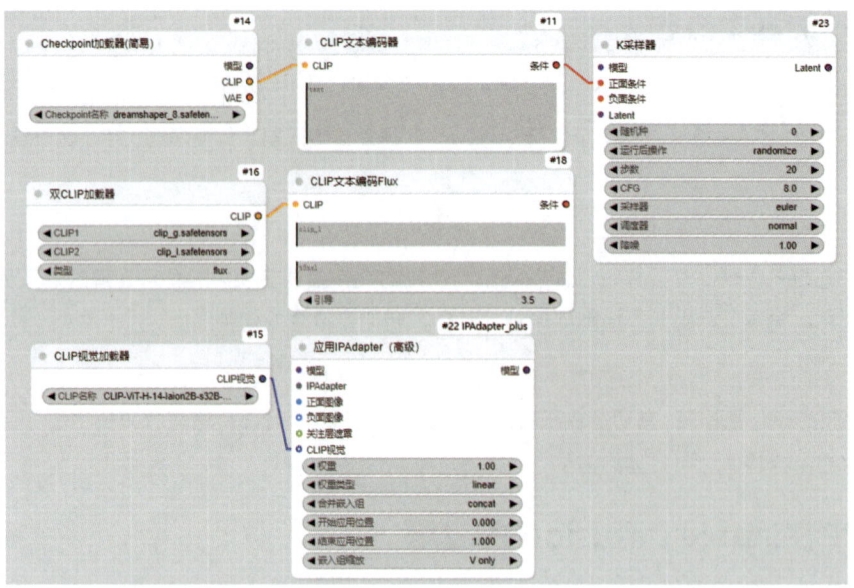

图 3-4

3.3 Latent空间

在 Stable Diffusion 模型中，Latent 是一个核心概念，它关乎模型如何处理并生成图像。

3.3.1 Latent空间的定义

Latent 空间，亦被称作"潜在空间"，可被视为一个"图像的秘密仓库"。在此仓库内，图像不再是我们日常所见的由无数像素点构成的复杂形态，而是被转化为一种更为简洁与抽象的形态。这种形态便是图像的"潜在表示"，即 Latent 空间中的存储内容。

Latent 空间在 Stable Diffusion 模型中扮演着一个"中转站"的角色。编码器（encoder）如同打包员，将复杂的图像"打包"为一个小巧的包裹，即低维的潜在表示，随后将其存入 Latent 空间中。接着，扩散模型的主体部分，例如 UNet，作为包裹处理员，会取出仓库中的包裹进行各种变换与处理。这些操作旨在使图像更为丰富、更贴合我们的期望。最后，解码器（decoder）则扮演拆包员的角色，将处理过的包裹重新打开，呈现经过处理的图像，供我们查看最终成果。

简而言之，Latent 空间助力模型将复杂图像简化为更易于处理的形式，再通过一系列的处理与变换，最终生成创作者所期望的图像。这一过程宛如我们日常生活中的快递寄送：先将物品打包妥当，再交由快递公司进行后续的处理与运输，最终由收件人拆包验收。

3.3.2 Latent空间在Stable Diffusio中的应用

Latent 空间在 Stable Diffusio 模型中发挥着核心作用，从图像生成到编辑，再到超分辨率处理，其潜力被充分挖掘。接下来，将深入探讨 Latent 空间在这些应用中的具体作用。

- 图像生成：Stable Diffusion模型巧妙利用Latent空间中的潜在表示来塑造图像。通过精细调整这些Latent表示，模型能够生成各具特色、风格迥异或细节丰富的图像作品。
- 图像编辑：Stable Diffusion的局部重绘功能赋予了用户直接在Latent空间内对图像特定区域进行编辑的能力。例如，用户可以轻松地删除图中的多余元素或增添新元素，而这一切都无须直接触及原始图像的像素层面。
- 图像超分辨率：Stable Diffusion 2.0更进一步，引入了强大的Upscaler Diffusion模型。这一高阶模型在Latent空间上施展"魔法"，能够将图像的分辨率提升至原先的4倍，带来更细腻的视觉体验。

此外，在 ComfyUI 的操作界面中，几个常用的 Latent 节点如"空 Latent"节点、"Latent 批次大小"节点以及"Latent 缩放"节点，为用户提供了灵活的操作选项。这些节点的面板图示及连接情况，如图3-5所示。

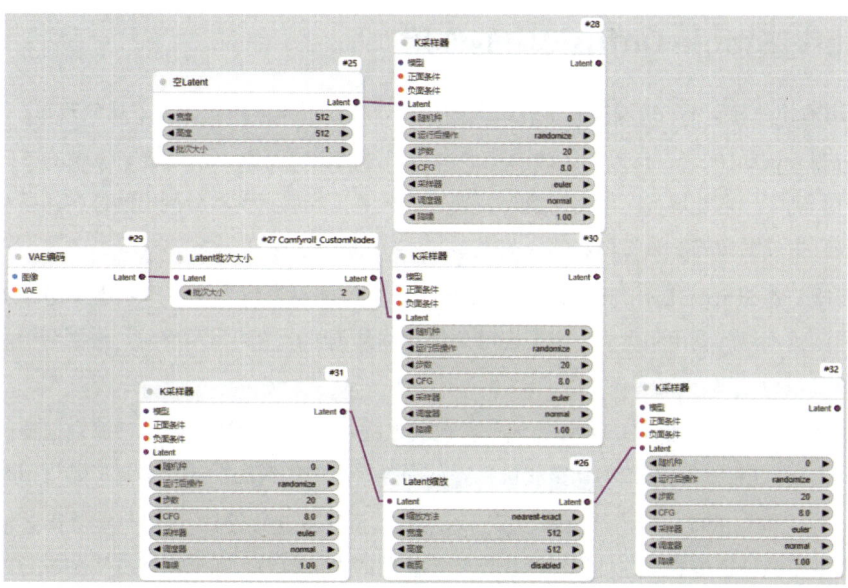

图3-5

3.4 UNet神经网络

在 Stable Diffusion 模型中，UNet 是一种至关重要的神经网络架构，它并非专门用于图像分割任务，而是在该模型的图像生成过程中发挥着关键作用。

3.4.1 UNet的工作流程

在 Stable Diffusion 模型的推理阶段，UNet 的工作可以想象成一位画家在创作一幅画。这个过程具体如下。

- 接收指令：首先，UNet会接收一个指令，其中包含了创作者想要生成的图像描述，例如"一只坐在草地上的小猫"。
- 开始作画：接收到指令后，UNet便在一张"白纸"上开始作画。然而，这张"白纸"并非真正的白纸，而是一张充满随机噪声的图像，类似电视无信号时出现的雪花屏。
- 逐步清晰：运用其独特的技术，UNet逐步从噪声中提炼出清晰图像。这一过程宛如画家用橡皮擦轻轻擦去多余的线条，使图像逐渐变得清晰。
- 细节描绘：随着UNet的持续工作，图像的细节开始逐渐呈现。例如，小猫的皮毛、眼睛和胡须等细节都会慢慢浮现。
- 完成作品：当UNet将所有多余的线条擦除后，原本的噪声图像便转变为创作者最初所描述的那只坐在草地上的小猫。

综上所述，UNet 在此过程中扮演了一个根据文本描述和随机噪声创作图像的艺术家角色。

3.4.2　UNet在Stable Diffusio中的作用

在 Stable Diffusion 中，UNet 发挥着举足轻重的作用，其作用具体体现在以下几个方面。

- 语义分割：借助UNet，可以对生成的图像进行精准的语义分割，从而将图像中的不同物体或区域有效区分。例如，它能够将图像的前景与背景进行分离，或者识别并分割出图像中的各个独立物体，这对于提升生成图像的质量和真实感至关重要。
- 迭代降噪：在Stable Diffusion模型的工作流程中，UNet是负责从噪声中逐步还原出图像的核心组件。通过其反复的调用和运算，模型能够逐步剔除预测输出中的噪声成分，进而获得越来越清晰的图像表示。
- 图像生成：在预测阶段，UNet会经历多次迭代过程。在每一次迭代中，它都会根据前一次的输出以及输入的文本描述进行细致的调整和优化，从而确保最终生成的图像能够更加贴近目标效果。
- 精准分割：得益于其独特的编码器—解码器架构以及跳跃连接设计，UNet能够高效地整合和利用来自不同层级的特征信息。这种设计不仅增强了模型的表征能力，还显著提高了图像分割的精确度。

在 ComfyUI 中，涉及 UNet 模型的节点包括"Checkpoint 加载器（简易）"节点和"K 采样器"节点。这些节点的面板图示及其之间的连接关系，如图3-6所示。

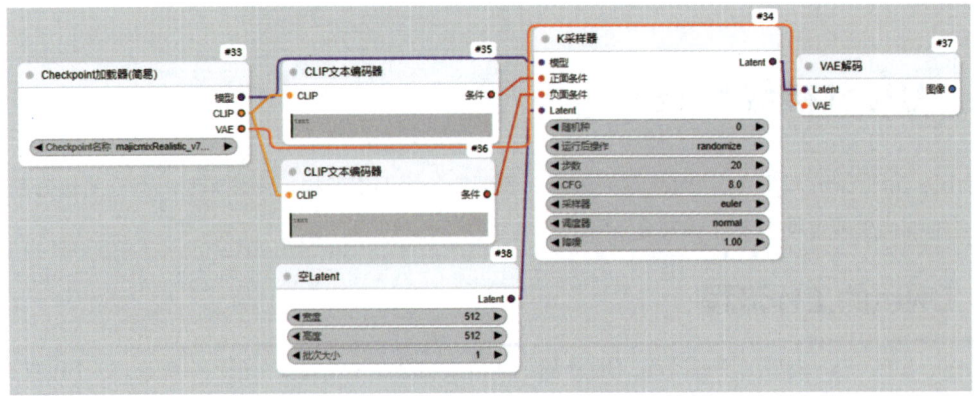

图3-6

3.5　VAE变分自编码器

在 Stable Diffusion 模型中，VAE（变分自编码器）是一个核心概念，它对提升模型的图像生成能力起着至关重要的作用。

3.5.1　VAE的基本概念

VAE（变分自编码器）是一种生成模型，在 Stable Diffusion 中扮演着将输入的文本表示转化为潜在变量，并基于这一潜在表示空间生成新图像的角色。我们可以将 VAE 的作用类比为一个压缩与还原的过程。

- 压缩功能：VAE编码器负责将图像数据压缩成潜在空间中的低维表示。这一过程类似将一本书的详尽内容精简为一个概括性的提纲或摘要。具体来说，编码器会将高维的图像数据（例如512×512像素的图像）"打包"成一个更为紧凑的形式，如4×64×64的矩阵。
- 还原功能：相应地，VAE解码器则承担着将这些潜在表示还原回图像的任务。当我们从潜在空间中提取这些低维表示，并期望查看它们所对应的原始图像时，解码器能够将这些编码还原为图像。尽管还原后的图像可能与原始图像不完全一致，但在整体上会呈现高度的相似性。

3.5.2　VAE在Stable Diffusion中的作用

VAE 在 Stable Diffusion 中发挥着举足轻重的作用，其贡献主要体现在以下几个方面。

- 图像生成：借助潜在空间中的随机采样以及解码器的精准转换，VAE能够生成与输入文本描述高度契合的图像。
- 图像质量提升：VAE对于提升图像质量同样功不可没。通过精心优化编码与解码过程，它可以生成色彩更为鲜艳、细节更为丰富的图像。
- 细节修复：VAE在细节修复方面同样表现出色，例如修复人脸、手部等区域的瑕疵。这得益于它在潜在空间中深刻捕捉到了图像的语义与结构信息，以及训练过程中积累的大量细节特征知识。

在 Stable Diffusion 框架下，用户可以根据需求选择多种 VAE 模型，如 kl-f8-anime、vae-ft-mse-840000-ema-pruned 等。这些模型在训练数据集、模型架构及优化策略上各有千秋，因此，所生成的图像在质量和风格上也各具特色。创作者可以根据自己的艺术追求和实际需求，挑选最合适的 VAE 模型，并通过调整采样步数、噪声水平等关键参数，进一步优化生成结果。

在 ComfyUI 中，常用的 VAE 节点包括"VAE 编码"节点、"VAE 解码"节点、"VAE 加载器"节点以及"VAE 内补编码器"节点。这些节点的具体面板图示及其连接关系如图3-7所示。

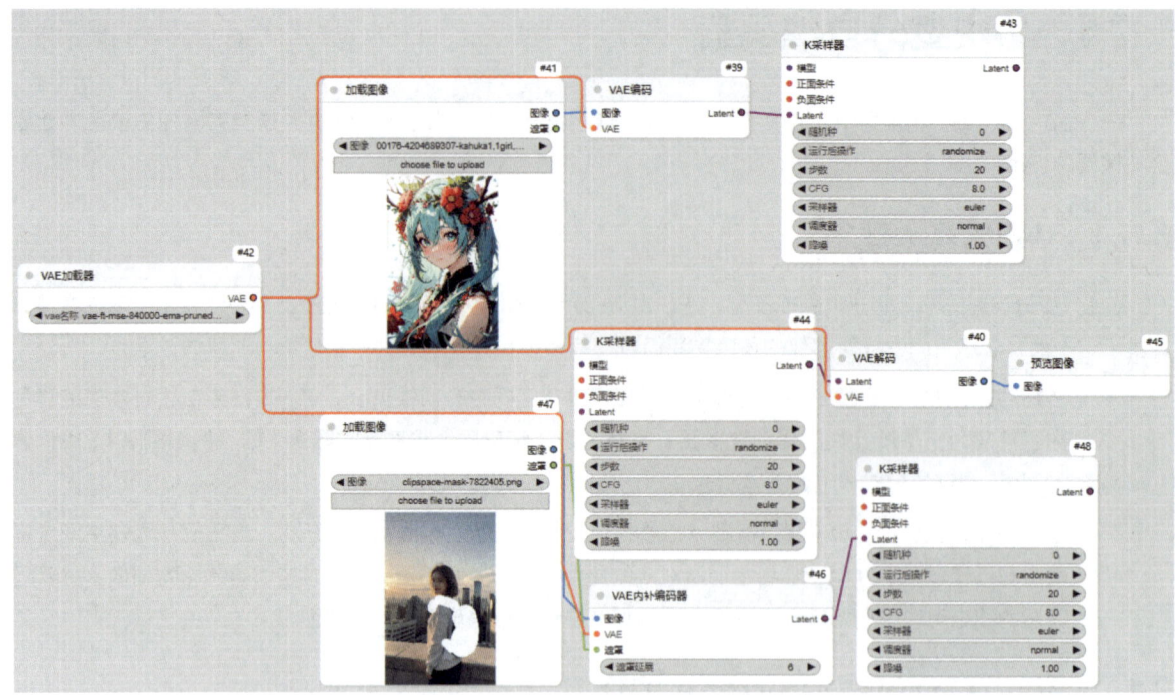

图3-7

3.6　ComfyUI图生图的底层逻辑

在 ComfyUI 中，图生图的流程如图3-8所示，该流程的底层逻辑可简化为以下几个核心步骤。

图3-8

- 图像编码：在图生图流程中，需要先上传参考图像，然后通过"VAE编码"节点，将参考图像从高维的像素空间转换至低维的潜在空间，从而得到一个紧凑且信息丰富的特征向量。这个过程既实现了图像的压缩，也有效提取了图像的主要特征和结构信息。该特征向量将作为后续新图像生成的基础，它承载了图像的核心内容，确保新生成的图像能够在一定程度上承袭参考图像的特征。
- 条件向量的生成与应用：创作者所输入的文本提示词，对于新图像的生成起着至关重要的指导作用。这些条件通过"CLIP文本编码器"节点转换为向量形式，即条件向量。在潜在空间中，条件向量与先前的特征向量相结合，形成一个融合了特征信息与创作者条件信息的新向量。这种结合确保了新生成的图像既契合创作者的意图，又具备足够的创意与多样性。
- 采样器的选择与参数配置：在图生图过程中，采样器扮演着举足轻重的角色。不同的采样器及其参数设置（例如降噪强度、采样步数等）会显著影响新图像的特征与风格。采样器根据潜在空间中的结合向量生成新的特征向量，这一过程可视为对潜在空间特征的精细调整或重新组合。通过调整采样器参数，创作者能够精准掌控新图像的生成过程，使其更加贴近个人期望与需求。
- 图像解码：在新图像生成的最后阶段，需要将新的特征向量从潜在空间解码回像素空间。这一步骤通过"VAE解码"节点完成，它能够将潜在空间中的特征向量转化为真实可见的图像。解码过程不仅涉及对潜在空间特征的解码与重构，更是将创作者的条件与参考图像特征完美融合，从而生成既具创意又富多样性的新图像。

关于图生图中噪声的应用，这也是一个值得关注的环节。噪声的引入能够增加生成图像的多样性与艺术性，使其呈现更为自然与逼真的效果。通过调整噪声强度，创作者可以控制生成图像与参考图像之间的相似度与差异度。在采样器节点中设置降噪强度参数是实现这一目的的有效手段。较小的降噪强度参数会使生成图像更贴近参考图像，保留更多原始特征；而较大的降噪强度参数则会使生成图像与参考图像产生更大差异，展现出更多创新元素与多样性。

综上所述，ComfyUI 图生图的底层逻辑是基于 Stable Diffusion 模型及其工作流节点的精心组合与配置。通过加载模型、上传图像、进行图像编码、设置采样器参数、生成新图像以及保存成果等一系列步骤，创作者能够将输入的图像转化为符合个人要求的新作品。在整个流程中，关键节点的选择与参数设置对于生成图像的质量与风格具有直接影响。

第 4 章

ComfyUI 的节点及工作流的构建原理

4.1 初识ComfyUI节点

在 ComfyUI 中，节点是构建图像生成工作流不可或缺的基本单元。每个节点都承载着特定的功能与作用，它们之间借助连线实现交互与协作，共同负责将文本转换为图像，如图4-1所示。接下来，将从节点的输入、组件及输出 3 个方面深入了解节点。

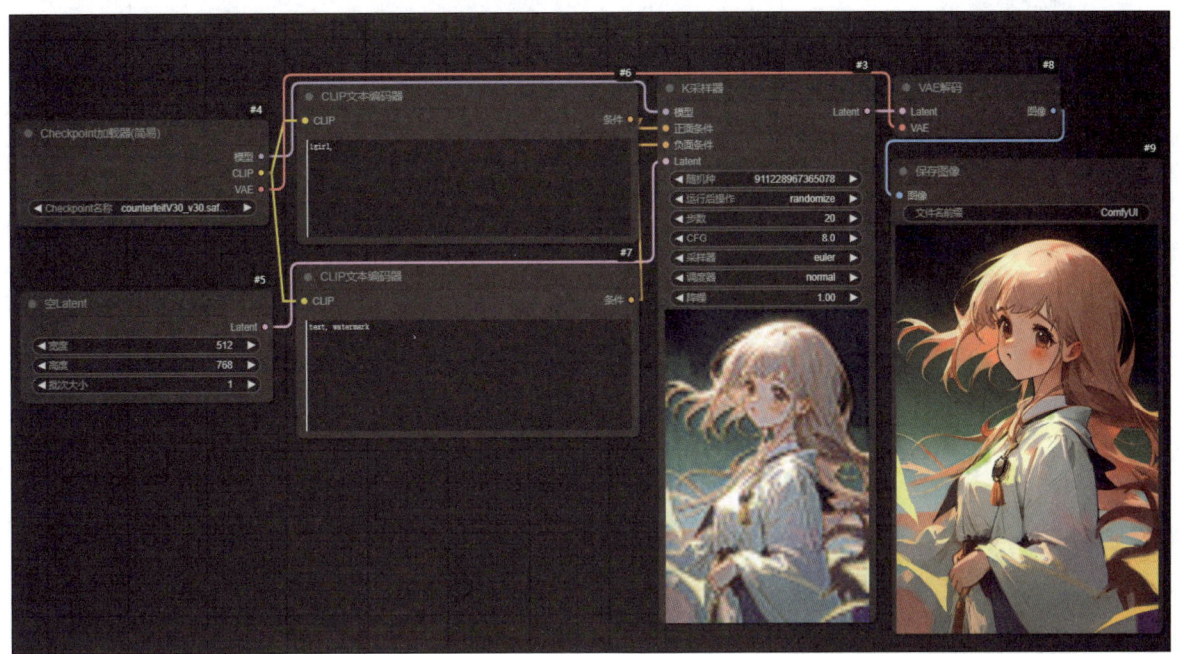

图4-1

1. 节点的输入

在 ComfyUI 中，节点的输入可以理解为节点在执行特定功能时所依赖的数据或条件，这些数据或条件对节点功能的正常运作至关重要。以"CLIP 文本编辑器"节点为例，其左侧的 CLIP 输入端口接收一个 CLIP 模型，该模型的作用是将输入的文本转换成嵌入向量。通常情况下，CLIP 模型会作为大模型的一部分被内嵌，因此，这里的 CLIP 输入端口需要连接到"Checkpoint 加载器（简易）"节点的 CLIP 输出端口，具体连接方式如图4-2 所示。

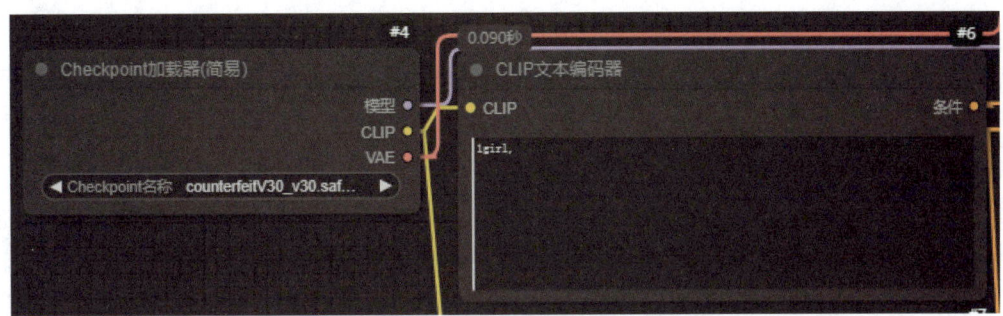

图4-2

2. 节点的组件

在 ComfyUI 中，节点的组件可视为构成节点功能和特性的核心元素。这些组件协同工作，确保节点能够顺利完成特定的任务或操作。以"K采样器"节点为例，其中包含"随机种（子）""运行后操作""步数""CFG""采样器""调度器"以及"降噪"等组件，如图4-3所示。这些组件实际上就是节点的参数设置，通过调整它们，可以定制节点的行为以满足特定需求。

3. 节点的输出

在 ComfyUI 中，节点的输出可以理解为节点在执行特定功能后所得到的结果或数据。这些结果或数据会作为输入传递给后续的节点，从而推动整个工作流的顺畅进行。具体来说，当"VAE 解码"节点对图片处理完毕后，会生成一幅清晰的图片，并通过"图像"输出端口将其传递给预览图像或保存图像的节点，如图4-4所示。

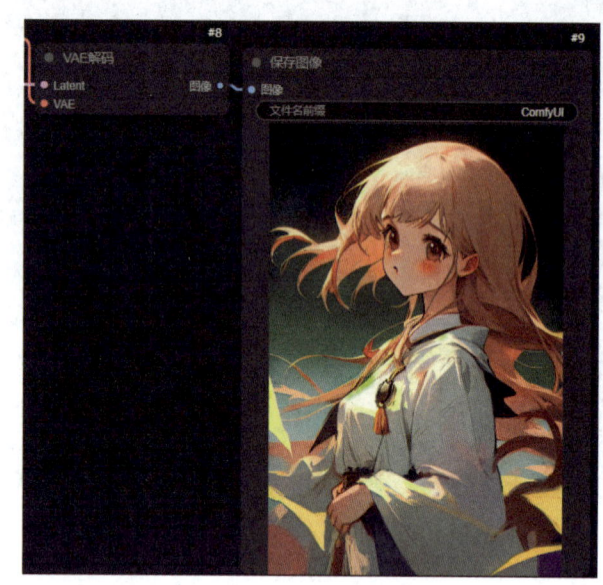

图 4-3　　　　　　　　　　　图 4-4

4.2 节点的分类

在 ComfyUI 中，节点主要分为两类：官方原生节点和用户开发的自定义节点。这两类节点共同构成了 ComfyUI 的节点工作流，使用户能够设计和执行各种基于 Stable Diffusion 的复杂流程。关于这两类节点的详细介绍如下。

1. 原生节点

官方原生节点是 ComfyUI 开发团队精心提供的一系列基础节点，它们为用户带来了最基本、最便捷的功能与工具，以助力图像生成及其他相关任务的完成。这些节点对初学者极为友好。例如，常用的采样器节点、模型节点、提示词节点、VAE 节点等，都是原生节点的重要组成部分。原生节点在 ComfyUI 中已自带，无须进行额外安装，安装 ComfyUI 后即可直接使用，如图4-5所示。

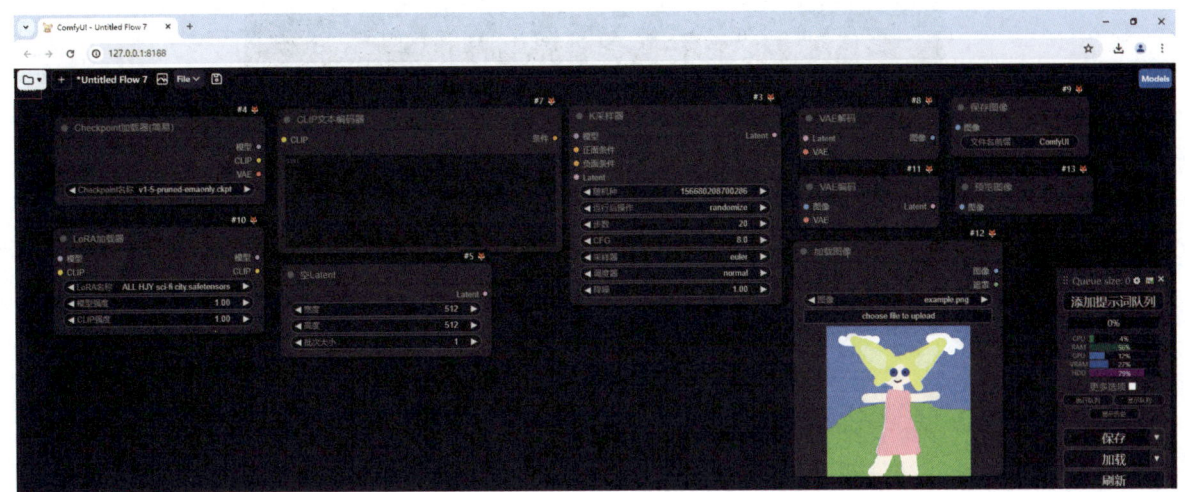

图4-5

2. 自定义节点

ComfyUI 的强大之处在于其卓越的可扩展性，这使得创作者能够根据自身需求开发个性化的自定义节点，如图4-6所示。目前，来自全球各地的社区成员已经贡献了 1500 多个自定义节点，这些节点极大地丰富了工作流的设计与优化选项。更值得一提的是，官方原生节点与用户开发的自定义节点可以完美结合使用，从而为创作者提供了创建高度定制化工作流的无限可能。但请注意，与原生节点不同，自定义节点类似 WebUI 中的插件，需要进行手动安装后方可使用。

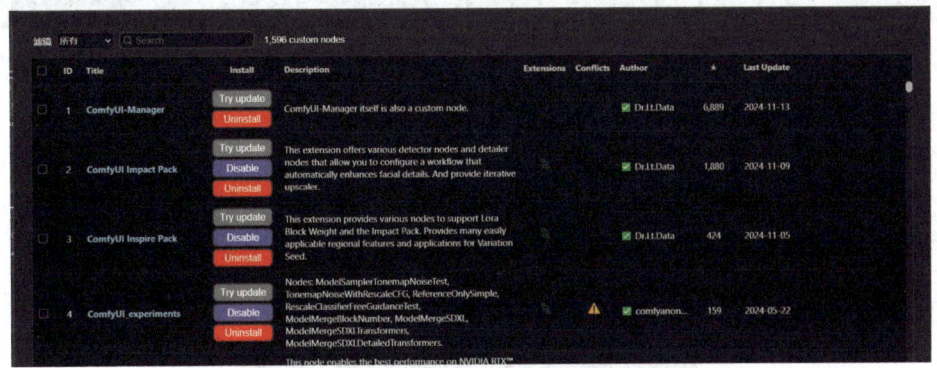

图4-6

4.3 安装自定义节点的3种方法

当使用他人创建的工作流时，若你的 ComfyUI 中未安装该工作流所需的所有节点，那么，在将工作流拖入界面后，系统会弹出缺失节点列表窗口，明确指出哪些节点尚未安装。同时，在工作流中，这些未安装的节点会以红色显示，导致工作流无法正常运作，如图4-7所示。

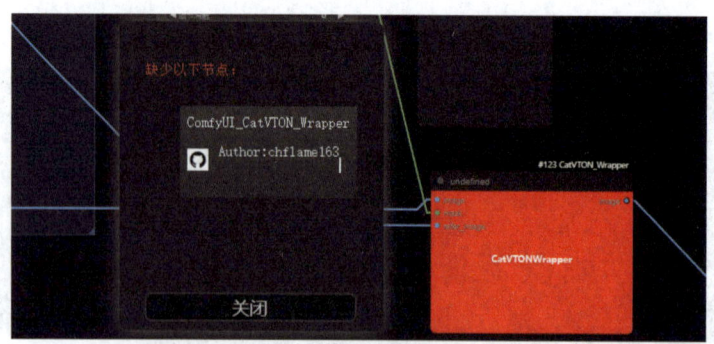

图4-7

要解决节点缺失问题,需要安装缺失的节点。安装自定义节点有3种常用方法,作者将按常用顺序逐一介绍每种方法的具体操作。但无论采用哪种安装方法,自定义节点文件都应放置在ComfyUI的custom_nodes目录中。

4.3.1 管理器安装

第一种安装缺失节点的方法是在ComfyUI菜单中单击"管理器"按钮,然后在弹出的"ComfyUI管理器"窗口中,单击"安装缺失节点"按钮。待软件完成扫描后,窗口中将显示所有缺失的节点,如图4-8所示。

图4-8

单击节点名称后面的Install按钮,软件将开始自动下载并安装该节点。如果节点成功安装,窗口左下方会出现英文提示:To apply the installed/updated/disabled/enabled custom node, please restart ComfyUI. And refresh browser。此时,重启ComfyUI即可完成安装。若节点安装失败,窗口左下方则会显示英文错误消息:ComfyUI CatyTON Wrapper install failed: Bad Request,如图4-9所示。如果安装失败,建议多次尝试安装,同时检查网络环境。若问题依旧,可以考虑采用启动器安装方法。

图4-9

4.3.2 启动器安装

若使用ComfyUI管理器无法成功安装节点,可以考虑采用启动器安装的方法。对于曾使用过WebUI秋叶整合包的创作者而言,启动器安装方式应已颇为熟悉。启动器安装是通过启动器实现插件的一键安装,同时,插件的后续管理与更新也可以在启动器中轻松完成。具体的安装方法如下。

01 记录工作流中缺失节点的名称,例如上一种方法没有安装成功的节点名称为ComfyUI_CatVTON_

Wrapper，进入绘世 2.8.10，单击左侧的"版本管理"按钮，进入版本管理界面，如图4-10所示。

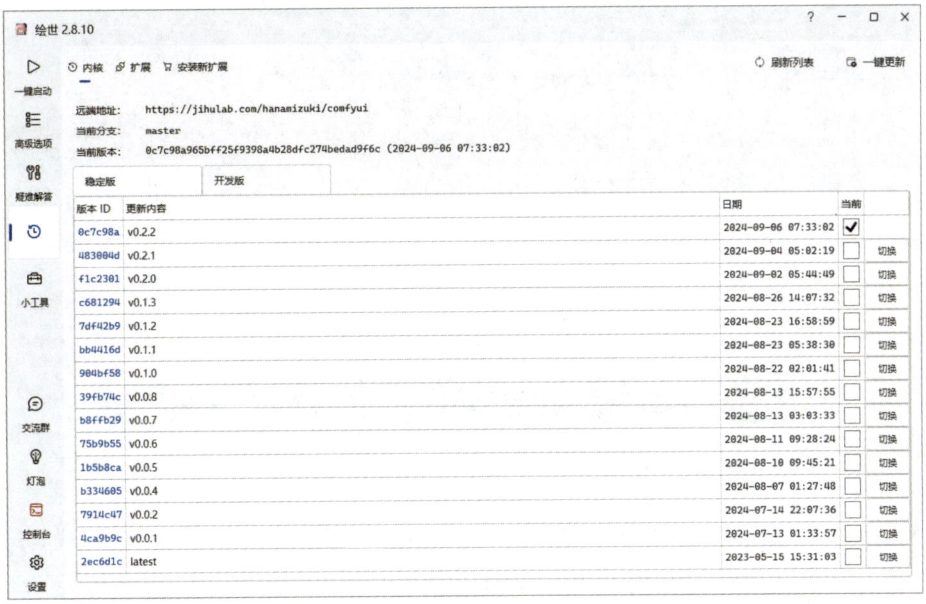

图4-10

02 单击界面上方的"安装新扩展"按钮，在"安装新扩展"选项界面的"搜索新插件"文本框中输入节点名称，如ComfyUI_CatVTON_Wrapper，界面中就会出现该节点的相关内容，如图4-11所示。

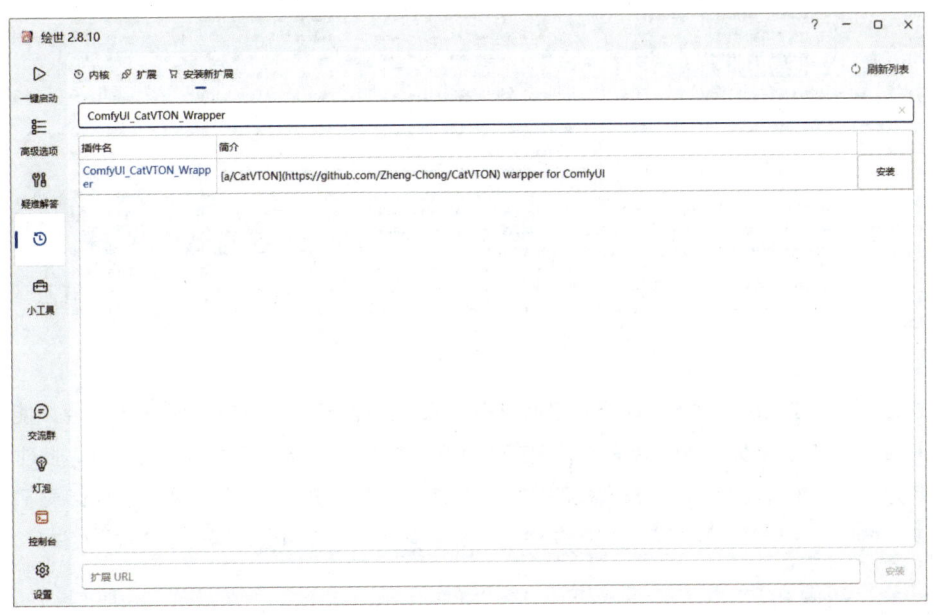

图4-11

03 单击右侧"安装"按钮，等待控制台下载并安装节点，安装完成后，界面下方就会弹出安装成功的提示对话框，如图4-12所示，如果安装失败，则会弹出安装失败的提示窗口。需要注意的是，使用启动器安装需要先将ComfyUI进程终止，否则会提示无法安装节点。

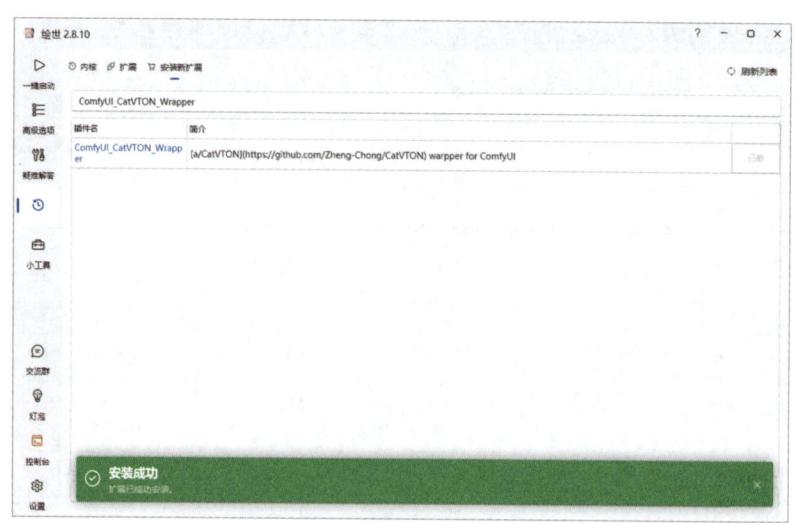

图4-12

04 安装完成后单击"扩展"按钮，就可以看到已安装的节点，如图4-13所示。在这里可以对每个节点进行更新、切换版本和卸载，非常方便。如果这个方法也无法安装，就只能使用最后一种方法了。

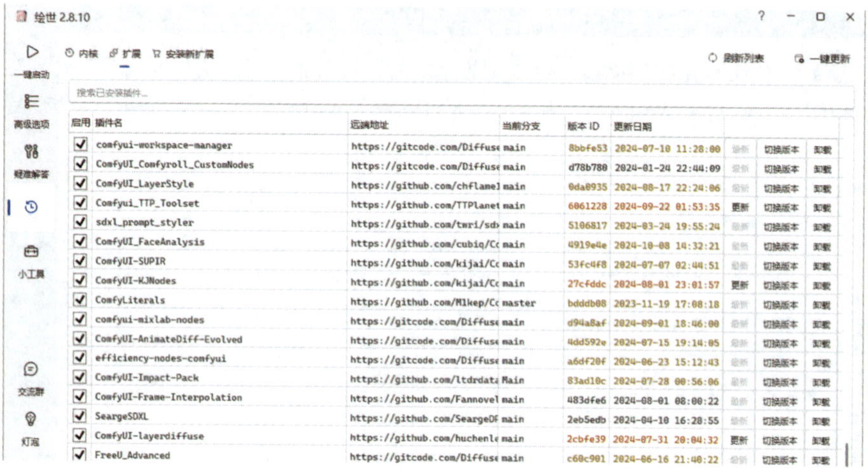

图4-13

需要注意的是，若在使用启动器安装方式之前已尝试使用管理器安装方式，即使扩展节点未能成功安装，系统也会在根目录下的 custom_nodes 文件夹中自动创建一个与该扩展节点同名的文件夹。此时，若再次使用管理器安装方式，系统可能会提示"被安装的插件已存在"。为解决此问题，需要前往根目录下的 custom_nodes 文件夹，删除与待安装扩展节点同名的文件夹，随后再次尝试使用管理器安装方式。

4.3.3 压缩包安装

若前述两种方法均无法成功安装节点，则可采用压缩包安装方法。此方法虽然可以确保缺失节点被成功安装，但缺点在于后续无法自动更新该节点。因此，建议优先考虑使用前两种方法，仅在确实无法安装时再采用此方法。以 ComfyUI_CatVTON_Wrapper 为例，具体的安装方法如下。

01 在浏览器中打开https://github.com/chflame163/ComfyUI_CatVTON_Wrapper节点页面，单击Code列表下的Download ZIP按钮，下载插件压缩包到本地，如图4-14所示。注意如果此网站无法打开，可以在一些分享的网盘或节点分享网站中下载所需扩展节点压缩包。

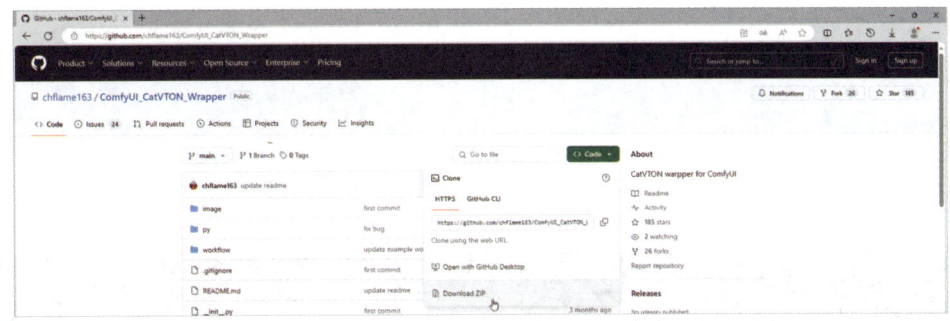

图4-14

02 将下载的压缩包解压缩，并将解压缩后文件夹名称中的-main删除，如图4-15所示。

图4-15

03 将重命名后的文件夹剪切到ComfyUI-aki-v1.3\custom_nodes文件夹中，如图4-16所示。

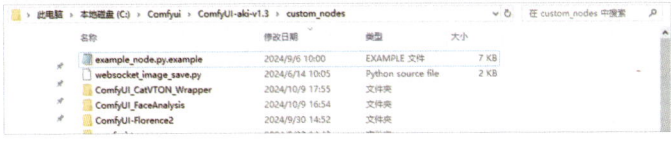

图4-16

04 此时，再次重启ComfyUI，工作流中缺失的节点就不会报错了，工作流即可正常使用，如图4-17所示。

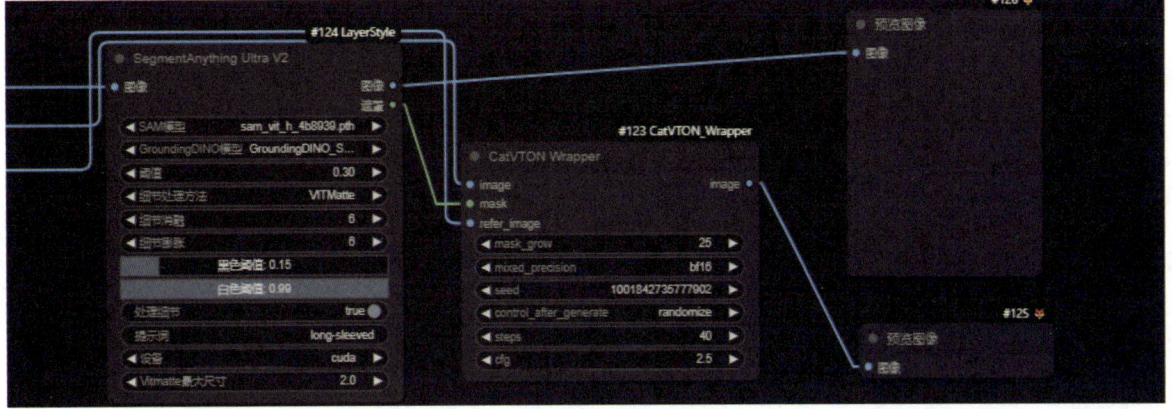

图4-17

4.4 核心节点使用方法及注意事项详解

在前文中，我们初步了解了节点的概念，并认识到节点在 ComfyUI 中扮演着至关重要的角色，它们是构成工作流的核心组成部分。因此，想要全面掌握 ComfyUI 的使用方法，深入理解和熟练掌握各个核心节点显得尤为重要。接下来，将对 ComfyUI 中常用的核心节点进行详细讲解，具体内容如下。

1. Checkpoint加载器（简易）

Checkpoint 加载器（简易）节点用于加载 Checkpoint 大模型，如 SD 1.0、SD 1.5、SD 2.0、SDXL 等常用模型，如图4-18 所示。

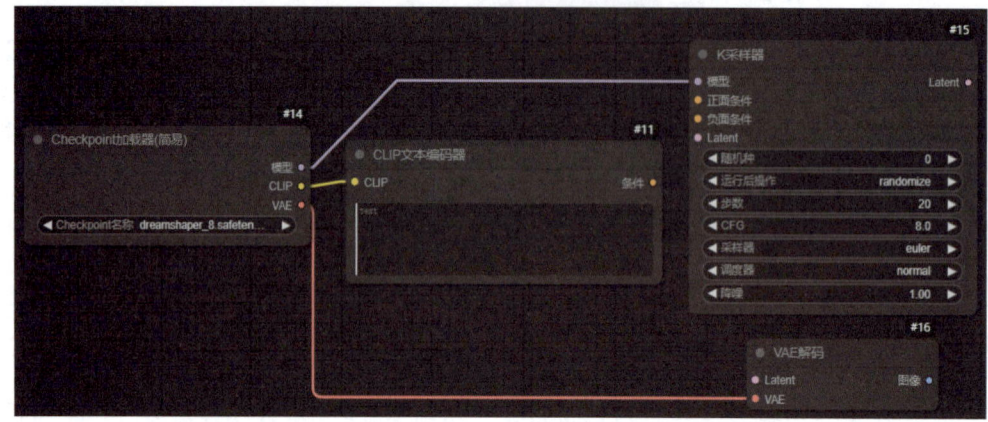

图4-18

- 参数设置：在本地大模型路径中，用户需要自行选择所需的大模型文件。
- 输出说明："模型"输出用于对潜空间图片进行去噪处理；CLIP输出用于对提示词进行编码；VAE输出负责潜在空间图像的编码和解码工作。

2. CLIP文本编码器

CLIP 文本编码器节点用于输入正向和反向提示词，相当于 WebUI 中的提示词文本框，如图4-19 所示。

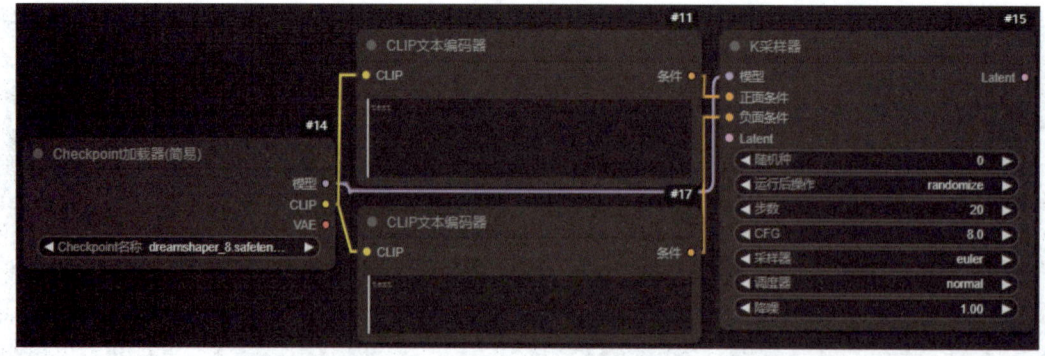

图4-19

- 输入说明：CLIP接收用于对提示词进行编码的CLIP模型。

- 组件介绍：提示词文本框用于输入需要模型生成的文本信息，包括正向和反向提示词。请注意，在未添加辅助节点的情况下，提示词仅支持英文输入。
- 输出说明："条件"是将文本信息通过CLIP模型进行编码后，形成的用于引导模型扩散的条件信息。

3. 双CLIP加载器

双CLIP加载器节点能够同时加载两个CLIP模型，便于在需要整合或对比这两个模型特征的操作中使用，该节点在Flux模型的工作流中尤为常用，如图4-20所示。

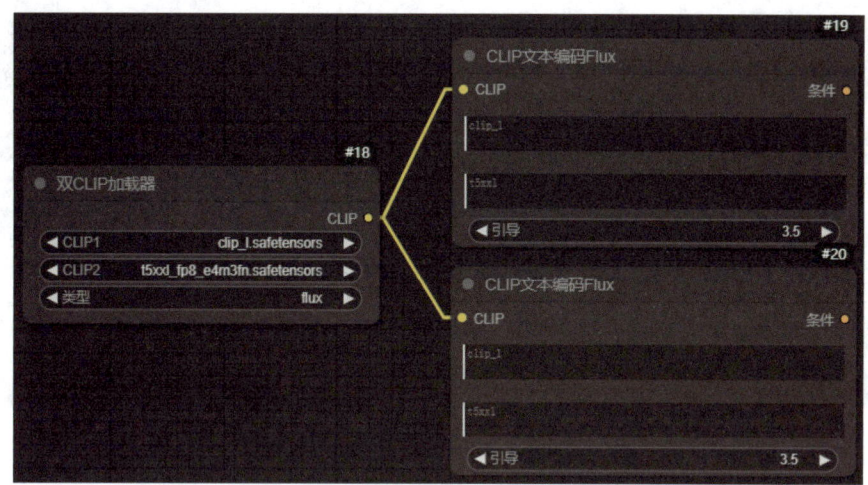

图4-20

- 参数说明：CLIP1用于指定需要加载的第一个CLIP模型的名称；CLIP2则用于指定第二个CLIP模型的名称。而"类型"参数可以从sdxl、sd3和flux中选择，以适应不同模型下的工作流需求。
- 输出说明：该节点的输出是一个整合了两个指定CLIP模型特征或功能的组合CLIP模型。

4. 条件零化

条件零化节点用于将条件数据结构中的特定元素（如pooled_output）置零，从而有效中和这些元素在后续处理步骤中的影响。该节点适用于需要直接操作条件内部表示的高级条件操作，通常在不需要输入负向提示词的工作流中得到应用，如图4-21所示。

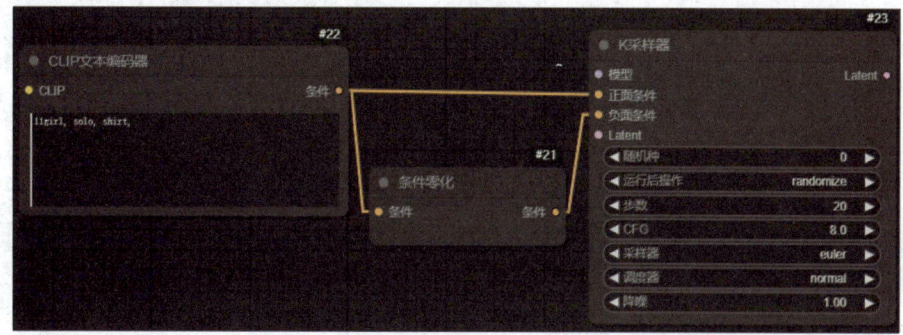

图4-21

- 输入说明：此节点接收要被修改的条件数据结构作为输入。如果存在相应的元素，节点将每个条件条目内的pooled_output元素置零。
- 输出说明：节点输出修改后的条件数据结构，其中适用的pooled_output元素已被置零，以便进行后续处理。

5. UNet加载器

UNet 加载器节点旨在通过名称加载 U-Net 模型，方便在系统中使用预训练的 U-Net 架构，常用于 Flux 模型的工作流中，如图4-22所示。

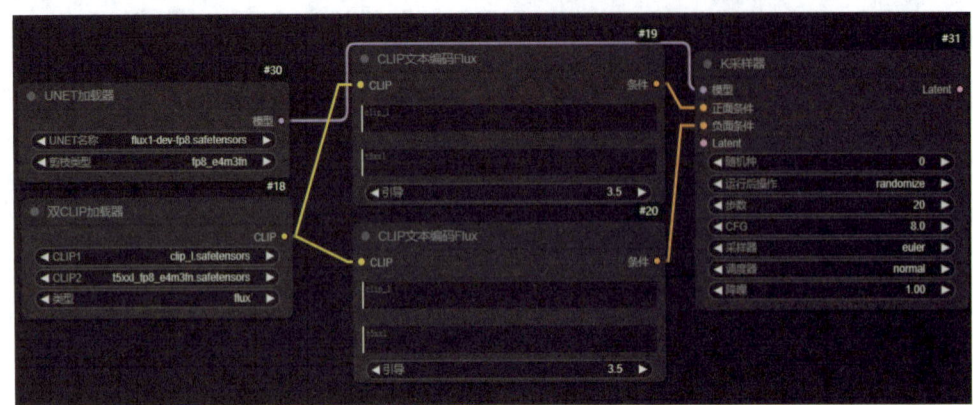

图4-22

- 参数："UNet名称"用于指定需要加载的U-Net模型名称，以便在预定义的目录结构内精确定位该模型，这样便能实现不同U-Net模型的动态加载。而"剪枝类型"中的fp8_e4m3fn和fp9_e5m2则代表了不同的精度和动态范围。
- 输出：函数将返回已加载的U-Net模型，供系统进一步处理或推理使用。

6. K采样器

K 采样器节点负责对潜空间噪声图执行逐步去噪操作，如图4-23所示。重要的是，去噪过程是在潜空间内完成的。

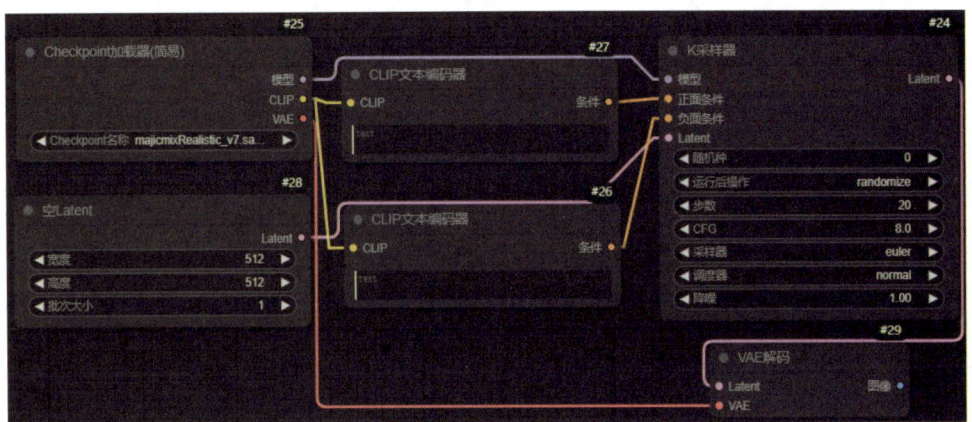

图4-23

- 输入："模型"接收来自大型模型的数据流；"正面条件"接收经clip编码后的正向提示词的条件信息；"负面条件"接收经clip编码后的反向提示词的条件信息；Latent接收潜空间图像信息。
- 参数："随机种"指定降噪过程中用于噪声生成的随机数种子；"运行后操作"定义种子生成后的控制方式，其中fixed代表固定种子，increment代表每次递增1，decrement代表每次递减1，randomize表示随机选择种子；"步数"设定对潜空间图像进行去噪的具体步数；CFG为提示词引导系数，即提示词对最终结果的影响程度；"采样器"选择所使用的特定采样技术，支持定制采样方式。"调度器"指定所选调度器的名称，调度器负责控制降噪过程，包括降噪步数及每步的降噪强度；"降噪"表示重绘幅度，其值越大，对图片产生的影响和变化越显著。
- 输出：Latent为经过"K采样器"降噪处理后的潜空间图像。

7. 空Latent

空 Latent 节点用于生成纯噪声的潜空间图像，并允许用户设置图像的比例，如图4-24 所示。

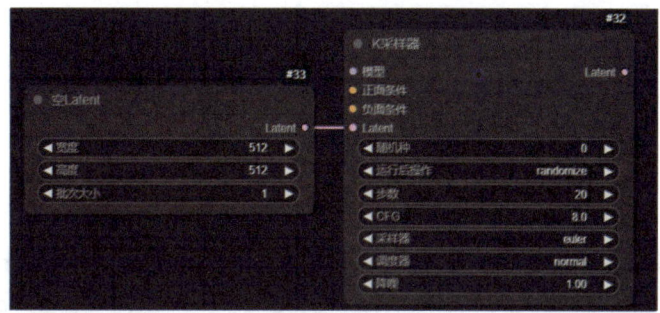

图4-24

- 参数："宽度"代表将要生成的潜空间图像的宽；"高度"代表将要生成的潜空间图像的高；"批次大小"表示需要一次性生成的潜空间图像数量。
- 输出：Latent节点将输出具有指定形状和数量的潜空间图像。

8. VAE解码

VAE 解码节点用于将潜空间图像解码为像素级的图像，如图4-25 所示。

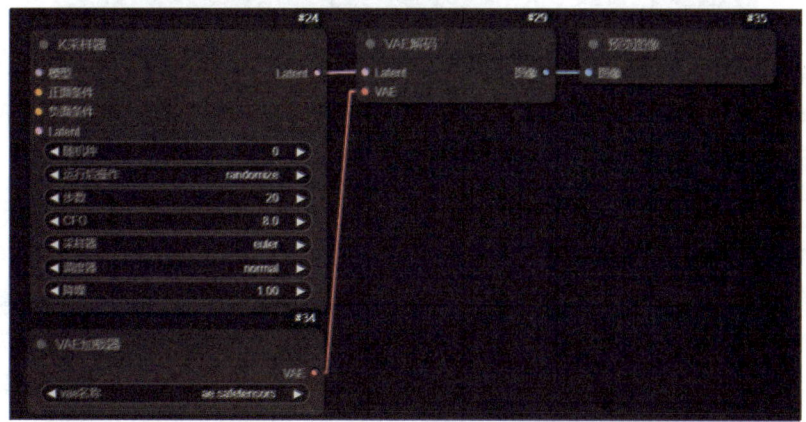

图4-25

- 输入：Latent接收经过"K采样器"处理后的潜空间图像；VAE接收用于解码潜空间图像的VAE（变分自编码器）模型。大多数Checkpoint自带VAE，若不含则需要添加"VAE加载器"节点以载入。
- 输出："图像"输出经过VAE解码后的像素级图像。

9. 预览图像及保存图像

"预览图像"节点用于预览输入的像素级图像，而"保存图像"节点则用于保存输入的像素级图像，如图4-26所示。

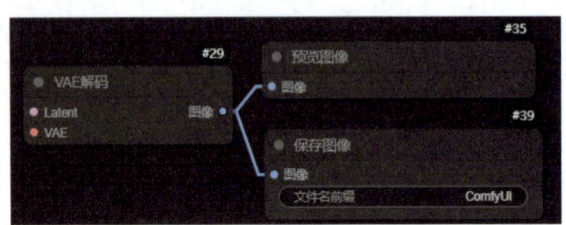

图4-26

- 输入："图像"接收经过VAE解码后的像素级图像。

10. 加载图像

加载图像节点用于加载并上传图像，如图4-27所示。

图4-27

- 输入：单击choose file to upload按钮，在弹出的对话框中选择想要上传的图像。双击图像或单击对话框中的"打开"按钮，即可上传所选图像。
- 输出："图像"代表输出的图像数据；"遮罩"则表示如果上传的图像中包含alpha通道信息，该节点会将其作为遮罩信息输出。

需要注意的是，在ComfyUI中，可以在图像上右击，在弹出的列表选项中选择"在遮罩编辑器中打开"选项，就会弹出蒙版编辑窗口，在窗口中，"清除"表示清除绘制的蒙版，Thickness表示通过滑块控制图中笔触的大小，Color表示绘制蒙版的画笔颜色，"取消"表示取消蒙版的绘制，Save to node表示保存绘制的蒙版，如图4-28所示。

图4-28

11. 图像缩放

图像缩放节点用于通过基础算法调整图片的分辨率，如图4-29所示。

图4-29

- 输入："图像"接收需要进行分辨率调整的图片。
- 参数："缩放方法"用于选择像素填充方式，推荐使用"邻近-精确"选项；"宽度"设置调整后图片的宽度；"高度"设置调整后图片的高度；"裁剪"决定是否对图片进行裁剪，其中，disabled选项表示不进行裁剪，center选项表示从图片中心进行裁剪。
- 输出："图像"输出经过分辨率调整后的图片。

需要注意的是，此方法在扩展图像时，会通过数学计算来填充像素点，这与WebUI中的高清修复功能不同。

12. 图像通过模型放大

图像通过模型放大节点是利用特定模型来对图像进行放大处理，而"图像缩放"节点则是基于数学计算方法进行像素级别的放大。相较之下，通过模型放大的效果通常更为出色，如图4-30所示。

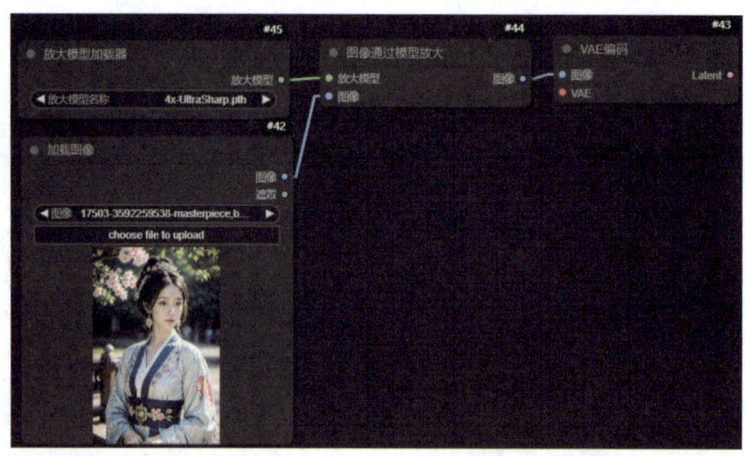

图 4-30

- 输入:"放大模型"是指用于图像放大的特定模型;"图像"是指需要进行放大处理的原始图像。
- 输出:"图像"输出经过放大处理后的图像。

需要注意的是,在"图像通过模型放大"节点中并不直接提供模型选项。需要通过"放大模型"连接点与"放大模型加载器"节点相连接,从而调用所需的放大模型。放大模型通常自带放大倍率信息,例如,4x-UltraSharp.pth 就表示该模型将对原始图像进行 4 倍的放大处理。

13. LoRA加载器

LoRA 加载器节点用于加载 LoRA 模型,并允许用户设置该模型的权重,如图4-31 所示。

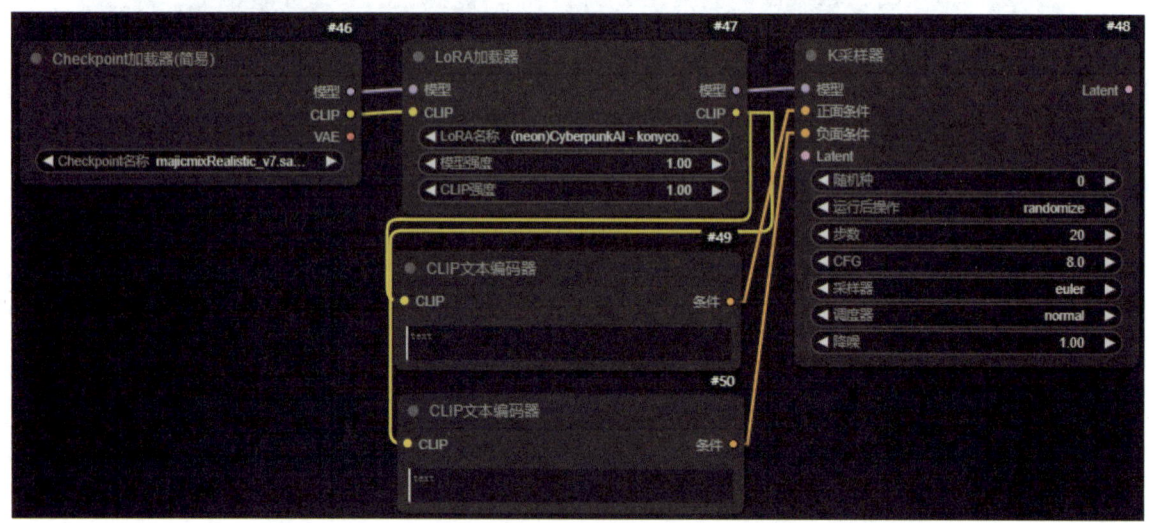

图 4-31

- "模型"是指需要加载并应用LoRA权重的基础扩散大模型;CLIP是指加载的CLIP模型,用于与扩散模型协同工作。
- 输出:"模型"输出经过LoRA权重修正后的扩散大模型;CLIP输出与修正后的扩散模型相匹配的CLIP模型。

4.5 节点的基本操作

虽然每个节点的功能是确定的，但相同功能的节点可能会被同时应用于不同的位置。为了区分这些功能相同但作用不同的节点，可以对节点进行基本操作，如节点重命名、更换节点颜色、改变节点形状等。具体介绍如下。

1. 新建节点

要对节点进行基本操作，前提是新建节点。虽然在本书"ComfyUI 界面常用快捷方式"部分讲解了节点的快速新建方法，但那是基于已知节点名称的情况。对于不知道名称的节点，如何新建呢？这里以"K 采样器"节点为例，说明操作过程：在 ComfyUI 界面的空白位置右击，从弹出的快捷菜单中选择"新建节点"→"采样"→"K 采样器"选项，即可新建"K 采样器"节点，如图4-32 所示。

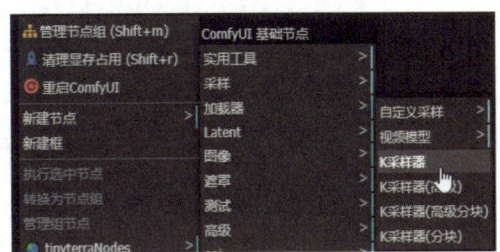

图4-32

2. 重命名节点

常用的节点重命名场景是在正面提示词和负面提示词中。若不给它们命名，当分享工作流后，后续使用者将难以区分正负提示词。具体操作为：新建两个"CLIP 文本编码器"节点，然后分别右击这两个节点，在弹出的快捷菜单中选择"标题"选项，接着在 title 文本框中分别输入"正面提示词"和"负面提示词"，最后单击"确定"按钮，如图4-33 所示。

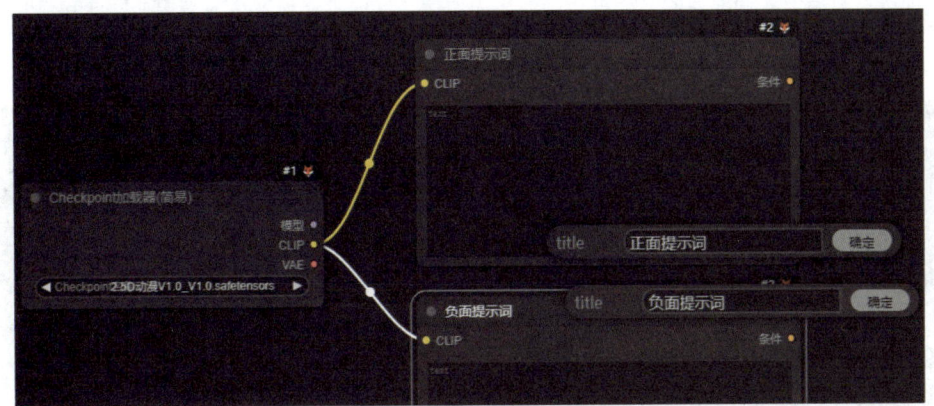

图4-33

3. 更换节点颜色

当使用大量节点时，很容易混淆节点的种类，使节点混杂在一起难以选择。这里以"Checkpoint 加载器（简易）"节点和"CLIP 文本编码器"节点为例，说明如何通过为不同种类的节点赋予不同的颜色来进行区分。在已完成"节点重命名"操作的基础上，分别右击"Checkpoint 加载器（简易）"节点和"CLIP 文本编码器"节点，在弹出的快捷菜单中选择"颜色"选项。然后，为"Checkpoint 加载器（简易）"节点选择绿色，为"CLIP 文本编码器"节点选择黄色，如图4-34 所示。这样，不同类型的节点就可以通过颜色进行区分。

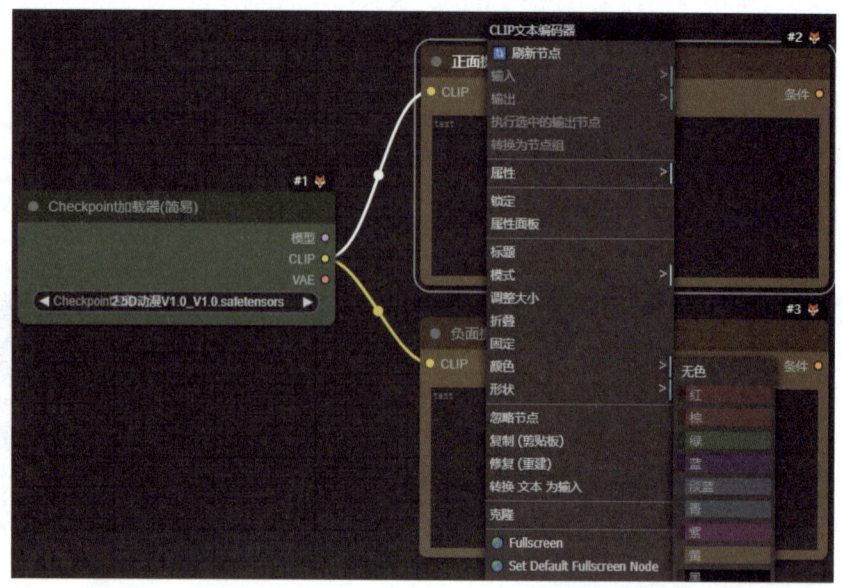

图4-34

4. 调整节点大小

部分节点在新建后的默认大小可能与实际使用时所需的大小不匹配。此时，需要调整节点大小，以节省画布空间或使节点能够显示更多内容。以"CLIP文本编码器"节点为例，由于正负提示词通常不会填满整个文本框，因此，可以适当缩小该节点，使整个工作流看起来更加直观。具体操作如下：将鼠标指针放置在节点的右下角，此时鼠标指针会变成双向箭头，如图4-35所示。接着，按下鼠标左键并拖动以调整节点大小。调整完成后，释放鼠标左键即可。最后，将调整后的节点摆放到合适的位置，这样工作流就会显得更加整洁和直观，如图4-36所示。

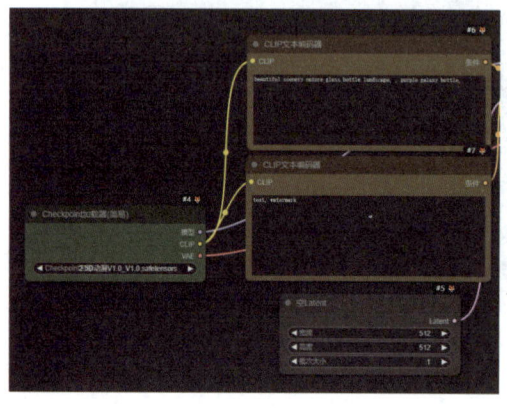

图4-35

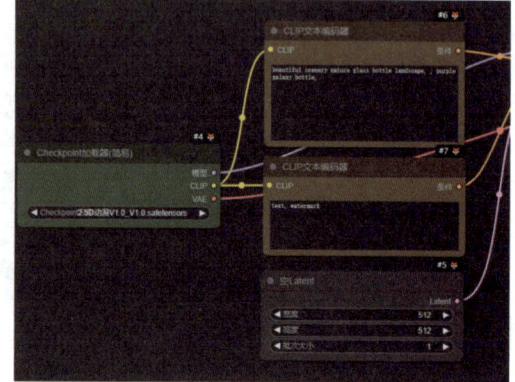

图4-36

5. 折叠节点

在工作流中，有些节点在设置完成后可能无须再作调整。此时，可以将这些节点折叠起来，这样既能显示节点名称，又能节省画布空间。以"空Latent"节点为例，将鼠标指针移至节点左上角的灰色圆点上，如图4-37所示，然后单击，节点就会被折叠成一个带有节点名称的小长方形图标，如图4-38所示。若需再次展开节点，只需再次单击该灰色圆点即可恢复节点原状。

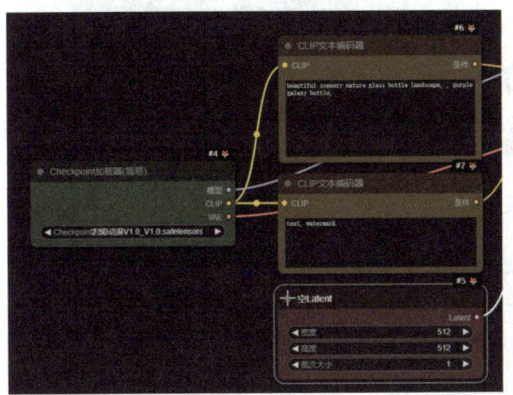
图4-37

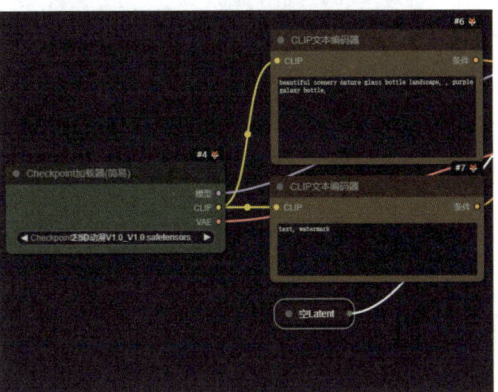
图4-38

6. 固定节点

在工作流中，当节点与节点紧密相邻时，拖动节点很容易引发误操作，导致附近的节点也被一起移动。为了避免这种误操作，可以将不需要移动的节点固定，使其无法被拖动。以"VAE 解码"节点为例，右击该节点，在弹出的快捷菜单中选择"固定"选项。这样一来，"VAE 解码"节点就被固定住，无法再被移动了，如图4-39 所示。

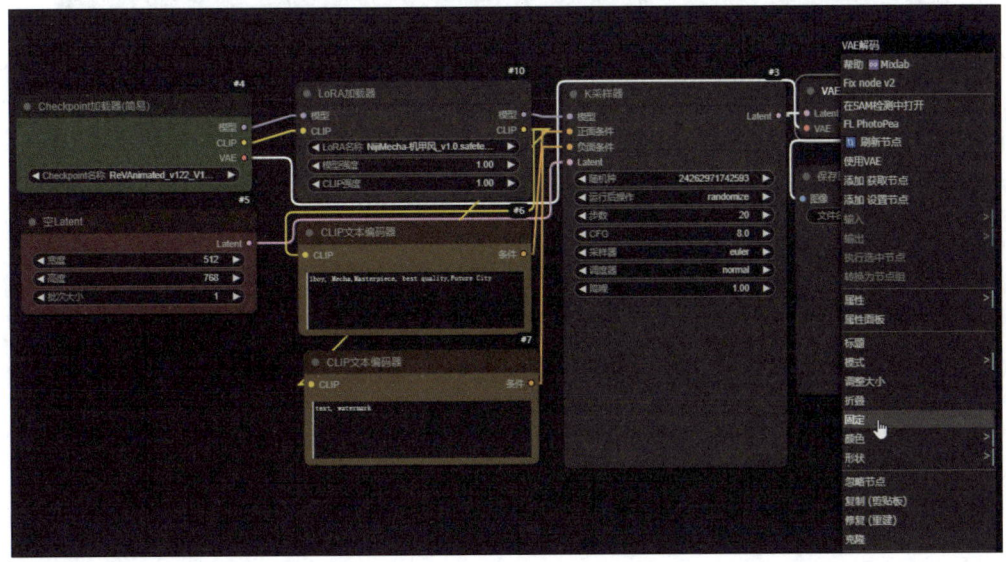
图4-39

7. 隐藏节点

当想要对比某些节点对出图的影响时，通常需要反复添加和删除节点，这样的操作在出图效果不理想时会显得尤为烦琐。然而，有一种更为简便的方法：在用完节点后，可以将其隐藏而非删除。这样，工作流依然可以正常运行，同时当需要再次使用该节点时，只需取消隐藏即可。以"LoRA 加载器"节点为例，首先在不隐藏该节点的情况下生成图片，如图4-40 所示。接下来，若想要隐藏该节点以进行对比，只需执行隐藏操作即可。

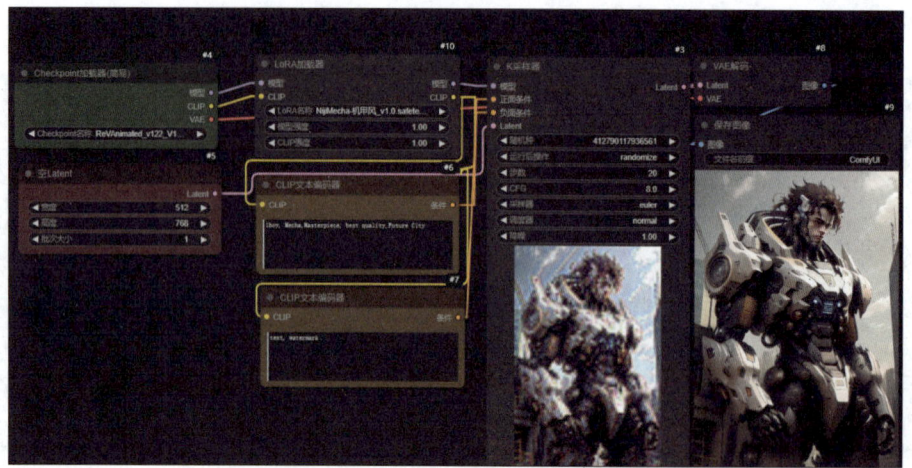

图 4-40

右击"LoRA 加载器"节点，在弹出的快捷菜单中选择"忽略节点"选项，这样"LoRA 加载器"节点就会被隐藏。尽管节点被隐藏，但其连接线依然有作用，因此无须重新连接节点。接下来，在隐藏了"LoRA 加载器"节点的情况下，再次生成图片，如图 4-41 所示。可以明显看出，在隐藏"LoRA 加载器"节点后生成的图片中，机甲效果变得更弱。

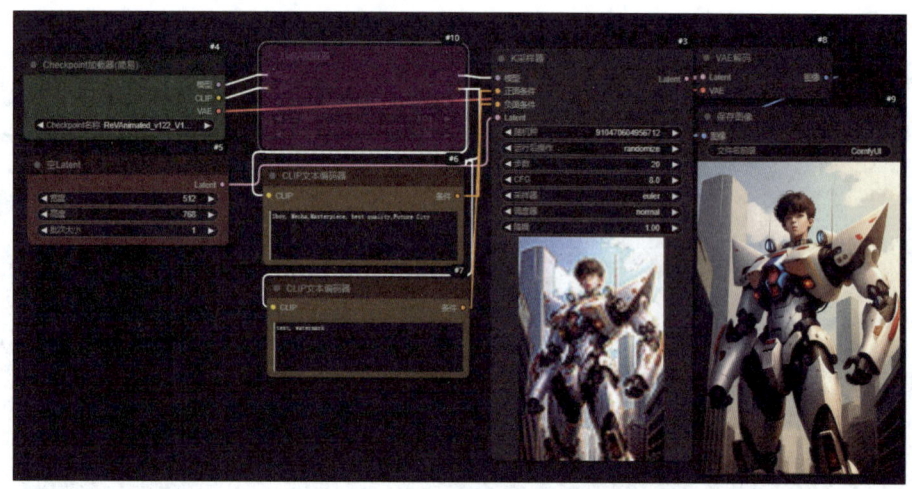

图 4-41

4.6 节点之间的连接

虽然我们已经了解了基本的核心节点，并且对节点的基本操作有了一定的掌握，但是初学者在面对节点之间的连接时仍可能感到困惑。因此，本节将对节点之间的连接操作进行详细讲解，以帮助创作者更好地理解和应用。

1. 连接连接线

　　连接线是搭建工作流的关键部分。如果连接线连接不正确，工作流将无法正常运行。因此，在使用连接线连接节点时，务必养成良好的习惯，即从节点的输出端口连接到另一个节点的输入端口，如图4-42所示。此外，还需要注意的是，在大多数情况下，输出端口的颜色需要与输入端口的颜色相对应才能进行连接，否则将无法成功连接。

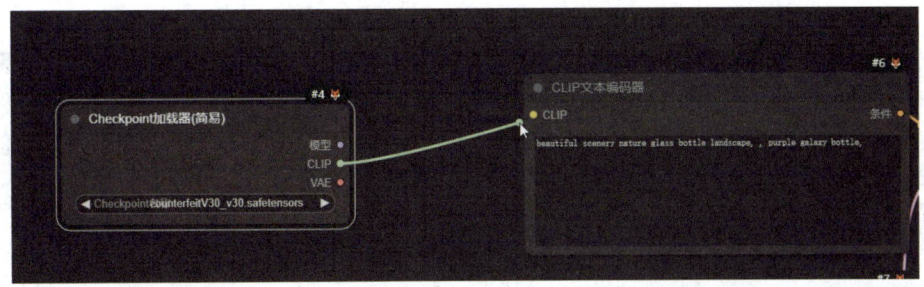

图4-42

2. 断开连接线

　　当需要断开某条连接线时，可以采用两种方法。第一种方法是找到连接线的输入端口，单击该端口，并拖动连接线至节点以外的空白画布区域。释放鼠标后，会弹出快捷菜单，此时再次单击空白画布区域即可断开连接，如图4-43所示。需要注意的是，如果从输出端口拖曳连接线，将不会产生断开效果，而只会增加连接线的数量。

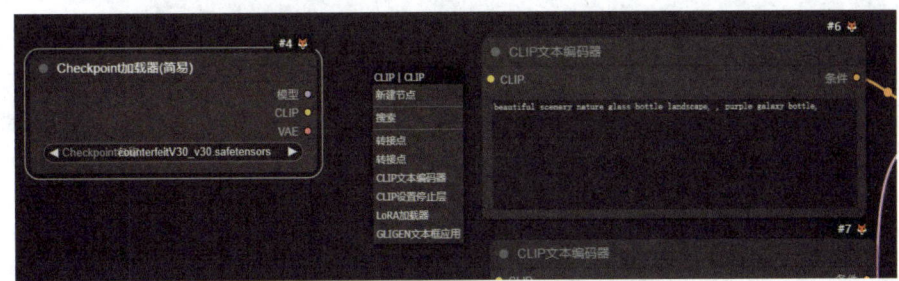

图4-43

　　第二种方法是单击连接线中间的圆点，然后在弹出的快捷菜单中选择"删除"选项，即可删除该连接线，如图4-44所示。

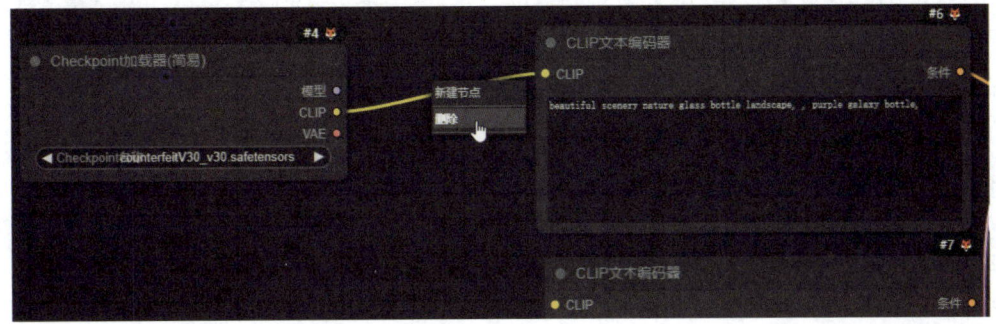

图4-44

3. 输出端可以链接多个输入端

当工作流中的多个节点同时需要一个节点的信息时,该节点的输出端可以将信息传递给多个节点。例如,前文中提到的有无 LoRA 出图,其实可以在一个工作流中实现。只需将大模型、正负提示词和图像尺寸的节点信息分别传递给两个采样器,然后输出图片即可,如图4-45所示。因此,在图 4-45 中,"Checkpoint 加载器(简易)"节点的"模型"、CLIP、VAE 输出端口连接到了"LoRA 加载器"节点、"CLIP 文本编码器"节点、"VAE 解码器"节点等多个节点的输入端口,实现了信息的共享与传递。

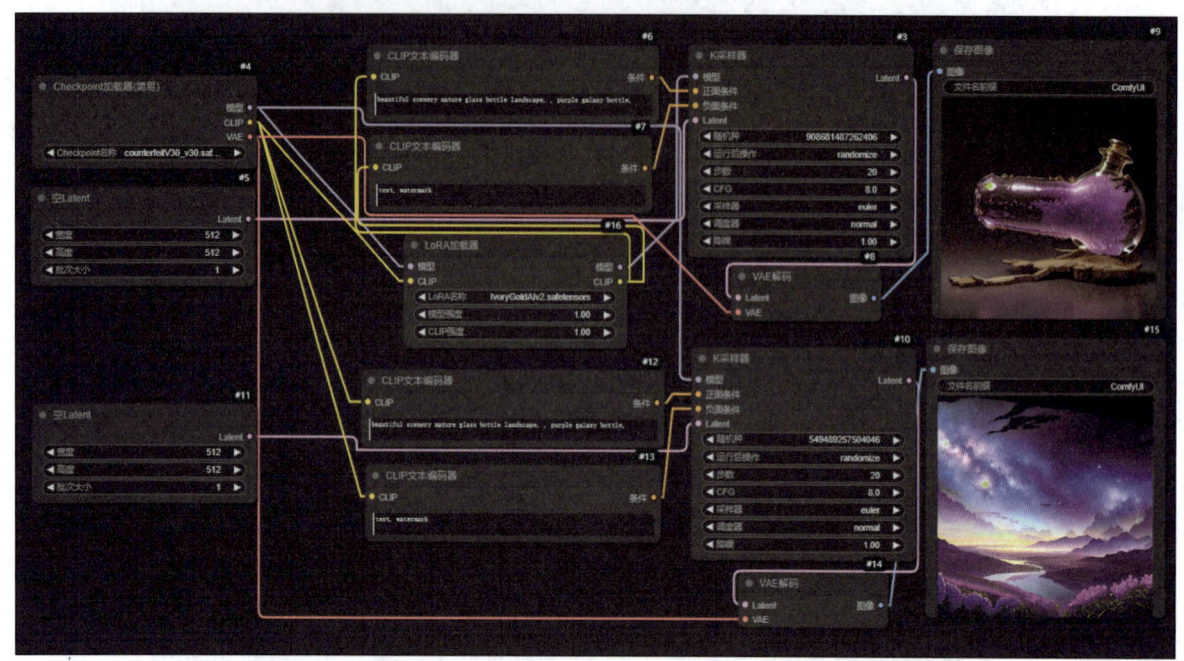

图4-45

4. 输入端只能连接一个输出端

与输出端不同,输入端通常只能连接一个节点。这是因为虽然节点的输出端可以传递信息给多个节点,但每个节点的输入端在接收信息时,通常只能处理来自一个输出端的信息。因此,当尝试用新的连接线连接至已占用的输入端口时,旧的连接线将被自动断开,以确保信息的准确传递。

5. 输入端如何连接多个输出端

这个标题看似与前一个相矛盾,但实际上并非如此。这里的"多个输出端连接到一个输入端"是指将多个输出端的信息合并成一个,然后再连接到一个输入端。以两个"CLIP 文本编辑器"节点连接到"K 采样器"节点的"正面提示词"输入端为例,具体操作如下。

01 新建两个"CLIP文本编辑器"节点和一个"K采样器"节点,如图4-46所示。

02 由于"CLIP文本编辑器"节点的输出端为"条件",因此要将两个条件合并,需要使用"条件合并"节点。新建"条件合并"节点有两种方法:一是在节点搜索框中输入"条件合并"进行创建;二是在画布空白区域右击,在弹出的快捷菜单中选择"新建节点"→"条件"→"条件合并"选项进行创建,如图4-47所示。

图4-46

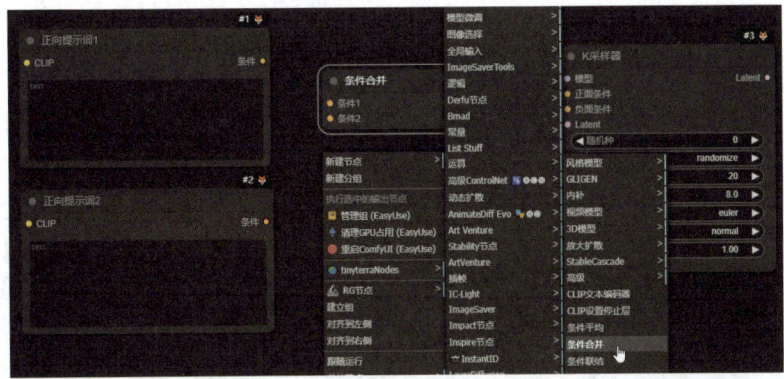

图4-47

03 将两个"CLIP文本编辑器"节点的"条件"输出端分别连接到"条件合并"节点的条件1和条件2输入端，然后再将"条件合并"节点的"条件"输出端连接到"K采样器"的"正面条件"输入端。这样，输入端就可以接收并处理来自多个输出端的内容了，如图4-48所示。

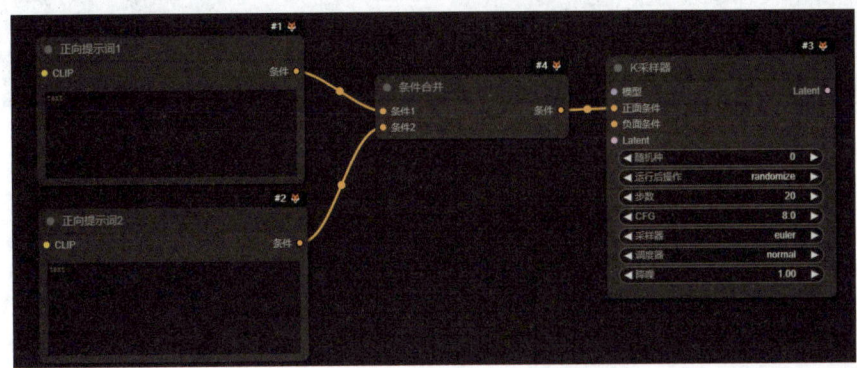

图4-48

6. 连线模式

在ComfyUI中，默认的连线模式为曲线。然而，连线的模式实际上是可以选择的。单击菜单界面中的 ⚙ 按钮，在弹出的"设置"对话框中找到ComfyUI选项。在"画面"选项下，可以找到"连接渲染样式"。在其下拉列表中，可以选择"直角线""直线""曲线"或"隐藏"选项，如图4-49所示。

图4-49

此处将"连接渲染样式"更改为"直角线"，整个工作流的连接线变得非常整洁，如图4-50所示。

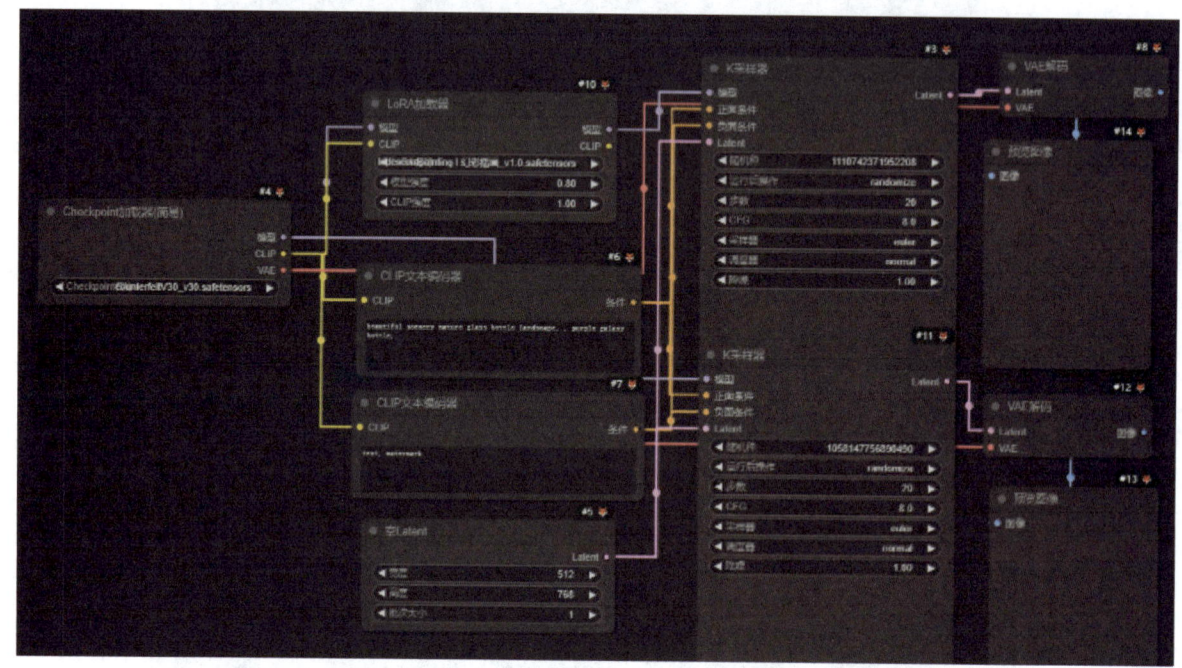

图4-50

4.7 新建工作流

在了解了基础节点和自定义节点之后，还需要掌握一个重要概念，即"工作流"。工作流是指创作者通过组合不同的节点来创建的一系列操作步骤。作为 ComfyUI 的核心，使用 ComfyUI 时，最初的步骤就是新建工作流。以下是新建工作流的具体操作步骤。

01 进入ComfyUI界面，单击 按钮，在弹出的工作流管理界面中单击 按钮，如图4-51所示。

02 单击田按钮后，即可调出带有默认工作流的ComfyUI界面，此时如果不需要默认工作流，可以单击菜单界面中的"清除"按钮将所有节点删除，如图4-52所示，此时即可在空白的ComfyUI界面中新建节点，搭建工作流。

图4-51　　　　　　　　　　　　　　　　　　　　图4-52

4.8　工作流构建的思路

在数字化艺术创作的浪潮中，ComfyUI 以其独特的节点流程式设计，为 Stable Diffusion AI 绘图提供了强大的支持。通过将复杂的流程拆分为简单的节点，ComfyUI 不仅提升了工作流的定制精度，更确保了创作过程的可复现性。接下来，将深入探讨如何构建高效、灵活的 ComfyUI 工作流。

4.8.1　明确需求

在构建 ComfyUI 工作流之前，必须明确我们的目标和期望输出，以确保整个创作过程的有的放矢。

- 需求定义：要明确工作流的具体目标，例如实现特定图像风格转换或生成符合特定主题的图像。
- 输入输出：确定工作流的输入，如创作者上传的图片或文本提示，以及输出，即生成的图像。

4.8.2　准备模型和节点

在 ComfyUI 中，选择合适的模型和节点是构建高效工作流的关键。这些模型和节点将成为我们创作过程中的得力助手，帮助实现各种复杂的艺术效果。

- 选择模型：根据需求，选取适合的稳定扩散模型、CLIP模型、VAE模型等，用于图像的生成、编码和解码。
- 获取节点：通过节点管理器或在线平台获取所需的节点，包括加载模型、文本编码、采样器、VAE解码等关键节点。

4.8.3 搭建工作流主干

有了合适的模型和节点后，下一步就是将这些元素有机地组合起来，搭建起工作流的主干。这一过程如同搭建建筑的骨架，将为后续的创作活动提供坚实的支撑。

- 连接主要节点：按顺序连接加载模型、文本编码、采样器和VAE解码等节点，构建工作流的核心结构。
- 配置参数：在每个节点上设置相应的参数，如模型路径、提示词、采样步长等，以塑造独特的图像风格和品质。

4.8.4 添加辅助节点和参数调整

在ComfyUI工作流中，辅助节点和参数调整的巧妙运用能够显著提升生成图像的质量和丰富度。通过精心调整每一个细节，可以让作品更加完美。

- 添加辅助节点：引入如空Latent节点、图像预览节点等辅助元素，以完善工作流的功能和效果。
- 参数调整：根据图像质量和需求反馈，精细调整工作流中的各项参数，以获得更出色的生成效果。

4.8.5 测试和微调

在艺术创作中，不断测试和微调是追求极致的必经之路。通过反复的验证和调整，可以确保ComfyUI工作流在各种场景下都能稳定、高效地运行。

- 测试工作流：使用不同的输入数据对工作流进行全面测试，确保其稳定性和可靠性。
- 微调工作流：根据测试结果反馈，对工作流进行细微的调整和优化，以提升其整体性能和用户体验。

4.8.6 保存和分享工作流

在ComfyUI中，我们可以轻松地将自己的工作流保存并分享给更多人，从而拓宽创作视野、激发更多灵感。

- 保存工作流：将精心构建的工作流保存至本地或云端，便于未来复用和修改。
- 分享工作流：通过在线平台或社交媒体分享工作流成果，与全球创作者共同交流学习、共同进步。

在后文中，大家将看到众多精彩案例，它们都是按照这一构建思路精心打造而成的。

第 5 章

掌握常用工作流的基础模块

5.1 调整图像尺寸

在不同的应用场景中，图像尺寸的要求各不相同。在 ComfyUI 中，可以通过连接不同的节点来构建图像生成的工作流程，其中调整图像尺寸是一个关键环节。这一功能使创作者能够根据需要自由调整图像尺寸，从而显著提高了图像处理的灵活性。创作者无须借助外部工具或软件，即可在 ComfyUI 内部轻松完成图像尺寸的调整，进一步简化了工作流程。

5.1.1 获取图像尺寸

在艺术创作和设计中，了解图像的尺寸是实现个性化定制和创意表达的关键。图像的尺寸信息有助于我们根据创作需求选取适宜的画布大小和布局方式，进而创作出风格独特且富有创意的作品。关于该模块的具体搭建操作如下。

01 进入ComfyUI界面，新建工作流，因为要获取图像的尺寸，按新建节点的方法，在快捷菜单中选择"新建节点"→"图像"→"加载图像"选项，新建"加载图像"节点，上传图像素材，如图5-1所示。

02 获取图像尺寸的节点有多种，如图5-2所示。这些节点的基本功能相似，都是获取图像尺寸信息并将其传递给尺寸设置节点。因此，选择其中任意一个节点均可达到目的。然而，若希望更直观地查看图像尺寸，推荐使用ComfyUI-Easy-Use扩展中的"图像尺寸"节点，它提供了更直观的尺寸显示功能。

图5-1

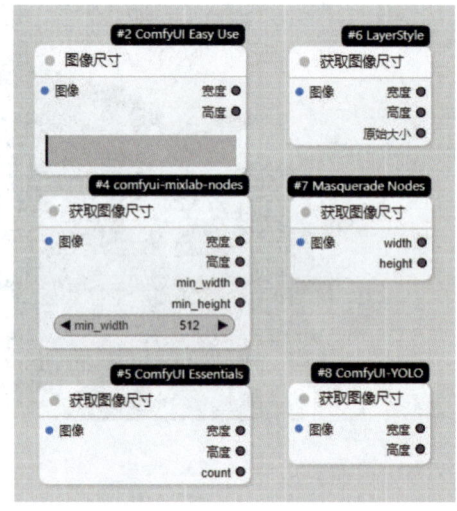

图5-2

03 通常，尺寸设置节点允许直接在节点内部设定生成图片的尺寸。但若想使用获取到的图像尺寸，则需要对节点的输入进行相应设置。以"空Latent"节点为例，新建一个"空Latent"节点后，在该节点上右击，并在弹出的快捷菜单中选择"转换为输入"选项，将宽度和高度参数转换为可输入状态，即可将"图像尺寸"节点的输出端口与"空Latent"节点的输入端口相连接，如图5-3所示。

04 将"加载图像"节点的"图像"输出端口连接到"图像尺寸"节点的"图像"输入端口，随后将"图像尺寸"节点的"宽度"和"高度"输出端口连接到"空Latent"节点的"宽度"和"高度"输入端口。完成这些连接后，获取图像尺寸的模块就已搭建完毕。接下来，单击"添加提示词队列"按钮，上传图像的尺寸信息就会显示出来，如图5-4所示。

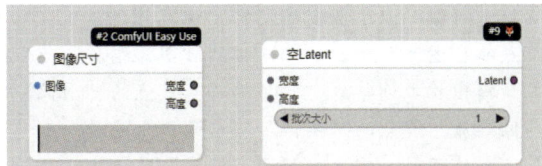

图5-3

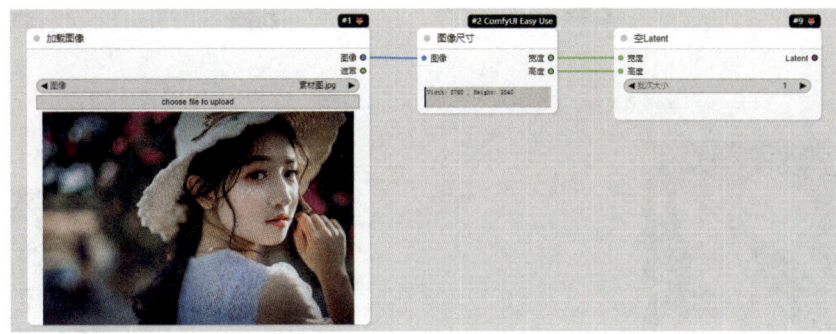

图5-4

5.1.2 缩放图像

缩放图像模块所具备的缩放功能，使创作者能够迅速调整图像尺寸，无须逐个像素进行手动调整，因此，极大提高了工作效率。该模块的具体搭建步骤如下。

01 进入ComfyUI界面，新建工作流，因为要缩放图像，所以新建"加载图像"节点，上传图像素材，如图5-5所示。

02 缩放图像的节点有多种选择，例如"图像缩放"节点和"图像按系数缩放"节点等，如图5-6所示。尽管这些节点都能实现图像的缩放功能，但效果上略有差异。它们都可以将上传的图像缩放到所需的尺寸，以便进行后续的图像生成或其他处理。在这里，更推荐使用"图像缩放"节点，因为它允许直接设置具体的图像缩放尺寸，而其他节点可能需要通过计算来确定缩放比例，或者无法精确地缩放到期望的尺寸。

图5-5

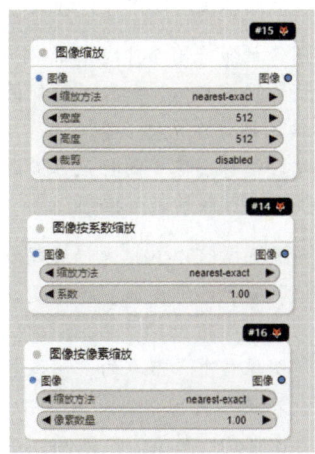

图5-6

03 缩放完成的图像通常可以直接进行编码以生成新的图像，但在此之前，需要新建一个"VAE编码"节点。接下来，将"加载图像"节点的"图像"输出端口连接到"图像缩放"节点的"图像"输入端口，然后将"图像缩放"节点的"图像"输出端口连接到"VAE编码"节点的"图像"输入端口。如果希望查看缩放后的图像效果，可以在"图像缩放"节点的"图像"输出端口上连接一个"预览图像"节点。这样，缩放图像的模块就已经搭建完毕。在使用时，需要在"图像缩放"节点中设置"宽度"和"高度"值，并选择适当的"裁剪"方式。最后，单击"添加提示词队列"按钮，即可预览缩放后的图像，如图5-7所示。

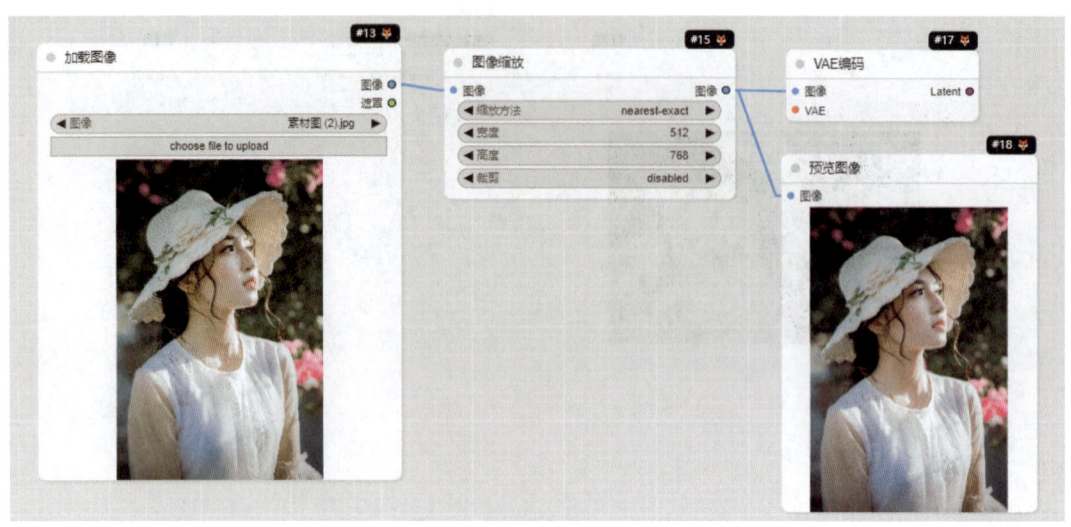

图5-7

5.1.3 裁剪图像

通过裁剪功能，创作者能够精准地调整图像的尺寸和显示范围，从而满足特定的设计或展示要求。此外，裁剪还有助于提升图像的视觉效果。通过去除多余的部分，创作者可以凸显图像中的主体，进而增强图像的吸引力和可读性。具体的搭建步骤如下。

01 进入ComfyUI界面，首先新建一个空白工作流。由于需要对图像进行裁剪，因此应新建"加载图像"节点，并通过该节点上传图像素材，如图5-8所示。

02 可用于裁剪图像的节点有多个选择，例如"图像裁剪"节点和"图像裁切"节点等，如图5-9所示。尽管这些节点的裁剪功能相似，但效果可能因具体参数设置而异。它们都可以将上传的图像裁剪至所需效果，以便进行后续的图像生成或其他处理。在此，推荐使用ComfyUI_Essentials扩展提供的"图像裁剪"节点，因为它允许选择图像中的特定位置进行裁剪，并在选定位置后，进一步选择横向或纵向裁剪的像素数量，从而提供更为精细的裁剪控制。

03 裁剪完成的图像通常可以直接进行编码以生成新图，但在此之前，还需新建"VAE编码"节点。接下来，将"加载图像"节点的"图像"输出端口连接到"图像裁剪"节点的"图像"输入端口，然后将"图像裁剪"节点的"图像"输出端口连接到"VAE编码"节点的"图像"输入端口。若希望查看裁剪后的图像效果，可以在"图像裁剪"节点的"图像"输出端口上连接一个"预览图像"节点。至此，裁剪图像的模块已搭建完毕。在使用时，需要先在"图像裁剪"节点中设置"宽度"与"高度"值，并调整XY偏移的数值来选择裁剪图像的"位置"。最后，单击"添加提示词队列"按钮，即可预览裁剪后的图像，如图5-10所示。

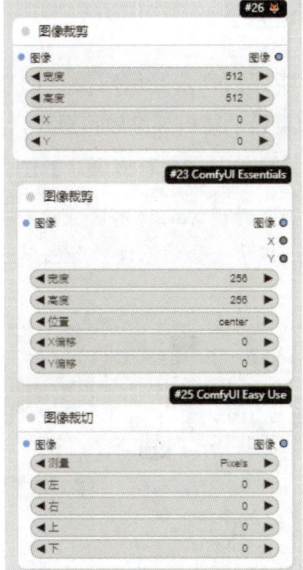

图5-8　　　　　　　　　　　　图5-9

图5-10

5.2　处理图像

下面将要讲解的图像处理工作流，为创作者提供了直观且易用的图像处理工具，从而降低了图像处理的技术门槛。这一工作流不仅提高了图像处理的效率和灵活性，还为创意表达及专业技术应用提供了强有力的支持。借助它，可以自由生成并组合不同的图像元素，以实现富有创意的图像表达。

5.2.1 局部重绘

局部重绘功能使创作者能够对图像的特定区域进行精细的编辑和修复。与传统的图像处理工具相比，ComfyUI 的局部重绘功能更加高效且直观。创作者只需提供一张参考图像并明确指定要编辑的区域，即可对该区域进行无限次的重绘，直至获得满意的图像效果。以下是该模块的具体搭建步骤。

01 由于局部重绘是对图像的特定区域进行生成新图的操作，因此，在进入ComfyUI界面后，需要加载图生图工作流，并上传待重绘的图像，如图5-11所示。

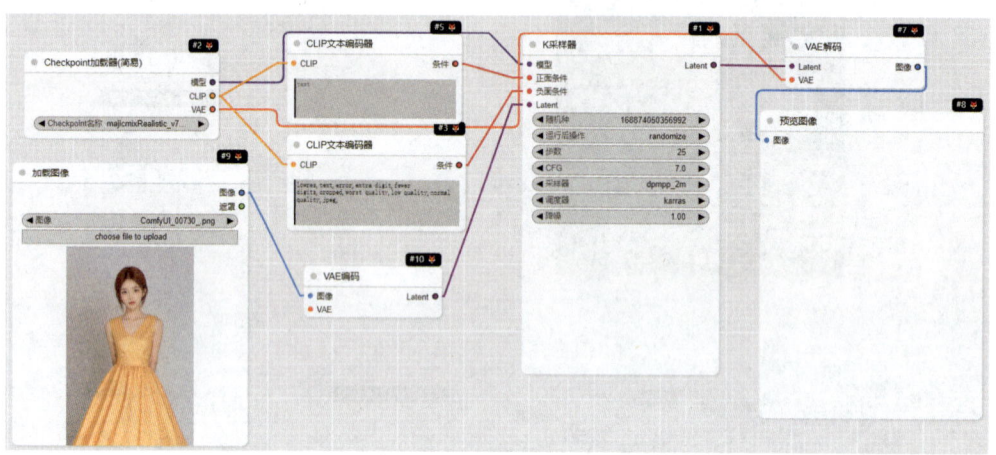

图5-11

02 既然是进行局部重绘，那么还需要为上传的图像设置重绘区域。为此，在"加载图像"节点上右击，并在弹出的快捷菜单中选择"在遮罩编辑器中打开"选项，从而调出添加遮罩的窗口，如图5-12所示。

图5-12

03 此时，通过在图像上单击拖曳鼠标指针，可以为图像添加遮罩，该遮罩代表局部重绘的区域。在窗口的左下角，可以调整画笔的大小、浓度和颜色。在本例中，想要让人物的眼睛闭上，因此需要涂抹人物的眼睛区域，如图5-13所示。涂抹完成后，单击Save to node按钮保存更改。

04 重绘区域确定好之后，还不能直接生成图像，因为此时缺少传递遮罩信息的节点。目前仍然是整个图像在生成新的图像。为了解决这个问题，需要删除"VAE编码"节点，并新建一个"VAE内补编码器"节点。

这个新节点相较于"VAE编码"节点，多了一个"遮罩"输入端口，因此它能够传递图像的遮罩信息。接下来，将相应的端口连接，如图5-14所示。

图5-13

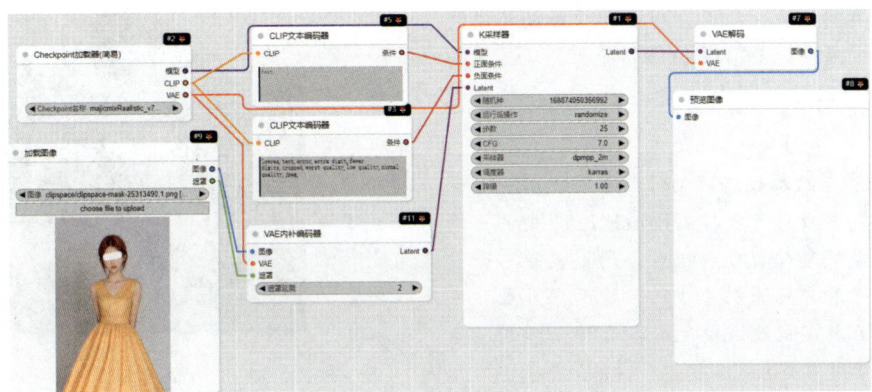

图5-14

05 此时，在正向提示词节点中输入描述重绘后内容的提示词，并简要调整生成图像的参数。这样，局部重绘的模块就已经搭建完毕。单击"添加提示词队列"按钮，即可预览经过局部重绘后的图像，如图5-15所示。

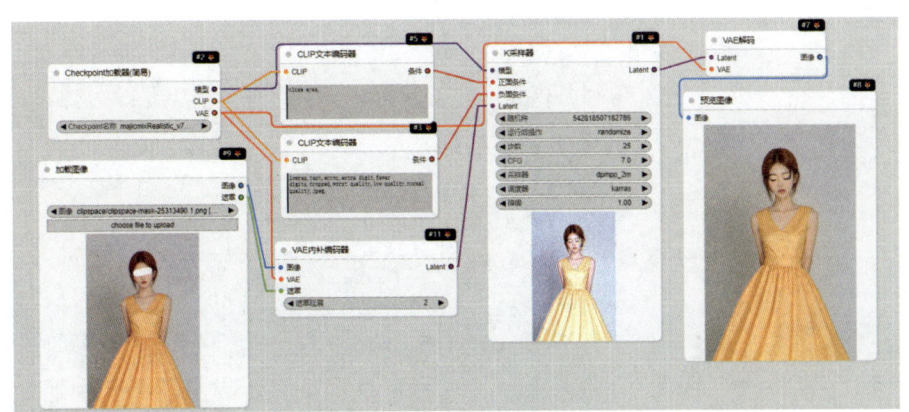

图5-15

5.2.2 修复重绘

ComfyUI中的修复重绘模块具备强大的功能,能够针对图像中的瑕疵、划痕、噪点等问题进行有效修复,从而恢复图像原有的清晰度和质感。此外,该模块还允许对图像中的特定区域进行精细的编辑和重绘操作。这不仅显著提升了图像的视觉效果,还为艺术创作领域带来了更多的可能性和灵活性。以下是该模块的具体搭建步骤。

01 进入ComfyUI界面后,首先新建一个空白工作流。由于需要对图像进行修复和重绘操作,因此应新建"加载图像"节点,并通过该节点上传待处理的图像素材,如图5-16所示。

02 此处所使用的修复重绘节点为ComfyUI-BrushNet扩展提供的BrushNet节点,如图5-17所示。BrushNet节点在修复重绘方面与前文所讲解的局部重绘有所不同。它能够将新的图像内容无缝地融合到现有图像中,从而实现更为自然的填充效果。此外,借助BrushNet的修复能力,还可以进一步增强图像的细节和质量,进而改善其视觉效果。

03 BrushNet节点的参数选项相对简单明了。通过调整"缩放"参数,可以控制BrushNet模型的影响力,也就是修复的程度。同时,通过调整"开始引导步数"和"结束引导步数"这两个参数,可以让模型在特定的生成阶段介入或停止作用,从而增加了使用的灵活性。

图5-16

04 要使用BrushNet节点,同样需要模型的辅助。为此,应新建"BrushNet加载器"节点。该节点提供了两种模型选项,分别是random和segmentation,而每种模型又进一步分为1.5版本和XL版本。在选择模型时,需要根据所使用的大模型版本来确定。需要特别注意的是,BrushNet的模型并非直接放置在ComfyUI-aki-v1.3\models目录下,而是应存放在ComfyUI-aki-v1.3\models\inpaint\BrushNet目录中。若模型位置放置错误,"BrushNet加载器"节点将无法识别。关于模型精度,只需根据所下载的模型进行选择即可。在本例中,选用的是1.5版本的random模型,如图5-18所示。

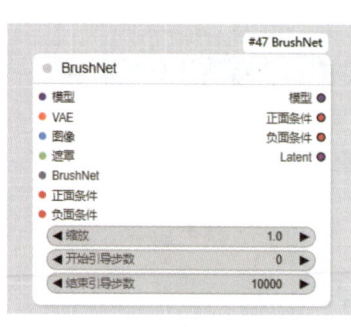

图5-17

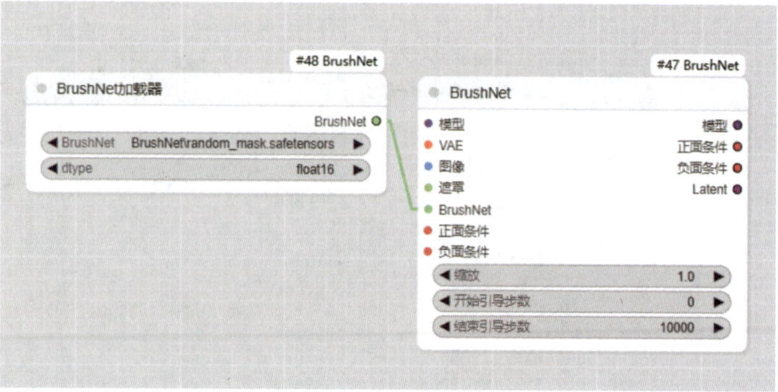

图5-18

05 BrushNet节点本身无法直接对图像进行处理，它还需要大模型、提示词等的支持才能正常工作。因此，需要将BrushNet节点接入文生图的工作流中，以便它能够利用这些资源对图像进行修复和重绘。完成这些步骤后，修复重绘模块就已经搭建好了，如图5-19所示。

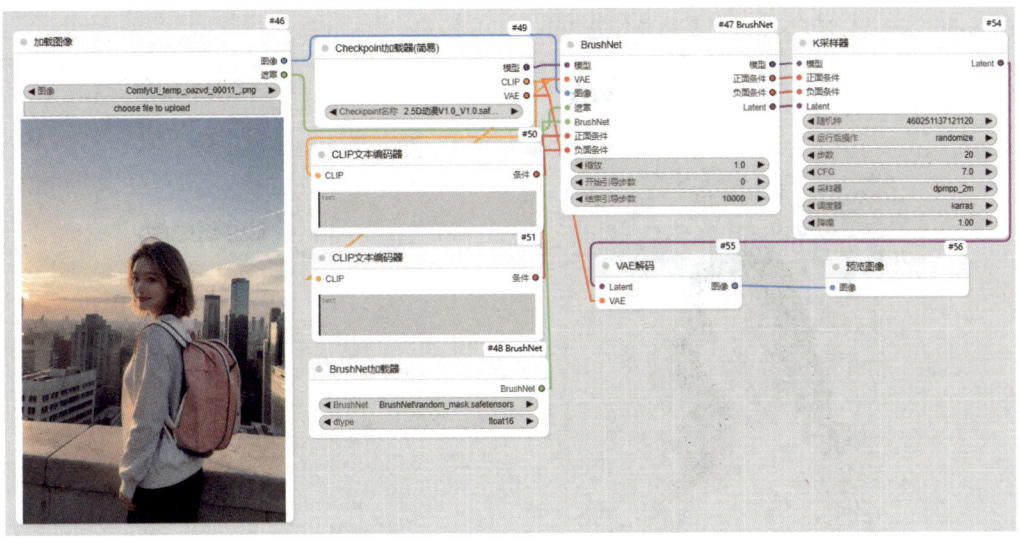

图5-19

06 由于我们的目的是对图像中的特定区域（如书包）进行修复和重绘，因此可以采用前文局部重绘部分所介绍的创建重绘区域的方法，为图像中的书包部分创建一个遮罩。接着，选择一个写实类型的大模型，并在提示词中填入期望重绘后的物品描述，这里填入的是green backpack（绿色背包）。同时，填写负面提示词以避免不希望的元素出现。之后，设置"K采样器"节点的参数，单击"添加提示词队列"按钮以生成预览效果，如图5-20所示。

图5-20

5.2.3 生成遮罩

遮罩在实现图像合成与融合过程中起着关键作用。通过生成遮罩，能够精确控制图像中哪些部分应予以保留，而哪些部分应被替换或与其他元素融合。遮罩的引入使创作者在创作时能够更自由地选择和组合不同的图像元素，从而实现更为丰富多样的视觉效果和创意表达。该模块的具体搭建步骤如下。

01 进入ComfyUI界面，新建工作流，因为要对图像生成遮罩，所以新建"加载图像"节点，上传图像素材，如图5-21所示。

02 生成遮罩的方法和节点选择相当多样，比如可以手动创建遮罩，或者使用"CLIP语义分割"节点、"G-DinoSAM语义分割"节点、"Segm检测器v2"节点等，如图5-22所示。虽然这些方式都可以生成遮罩，但其效果存在一定差异。在此，推荐使用comfyui_segment_anything扩展中的"G-DinoSAM语义分割"节点，因为它能生成更为精准的遮罩，并且操作简单易用。只需连接所需的模型节点后，在节点的"提示词"文本框内输入想要遮罩物品的英文名称，再设置一个阈值即可。

图5-21 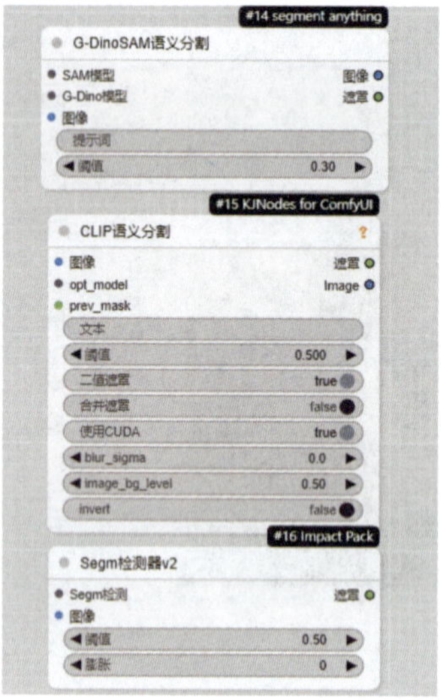　　　　　　　　　　　　　　　图5-22

03 由于还需要加载模型，因此应新建"SAM加载器"和"G-Dino模型加载器"节点，并将它们连接到"G-DinoSAM语义分割"节点，以确保"G-DinoSAM语义分割"节点能够正常运行。随后，将"加载图像"节点的"图像"输出端口连接到"G-DinoSAM语义分割"节点的图像输入端口，以便读取图像。为了查看遮罩效果，可以新建"遮罩到图像"和"预览图像"节点，从而显示生成的遮罩内容，如图5-23所示。

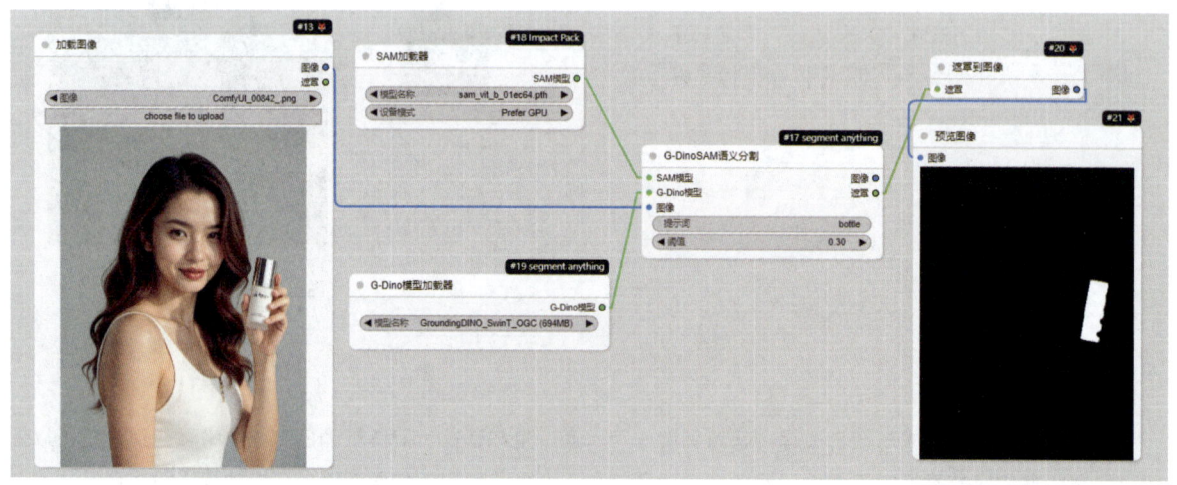

图5-23

04 在"G-DinoSAM语义分割"节点的"提示词"文本框中输入想要生成遮罩的物品的英文名称。例如，如果想要为瓶子生成遮罩，就输入bottle，然后单击"添加提示词队列"按钮进行预览。

5.2.4 校正图像颜色

校正图像颜色的首要目的是恢复图像中原本的色彩，确保照片中的颜色与实际场景相符。在拍摄过程中，由于光源、白平衡或设备问题，图像可能会出现偏色现象。通过 ComfyUI 中的偏色校正功能，可以有效地调整图像的色彩，使其更加接近人眼所见的真实色彩，该模块的具体搭建步骤如下。

01 进入ComfyUI界面，新建工作流，因为要对图像进行偏色校正，所以新建"加载图像"节点，上传图像素材，如图5-24所示。

02 校正图像颜色的主要目标是还原图像中的原始色彩，确保照片中的颜色能够忠实反映实际场景。在拍摄过程中，由于光源、白平衡设置或设备本身的问题，图像可能会出现色彩偏差。借助ComfyUI中的偏色校正功能，可以有效地调整图像的色彩，使其更加贴近人眼所观察到的真实色彩。调整方法为：将"加载图像"节点的"图像"输出端口连接到HSV节点的"图像"输入端口，然后根据需要调整相应的选项数值即可，如图5-25所示。

03 为了能够查看图像校正后的效果，需要再添加一个"预览图像"节点。此处上传的图像素材饱和度明显偏低，因此，在HSV节点中将饱和度（S）值调整为30。完成设置后，单击"添加提示词队列"按钮即可生成预览效果，如图5-26所示。

图5-24

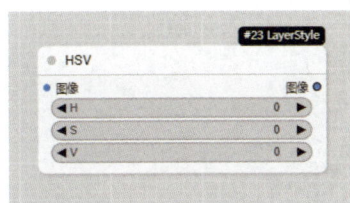

图5-25

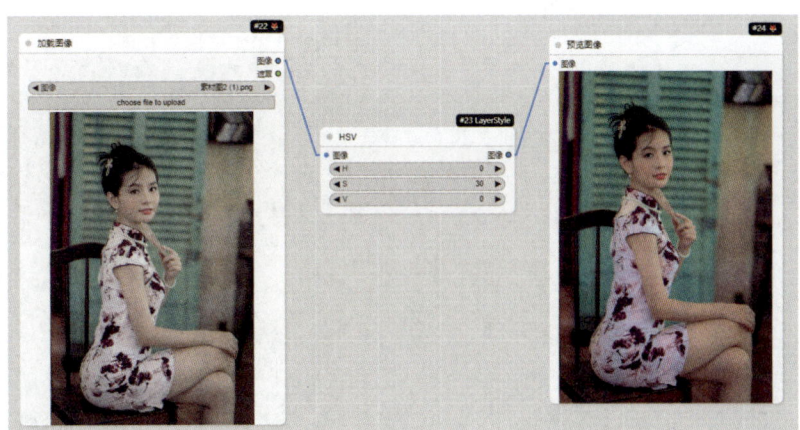

图5-26

5.2.5 重构图

重构图功能为创作者提供了更为广阔的创作空间。在海报设计、UI设计或其他视觉内容创作中，这些工具均能显著提高工作效率和创作质量。创作者可以通过自由调整构图，更轻松地实现自己的创意构想，从而创作出更具个性和吸引力的作品。以下是该模块的具体搭建步骤。

01 进入ComfyUI界面，新建工作流。由于需要对图像的构图进行调整，因此至少需要新建两个"加载图像"节点：一个用于上传背景素材，另一个用于上传人物素材，如图5-27所示。

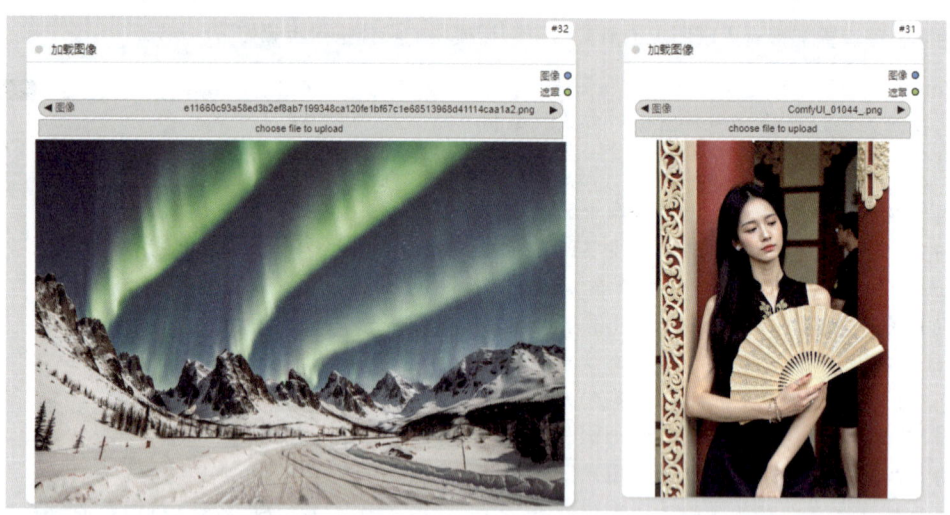

图5-27

02 此处用于调整图像构图的节点来自ComfyUI-enricos-nodes扩展，具体为Compositor Config (V3)和Compositor (V3)节点。其中，Compositor Config (V3)节点负责收集用于重构的图像，并设置重新构图后的图像尺寸及遮罩相关参数；而Compositor (V3)节点则为收集的重构图图像提供一个新画布，并允许使用鼠标指针在该节点上调整图像的位置、方向和大小，如图5-28所示。

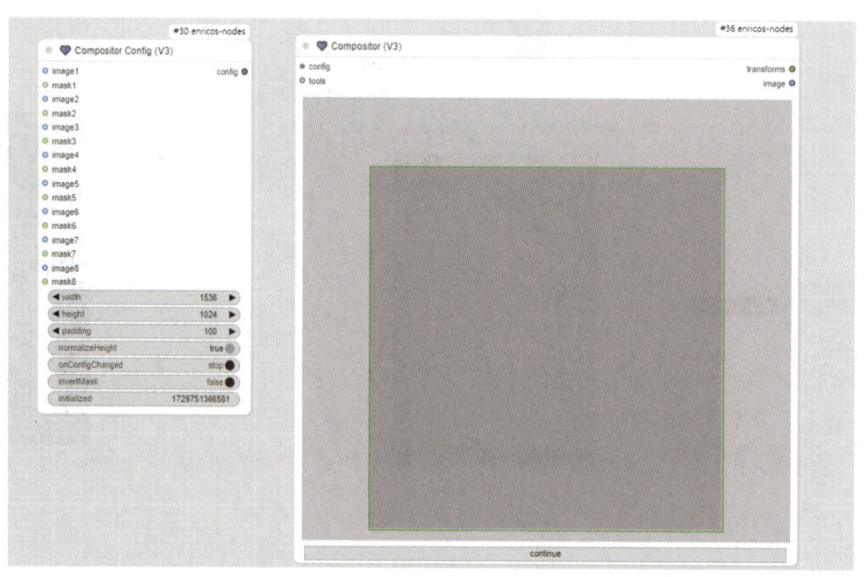

图5-28

03 按照图层关系，将"加载图像"节点的"图像"输出端口分别连接到Compositor Config (V3)节点的image输入端口，这样就完成了初步搭建，如图5-29所示。

第 5 章 掌握常用工作流的基础模块

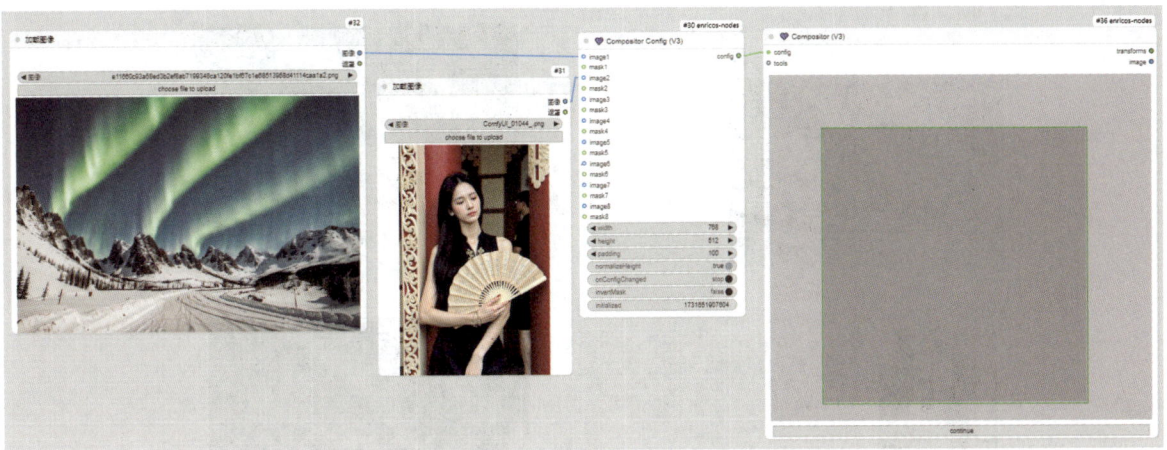

图5-29

04 然而，考虑到人物图像包含背景，无法直接使用，因此需要增加一个Inspyrenet Rembg节点来单独抠出人物。同时，为了能够查看重构后的图像效果，可以添加一个"预览图像"节点。这样，重构图的模块就搭建完成了，如图5-30所示。

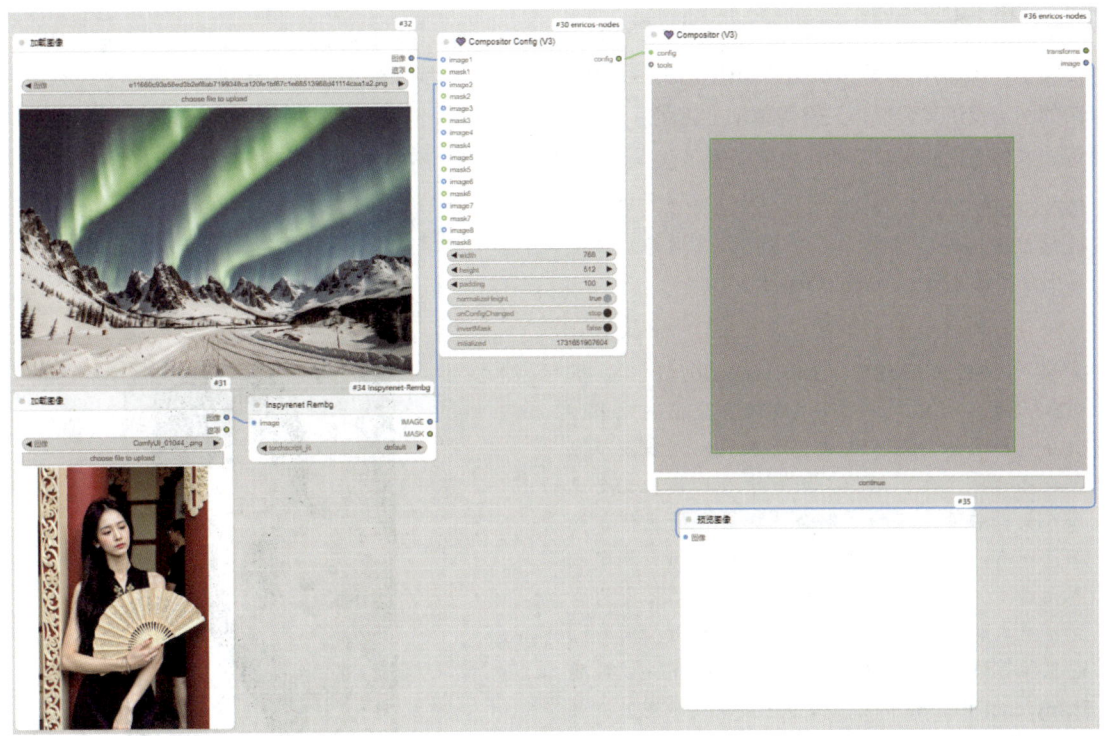

图5-30

05 单击"添加提示词队列"按钮后，即可进入自由构图模式。在此模式下，Compositor (V3) 节点会将上传的图像按照图层位置展示在画布内。此时，可以选中任意一张图像，并通过拖动编辑框来缩放、旋转或翻折图像。同时，也可以通过直接拖动图像来调整其位置。完成所有调整后，单击continue按钮即可预览重构图的效果，如图5-31所示。

069

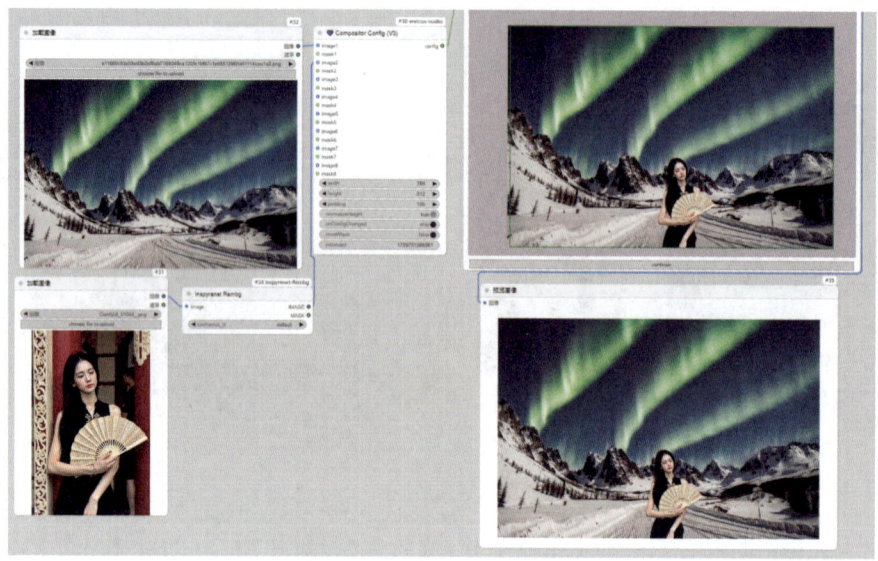

图5-31

5.2.6 抠图

相较于Photoshop等传统图像编辑软件，ComfyUI的抠图功能显得更为直观与简便。创作者无须深入了解复杂的图层及工具设置，只需简单地上传图片，并选择背景去除选项或直接进行抠图操作，即可迅速完成抠图处理。这种简化的操作流程极大地节省了创作者的时间和精力。该模块的具体搭建步骤如下。

01 进入ComfyUI界面，新建工作流。由于需要对图像进行抠图处理，因此需要新建"加载图像"节点并上传图像素材，如图5-32所示。

02 可用于抠图的图像节点有多个，例如"TTN移除背景"、BRIA RMBG和Inspyrenet Rembg等，如图5-33所示。这些节点虽然都能实现抠图效果，但在选择主体时的方法却有所不同。大多数节点会默认选择主体，例如，图片中有人物，就会选择人物；若没有人物，则会选择最大的主体。然而，也有一些节点允许通过输入提示词来指定抠图主体。在工作流中，抠出人物的需求较为常见，且人物的头发等细节部分最难抠出。因此，这里推荐使用ComfyUI-Inspyrenet-Rembg扩展的Inspyrenet Rembg节点，因为它提供的抠图效果最佳且最为精细。

图5-32

03 其使用方法相对简单，只需将"加载图像"节点的"图像"输出端口连接到Inspyrenet Rembg节点的image输入端口即可。在Inspyrenet Rembg节点中，torchscript_jit选项用于降低显存占用率，通常保持默认设置即可。为了查看抠图后的效果，可以添加一个"预览图像"节点。这样，抠图模块就已搭建完毕。单击"添加提示词队列"按钮，即可生成抠图后的图像，如图5-34所示。

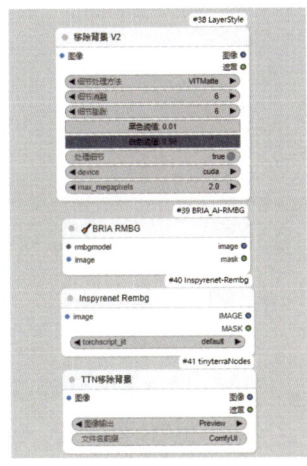

图 5-33　　　　　　　　　　　　　　　　　图 5-34

在抠出人像时，建议使用 Inspyrenet Rembg 节点；若需要抠出物体等其他内容，可以尝试使用 SegmentAnything Ultra V2 节点。

5.3 处理提示词

提示词是所有 AI 绘画软件的核心组成部分之一，只有使用恰当的提示词，才能获得令人满意的图像输出。在实际创作过程中，创作者无须为每个图像手动撰写提示词，而是可以通过导入、反推等便捷方式来获取有效的提示词。接下来，将详细介绍实现这些操作的具体工作流程。

5.3.1 导入提示词

导入提示词功能允许创作者将事先准备好的关键词或短语直接导入 ComfyUI，从而省去了在创作过程中反复手动输入的麻烦。这一功能不仅节省了时间，还能让创作者更迅速地进入创作状态。以下是该模块的具体搭建步骤。

01 进入 ComfyUI 界面后，新建工作流。在此过程中，使用的导入提示词节点来自 ComfyUI-Inspire-Pack 扩展，具体是"加载提示词(文件)"节点。需要注意的是，与 WebUI 直接上传提示词文件的方式不同，该节点要求在指定文件夹中创建 txt 文件，并按照固定格式输入提示词，如图 5-35 所示。

02 创建好提示词文件后，在 ComfyUI 界面中新建"加载提示词(文件)"节点。由于该节点的输出并非文本格式，因此还需新建"解包提示词"节点，以便将提示词文件中的内容转换为可输入到 CLIP 文本编码器的格式，如图 5-36 所示。

03 在"加载提示词(文件)"节点中，可以根据文件名称选择相应的提示词文件。若在使用过程中修改了提示词文件内容，可以选中 if file changed 单选按钮，以确保提示词输出内容能够实时更新。为了查看导入的提示词内容，可以添加"展示文本"节点。完成这些步骤后，导入提示词模块就已搭建完毕。单击"添加提示词队列"按钮，即可在界面中显示提示词文件中的内容，如图 5-37 所示。

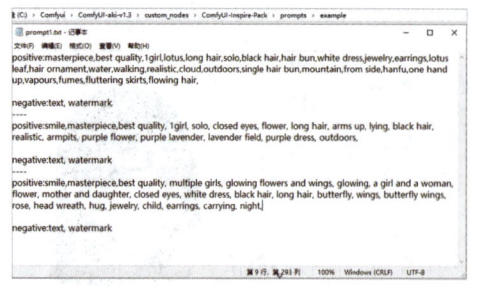

图5-35

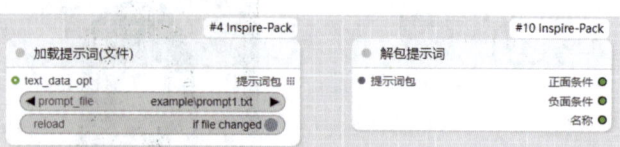

图5-36

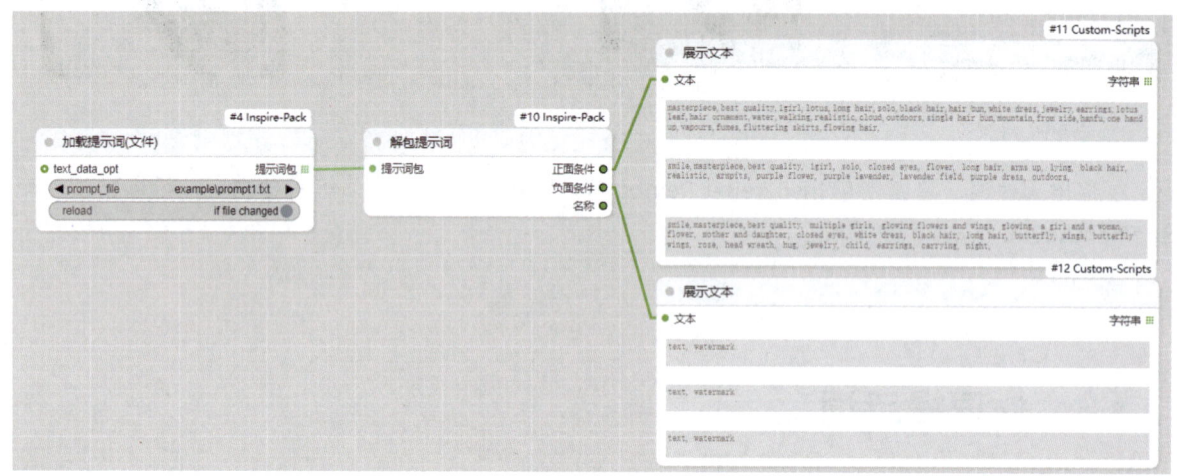

图5-37

5.3.2 批量输入提示词

通过批量输入提示词的功能，创作者能够一次性提交多组提示词，从而有效降低逐一输入的时间成本。此功能对于需要快速生成大量图像或进行创意实验的创作者而言，提供了极大的便利。以下是该模块的具体搭建步骤。

01 进入ComfyUI界面后，新建工作流。在此过程中，将使用来自ComfyUI_Comfyroll_CustomNodes扩展的"提示词列表"节点，以实现批量输入提示词的功能，如图5-38所示。

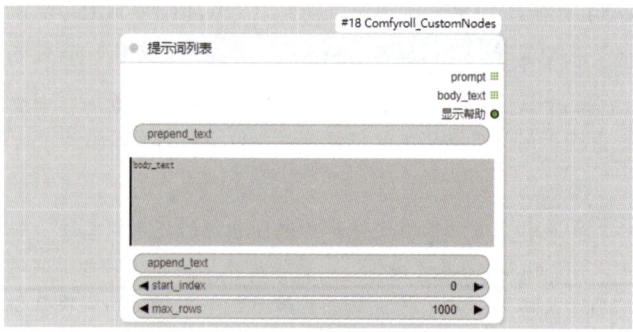

图5-38

02 与"加载提示词(文件)"节点不同,"提示词列表"节点允许直接在节点中输入大量的提示词,每条提示词占据一行。此外,该节点还提供了为每条提示词添加前缀内容(prepend_text)和后缀内容(append_text)的功能。然而,它的一个限制是,只能选择输入正面提示词或负面提示词其中之一;如果需要使用不同的负面提示词,则需要额外新建一个节点。为了能看到输入的每条提示词内容,可以添加"展示文本"节点。这里以"提示词列表"节点为例,输入3条提示词,并为它们添加了前缀和后缀内容。这样,批量输入提示词模块就已搭建完毕。单击"添加提示词队列"按钮,即可显示批量输入的提示词内容,如图5-39所示。

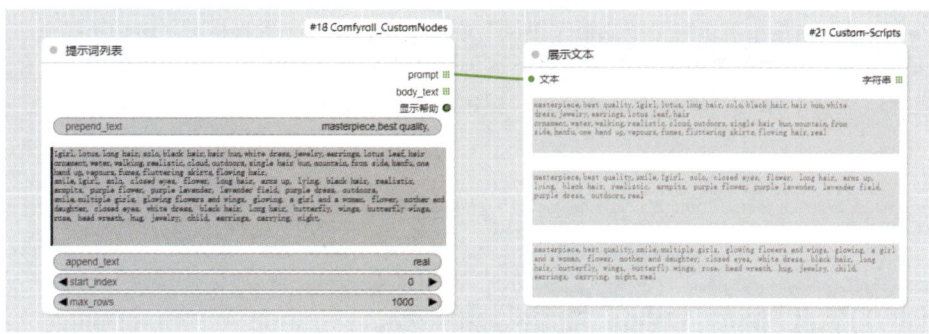

图5-39

5.3.3 反推提示词

在 AI 绘画和图像处理领域,提示词发挥着至关重要的作用,宛如图像的"灵魂"。有效的提示词能够精准引导 AI 生成符合预期的图像,而反推提示词这一技术,则为创作者提供了一个全新的途径:可以从现有的图像中汲取灵感,并基于此进行再创造。以下是该模块的具体搭建步骤。

01 进入ComfyUI界面,新建工作流。由于需要对图像进行反推以获取提示词,因此需要新建"加载图像"节点并上传图像素材,如图5-40所示。可用于反推提示词的节点有多种,例如"图像反推"节点和"WD14反推提示词"节点等,如图5-41所示。

图5-40

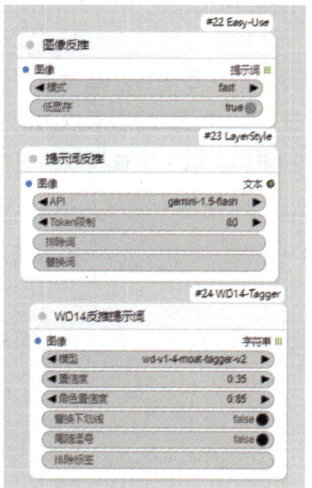

图5-41

02 这些反推节点虽然都能对图像进行反推,但获得的提示词形式有所不同,可能是短语也可能是句子。此外,由于使用的模型各异,反推结果的准确度和内容也会有所区别。根据经验,"WD14反推提示词"节点通常能提供更优的反推效果。在该节点中,"模型"选项用于选择提取的tagger模型;"置信度"是对整体图像设定的阈值,它决定了能够反推出的提示词数量——阈值设置得越大,反推出的提示词数量就越少;"角色置信度阈值"则是针对图片中人物设定的阈值,与"置信度"类似,它也会影响与人物相关的提示词的反推数量。"替换下划线"功能在开启时,会将提取出的提示词中的下划线替换为空格;"尾随逗号"功能在开启时,则会在提取出的提示词末尾添加逗号。最后,"排除标签"选项允许用户输入不希望出现在生成图像中的提示词或主题。它的使用方法非常简单。只需将"加载图像"节点的"图像"输出端口连接到"WD14反推提示词"节点的"图像"输入端口,即可完成搭建。之后,选择所需的模型并设置其他相关参数,即可在节点中查看反推出的提示词。为了更清晰地展示反推的提示词内容,建议添加"展示文本"节点。单击"添加提示词队列"按钮后,即可清晰地显示反推的提示词内容,如图5-42所示。

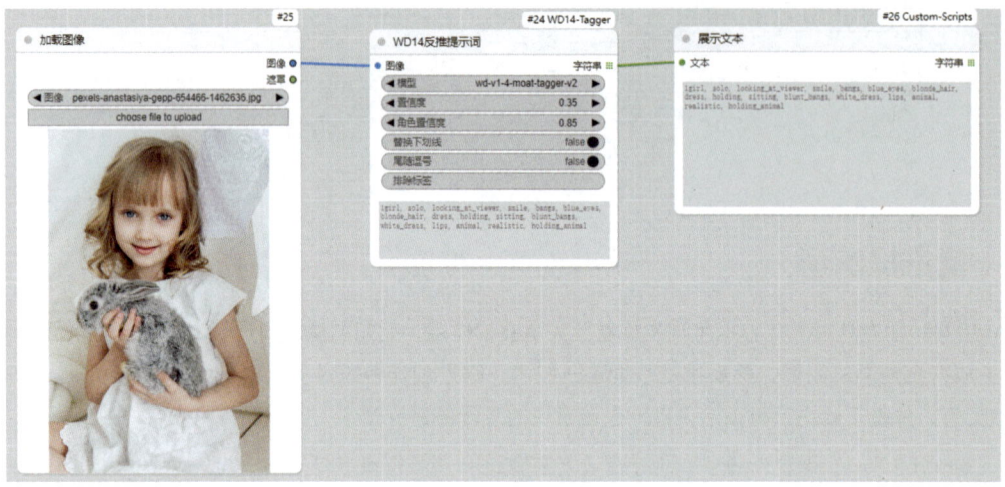

图5-42

5.3.4 翻译提示词

对于英语水平有限的创作者而言,直接使用英文提示词可能会带来一定的挑战。然而,利用翻译插件或相关节点,创作者的中文提示词可以轻松转换为英语,从而显著提升创作者的交互效率。这意味着创作者无须再费力记忆和输入英文提示词。以下是该模块的具体搭建步骤。

01 进入ComfyUI界面后,新建工作流。在此过程中,将使用来自ComfyUI_Custom_Nodes_AlekPet扩展的"翻译文本(Argos翻译)"节点,以实现提示词的翻译功能,如图5-43所示。

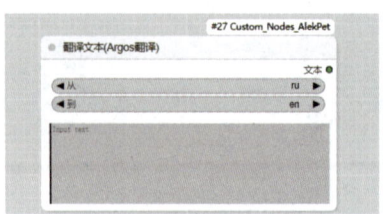

图5-43

02 由于需要将中文翻译为英语，因此在"翻译文本(Argos翻译)"节点中，应将源语言设置为zh（中文简体），目标语言设置为en（英语）。为了查看翻译后的效果，需要新建"展示文本"节点，并将"翻译文本(Argos翻译)"节点的"文本"输出端口连接到"展示文本"节点的"文本"输入端口，如图5-44所示。

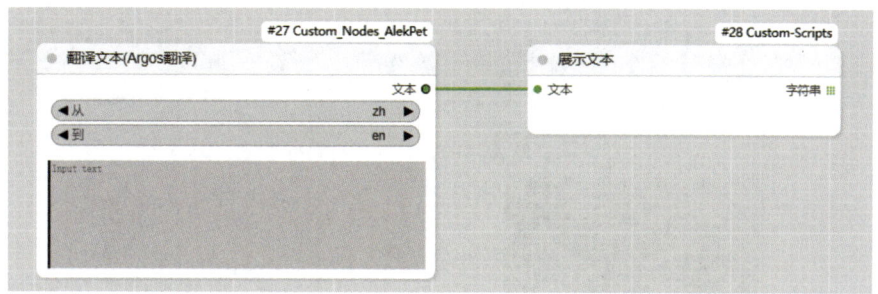

图5-44

03 在"翻译文本(Argos翻译)"节点的文本框中，输入中文提示词"最佳质量，杰作，1女生，衬衫，牛仔裤，长发"。之后，单击"添加提示词队列"按钮，并等待翻译完成。一旦翻译完成，"展示文本"节点便会显示对应的英文提示词，如图5-45所示。

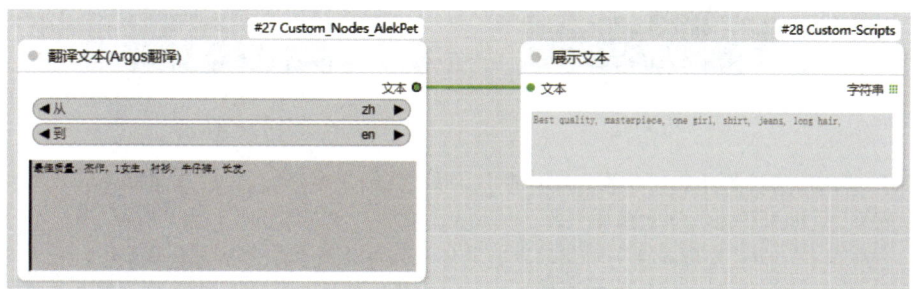

图5-45

5.4 图像放大

ComfyUI 的图像放大功能支持自动化处理。创作者只需将需要放大的图像导入工作流，并设定相应的参数和选项，系统便能自动完成图像的放大处理。这一功能显著提升了图像放大的效率，为创作者节省了宝贵的时间和精力。此外，图像放大过程中还会尽可能保留并增强图像的细节，确保放大后的图像更加清晰、逼真。

5.4.1 高清放大图像

高清放大的图像能够细腻地展现图像中的每一处细节，无论是微小的纹理还是错综复杂的图案，均可得到精致的呈现，进而提升用户的视觉体验与沉浸感。以下是该模块的具体搭建步骤。

01 进入ComfyUI界面后，首先新建工作流。由于需要对图像进行放大处理，因此应新建"加载图像"节点，并上传所需的图像素材，如图5-46所示。

02 可用于放大图像的节点众多，例如"图像通过模型放大"节点、"SUPIR放大"节点以及"SD放大"节点等。经过对图像放大效果、放大速度以及操作复杂度的综合对比，此处更推荐使用来自ComfyUI_UltimateSDUpscale扩展的"SD放大"节点，如图5-47所示。该节点不仅放大速度较快，而且高清放大效果也相当出色。

图5-46　　　　　　　　　　　　　图5-47

03 "SD放大"节点的使用相对来说不算复杂。其中，该节点的一部分功能与"K采样器"节点相同，因此这部分的设置可与"K采样器"节点保持一致。"放大系数"用于确定图片放大的倍数，一次最多可以放大4倍。而"分块高度"和"分块宽度"则指的是将最终放大后的图像像素分割成若干块，每块具有特定的高度和宽度像素值。其他参数可保持默认设置。此外，为了使用"SD放大"节点，还需要连接相应的模型和提示词。因此，需要加载文生图工作流，并将"SD放大"节点接入其中，如图5-48所示。

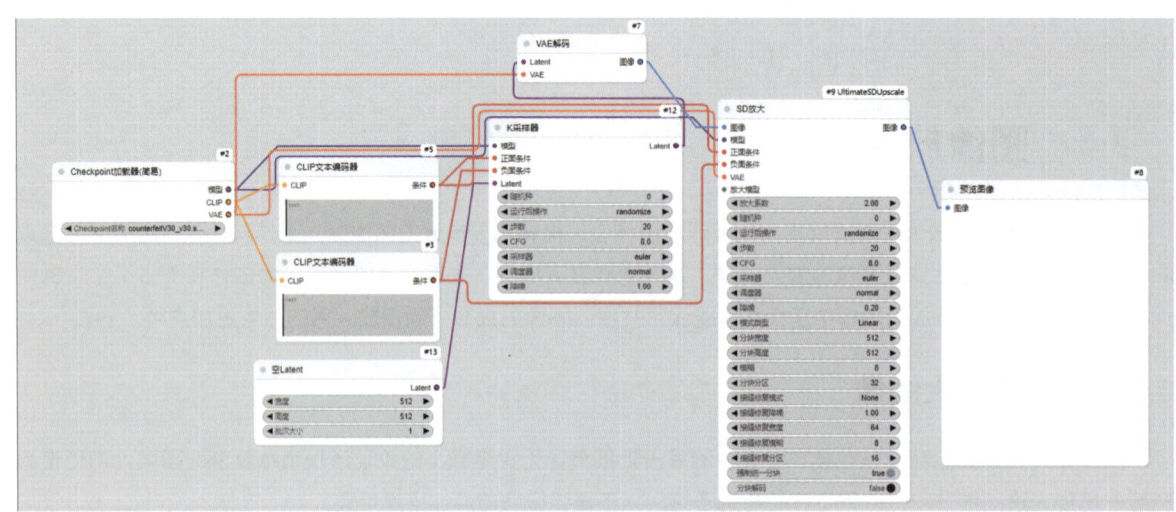

图5-48

04 此处搭建的是文生图后放大图像的工作流。若已有图像并仅希望进行放大处理，则需要删除部分节点，包括"K采样器""空Latent"和"VAE解码"节点。同时，需要将"加载图像"节点连接到"SD放大"节点，并且需要新建"放大模型加载器"节点并将其接入"SD放大"节点，以确保"SD放大"节点能够正常运行，如图5-49所示。

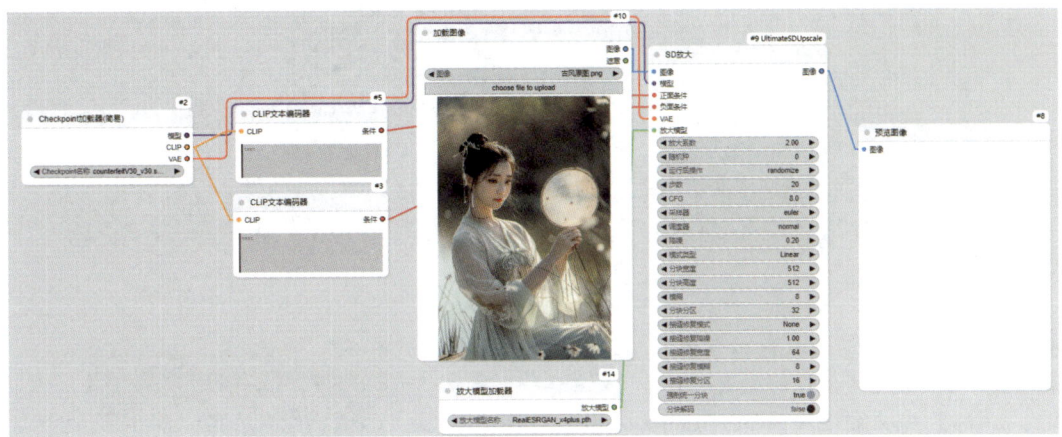

图5-49

05 高清放大图像的模块现已搭建完毕。在选择大模型时，应确保其与图像风格相契合。提示词部分可以留空不填。接下来，简单设置"SD放大"节点的参数后，单击"添加提示词队列"按钮，即可生成高清放大后的图像，如图5-50所示。

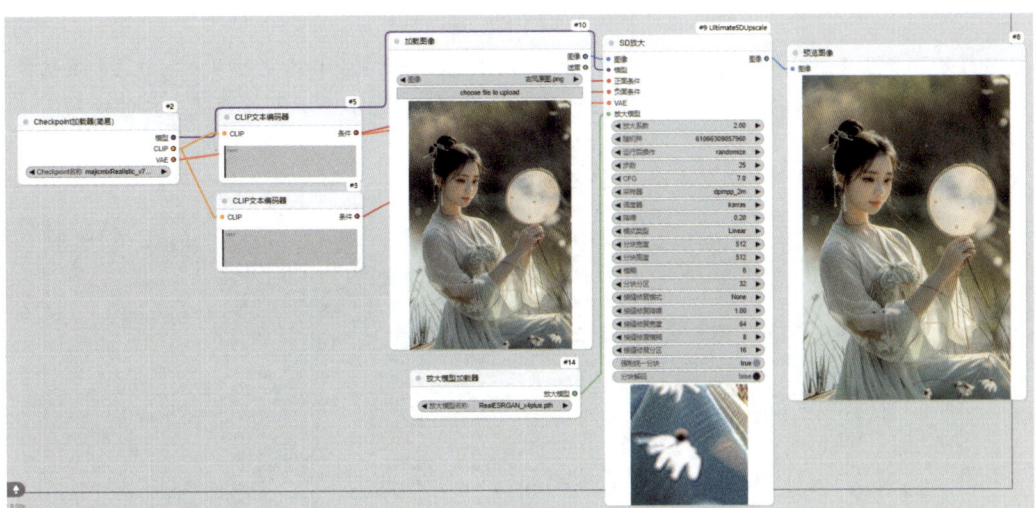

图5-50

5.4.2 放大重绘图像

放大重绘图像工作流的特点在于，在放大图像的同时，ComfyUI能够保留并增强图像中的各项细节，包括纹理、色彩和阴影等，从而使图像更加栩栩如生。以下是该模块的具体搭建步骤。

01 进入ComfyUI界面后，加载效率优化版的文生图工作流，如图5-51所示。

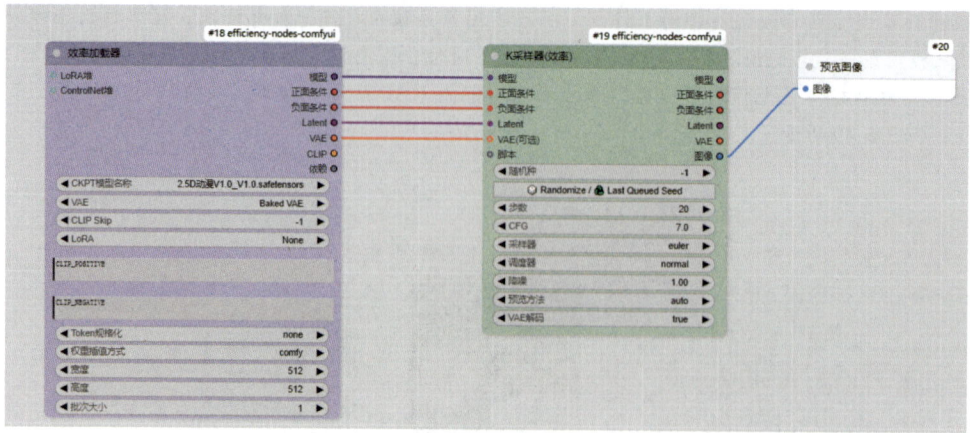

图5-51

02 选择使用效率版本的文生图工作流，原因在于即将使用的放大重绘图像的节点仅能与"K采样器（效率）"节点相连接，即efficiency-nodes-comfyui扩展所提供的"高清修复"节点。与ComfyUI的双采样器修复相比，"高清修复"节点提供了更多的缩放类型，并且其修复效果也更出色，如图5-52所示。

图5-52

03 "高清修复"节点的使用相当简便，只需将其作为脚本连接到"K采样器（效率）"节点，并选择缩放类型。此处推荐选择both模式，因为该模式会使用与生图相同的大模型，从而获得更佳的效果。"缩放系数"和"高清修复步数"可以根据实际需求进行设置。但需要注意，"降噪"参数值不应高于0.7，以避免出现花屏现象。具体的连接与设置方法如图5-53所示。

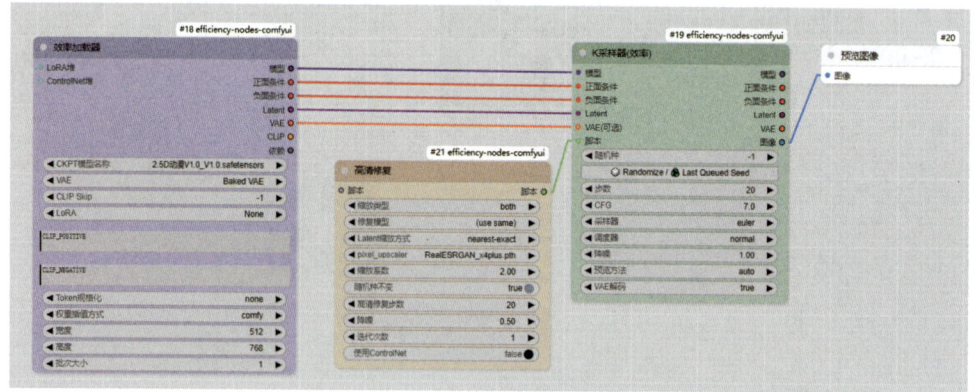

图5-53

04 放大重绘图像的模块已经搭建完成。接下来，选择适合的写实大模型，填写相应的提示词，设置生图参数以及放大重绘参数。最后，单击"添加提示词队列"按钮，即可生成经过放大重绘处理后的图像，如图5-54所示。

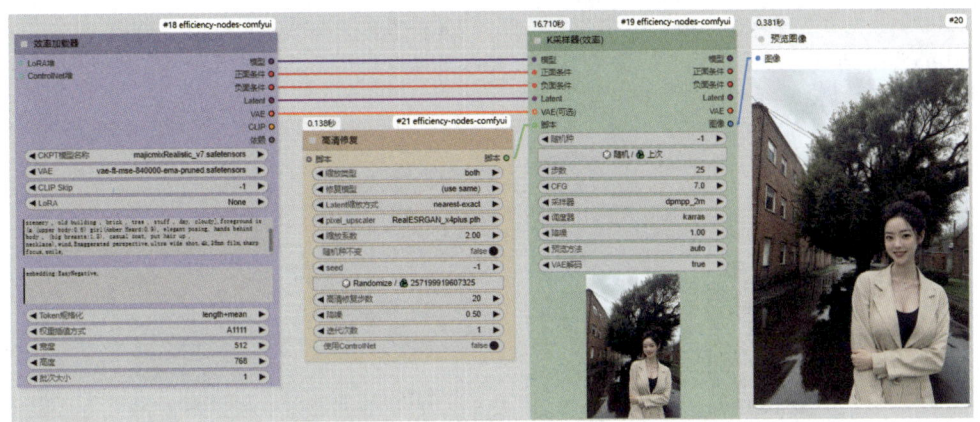

图5-54

5.5 人像换脸

相较于传统的换脸技术，ComfyUI 在换脸效果的精确度方面有了显著的进步。它能够更精准地捕捉和识别面部特征，进而呈现更加真实自然的换脸效果。

5.5.1 Reactor换脸

Reactor 换脸节点运用了先进的 AI 技术，例如利用 YOLOv8m 进行精准的人脸识别，以及采用 SAM 系列模型实现自然的面部融合。此外，该节点还支持 GPEN 和 RestoreFormer 等面部恢复模型，旨在进一步提升图像质量。这些技术的应用体现了 Reactor 换脸节点在技术上的创新性和先进性。以下是该模块的具体搭建步骤。

01 进入ComfyUI界面后，新建工作流。由于需要对人像进行换脸操作，因此需要上传一张源图像和一张目标图像。为此，新建两个"加载图像"节点，并分别上传所需的图像素材，如图5-55所示。

图5-55

02 新建"ReActor换脸"节点并启用。在节点设置中,"置换模型"选择inswapper_128.onnx,"检测模型"选择retinaface_resnet50。至于"修复模型",可以根据实际情况选择是否使用。若使用,则建议选择codeformer.pth,其修复效果较佳,如图5-56所示。

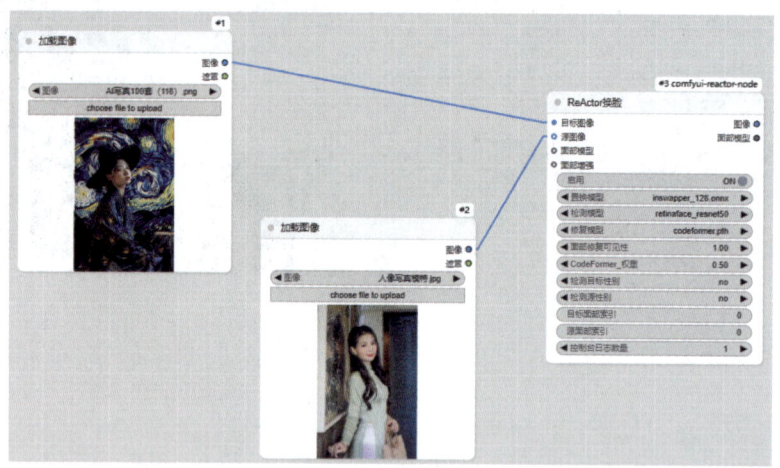

图5-56

03 为了能够查看换脸后的效果,在此添加了一个"预览图像"节点。至此,Reactor换脸模块已经搭建完毕。单击"添加提示词队列"按钮后,即可显示经过换脸处理的图像,如图5-57所示。

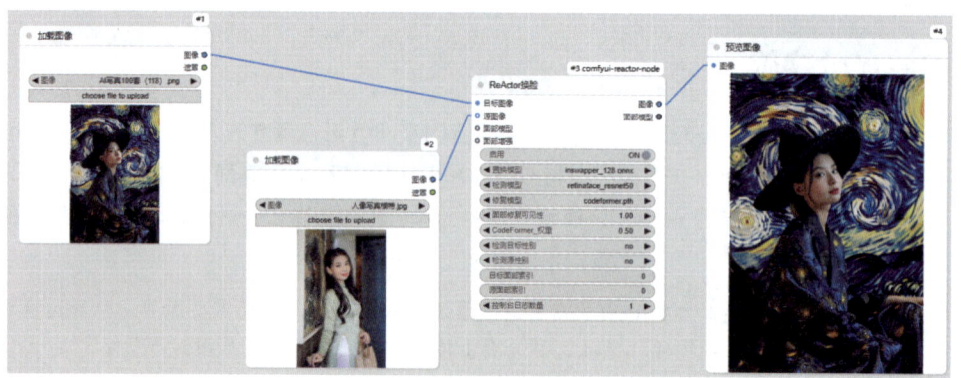

图5-57

5.5.2 FaceID换脸

FaceID 换脸技术能够确保角色的一致性,使人物特征在不同图像或场景中均能稳定展现。同时,通过结合IP-Adapter 和 Instant-ID 技术,该技术能够显著提升换脸的相似度,从而实现高度逼真的人物换脸写真。以下是该模块的具体搭建步骤。

01 进入ComfyUI界面后,新建工作流。由于需要对人像进行换脸操作,因此需要上传一张源图像。为此,新建一个"加载图像"节点,并上传所需的图像素材,如图5-58所示。

02 在换脸过程中,使用的是来自ComfyUI_IPAdapter_plus扩展的"应用IPAdapterFaceID"节点。该节点能够确保换脸操作的精确性和高效性,如图5-59所示。

第 5 章 掌握常用工作流的基础模块

图5-58　　　　　　　　　　图5-59

03 仅靠"应用IPAdapterFaceID"节点无法独立完成换脸操作，它还需要其他模型节点的辅助。因此，需要新建"IPAdapter模型加载器""IPAdapterInsightFace模型加载器"以及"CLIP视觉加载器"节点，并选择与FaceID相关的模型，将它们连接到"应用IPAdapterFaceID"节点上，如图5-60所示。

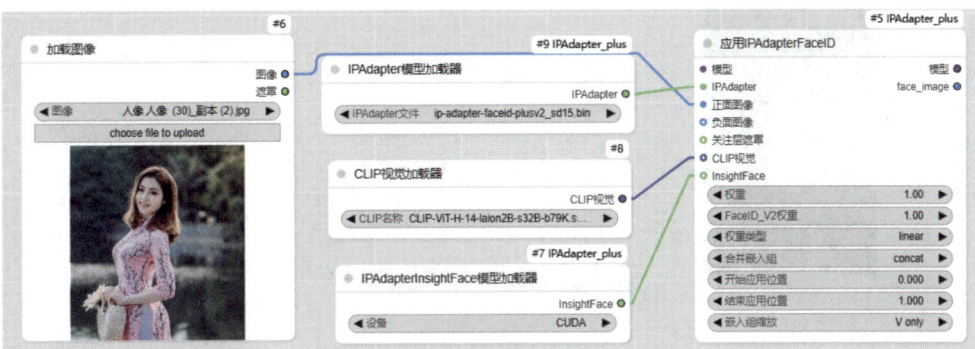

图5-60

04 "应用IPAdapterFaceID"节点并不能直接对上传的图像进行换脸操作，它只能在图像生成过程中实现换脸效果。因此，需要将"应用IPAdapterFaceID"节点接入文生图工作流。完成这些步骤后，FaceID换脸模块便搭建完毕。接下来，简单设置文生图工作流的参数，然后单击"添加提示词队列"按钮，即可显示经过换脸处理的图像，如图5-61所示。

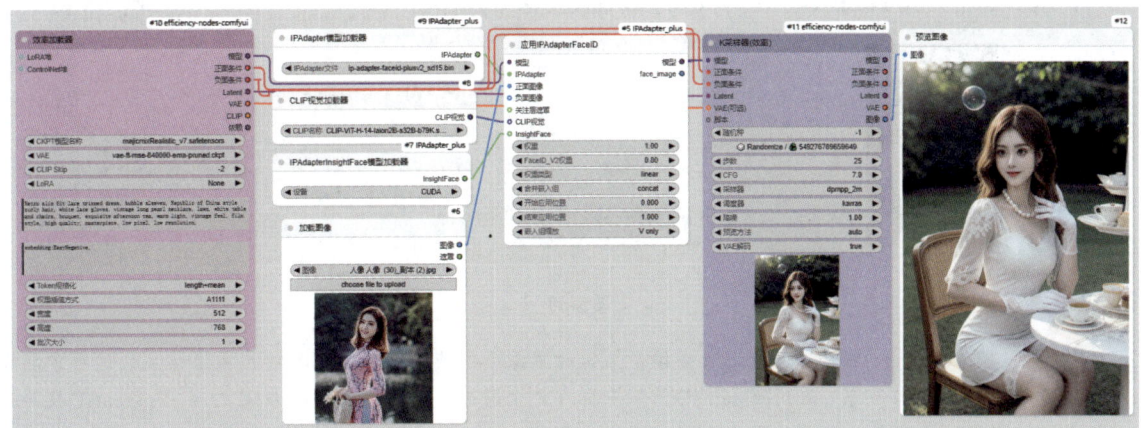

图5-61

5.5.3 InstantID换脸

InstantID换脸节点运用了尖端的AI技术，尤其是深度学习算法，从而在保留原图像中人员身份信息的基础上，生成全新的图像。这一技术在人脸替换领域取得了重大突破，为用户带来了更为自然、逼真的换脸效果。以下是该模块的具体搭建步骤。

01 进入ComfyUI界面后，新建工作流。由于需要对人像进行换脸操作，因此需要上传一张源图像。为此，新建一个"加载图像"节点，并上传所需的图像素材，如图5-62所示。这里换脸所使用的是来自ComfyUI_InstantID扩展的"应用InstantID"节点，如图5-63所示。

图5-62

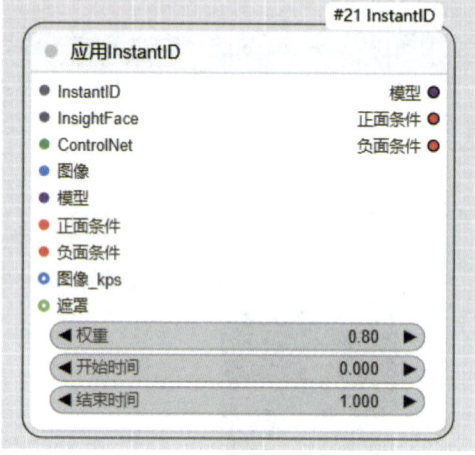

图5-63

02 "应用InstantID"节点与"应用IPAdapterFaceID"节点在使用上具有相似性，它们都需要其他模型节点的辅助。因此，需要新建"InstantID模型加载器""PuLIDInsightFace加载器"以及"ControlNet加载器"节点，如图5-64所示。

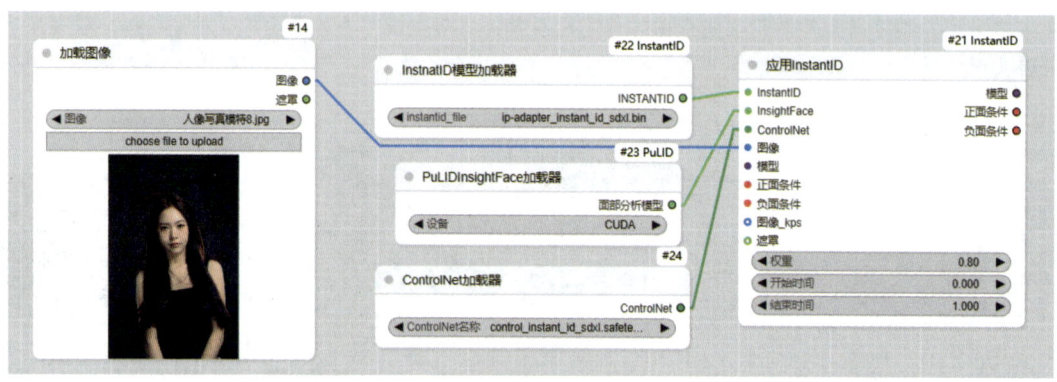

图5-64

03 同样地，"应用InstantID"节点也无法直接对上传的图像进行换脸操作，它只能在图像生成的过程中实现换脸效果。因此，需要将"应用InstantID"节点接入文生图工作流。完成这些步骤之后，InstantID换脸模块便搭建完毕。接下来，简单设置文生图工作流的参数，然后单击"添加提示词队列"按钮，即可显示经过换脸处理的图像，如图5-65所示。

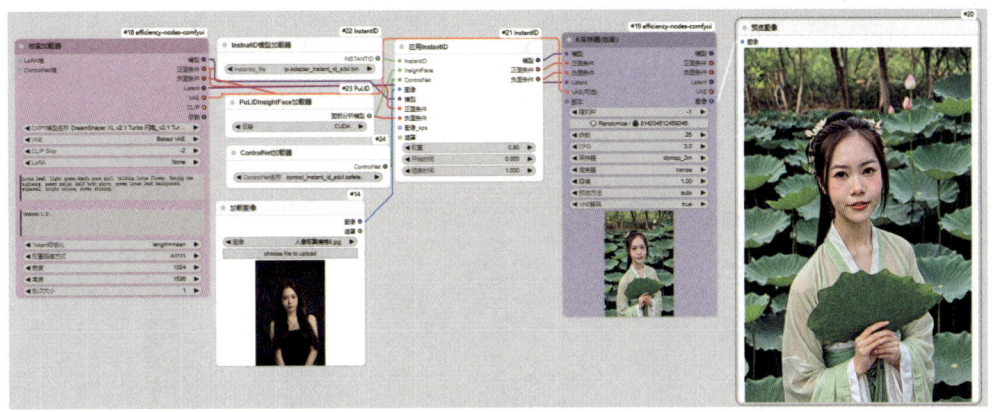

图5-65

5.6 细节调整

5.6.1 面部细化

在图像处理流程中，面部细化节点发挥着重要作用，它能够智能地修复和美化面部瑕疵。这种处理技术不仅显著提升了图像的整体美观度，还进一步增强了图像的真实感，使生成的人物形象更加贴合人们的视觉审美标准。以下是该模块的具体搭建步骤。

01 进入ComfyUI界面后，新建工作流。在此过程中，将使用来自ComfyUI-Impact-Pack扩展的"面部细化"节点，以实现对面部的精细处理，如图5-66所示。

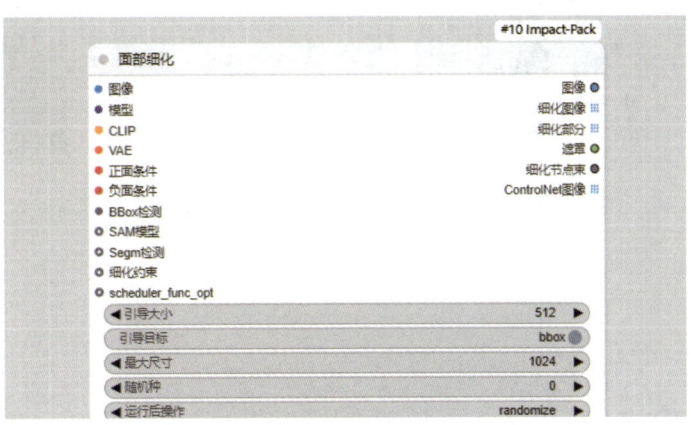

图5-66

02 "面部细化"节点专门用于对面部进行优化处理，但为了使其能够正常工作，还需要新建"检测加载器"节点来选取图像中的面部区域，并新建"SAM加载器"节点为图像中的面部创建选区。只有完成这些步骤后，"面部细化"节点才能有效地发挥作用，如图5-67所示。

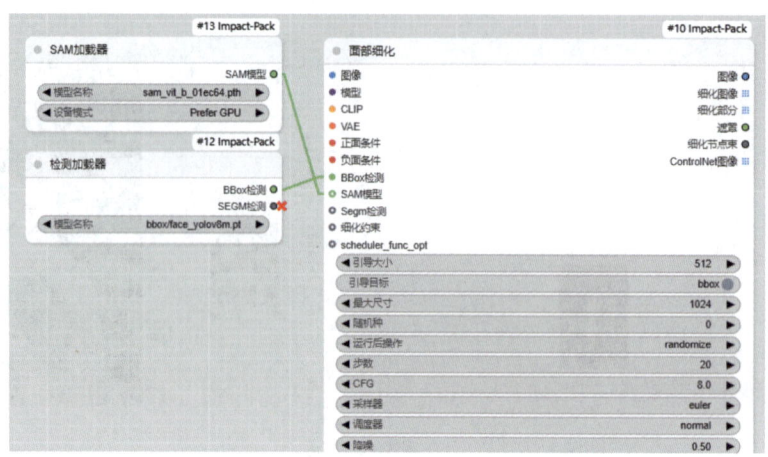

图 5-67

03 在"面部细化"节点的参数设置中,与"K采样器"节点重合的部分应保持一致。需要特别注意的是,"降噪"参数值不应高于0.7,以避免过度处理导致图像质量下降。其余参数保持默认设置即可。接下来,将"面部细化"节点接入文生图工作流中,这样面部细化模块就搭建完成了。简单设置文生图工作流的其余部分后,单击"添加提示词队列"按钮,即可显示经过面部细化处理的图像,如图5-68所示。

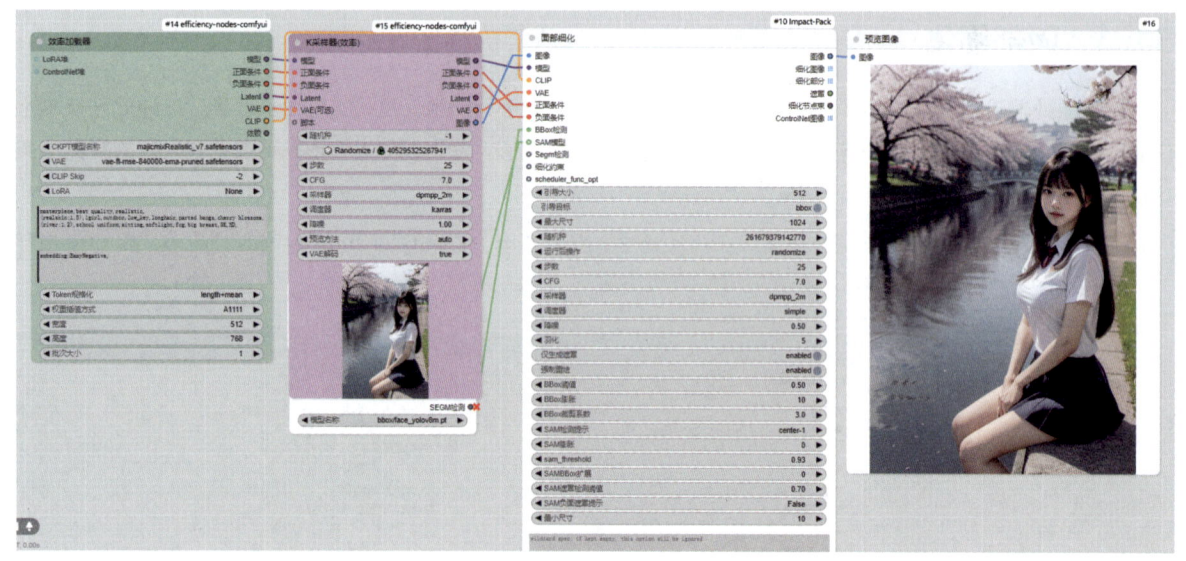

图 5-68

5.6.2 重打光

重打光模块为创作者提供了对图像中光照进行精确调整的能力,从而使图像呈现更加自然和逼真的效果。这一功能在图像处理、摄影后期以及设计领域具有极高的重要性,因为它能够协助创作者优化图像的光影效果,进而显著提升图像的整体质量。以下是该模块的具体搭建步骤。

01 进入ComfyUI界面,新建工作流。由于计划对图像进行重打光处理,因此需要新建一个"加载图像"节点,并上传所需的图像素材。同时,将使用抠图节点来抠出图像中的人物。在此过程中,将采用来自

ComfyUI-IC-Light扩展的"应用ICLight条件"节点来实现重打光效果。接下来，将抠出的人物图像编码后传入该节点，如图5-69所示。

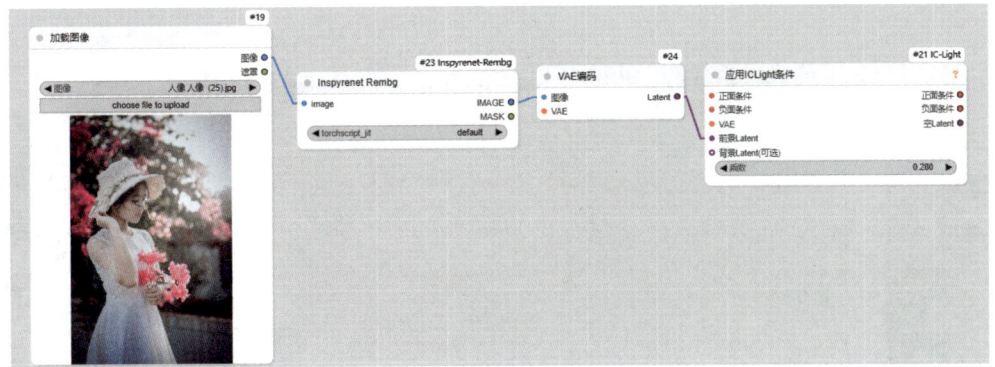

图5-69

02 既然是进行重打光处理，那么添加合适的光源就显得至关重要。因此，需要新建一个"简易光源"节点，并对所创建的光源图像进行编码，如图5-70所示。在设置该节点时，"光源位置"参数决定了打光的方向，而"宽度"和"高度"则应与所上传的图像保持一致，以确保光照效果的准确性和自然性。

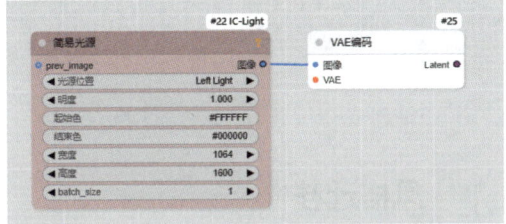

图5-70

03 显然，仅依靠目前的节点还无法完成图像的生成，还需要将这些节点接入文生图工作流，并新建一个"加载ICLight模型"节点来添加ICLight模型，以确保整个流程能够正常运行，如图5-71所示。

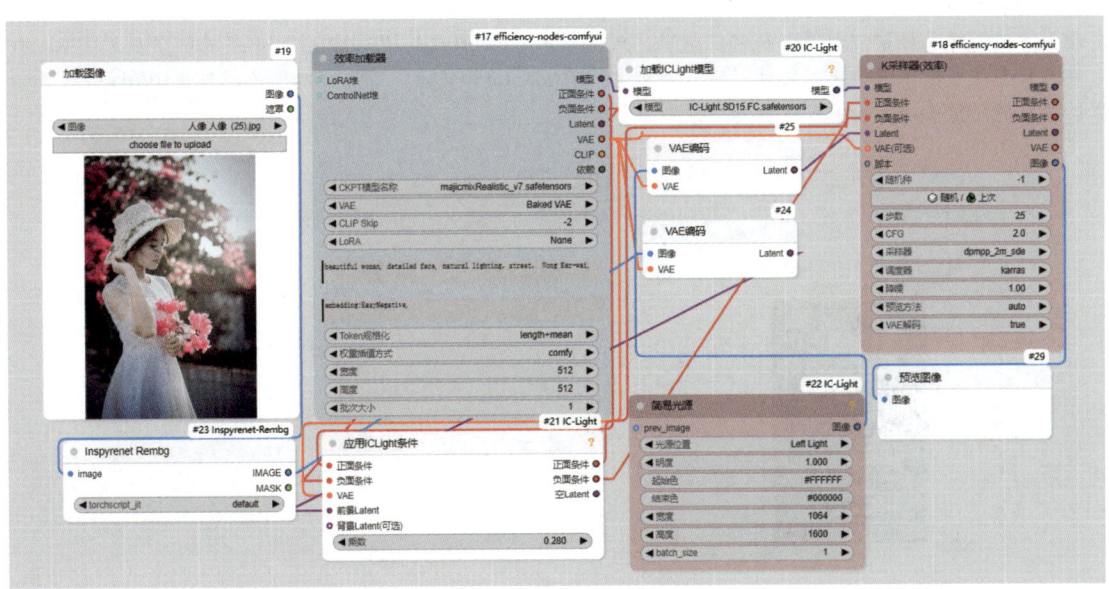

图5-71

085

04 至此，重打光模块已经搭建完毕。接下来，需要根据上传的图像风格选择合适的大模型，并在提示词中明确填写所需的重打光类型。同时，在"简易光源"节点中，可以选择光源的方向，以进一步调整光照效果。最后，单击"添加提示词队列"按钮，即可显示经过重打光处理的图像，如图5-72所示。

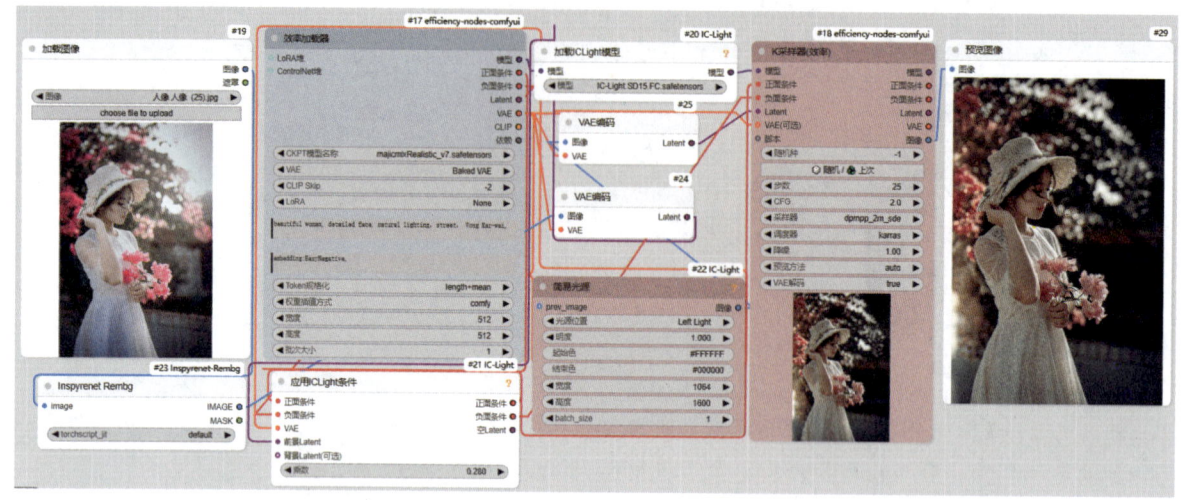

图 5-72

5.6.3 风格迁移

风格迁移技术为创作者提供了将某一图像的风格融合到另一图像上的能力，从而创作出具有独特艺术韵味的作品。这一技术不仅为艺术创作开辟了新的路径，还极大地方便了创作者对不同艺术风格和视觉效果的探索与实践。接下来，将详细介绍该模块的搭建步骤。

01 进入ComfyUI界面后，新建工作流。由于需要进行风格迁移操作，因此需要新建一个"加载图像"节点，并上传所需的风格素材图像。在此过程中，将使用来自ComfyUI_IPAdapter_plus扩展的"应用IPAdapter"节点来实现风格迁移功能。同时，还需要新建"IPAdapter加载器"节点，以便为"应用IPAdapter"节点提供必要的模型支持，如图5-73所示。

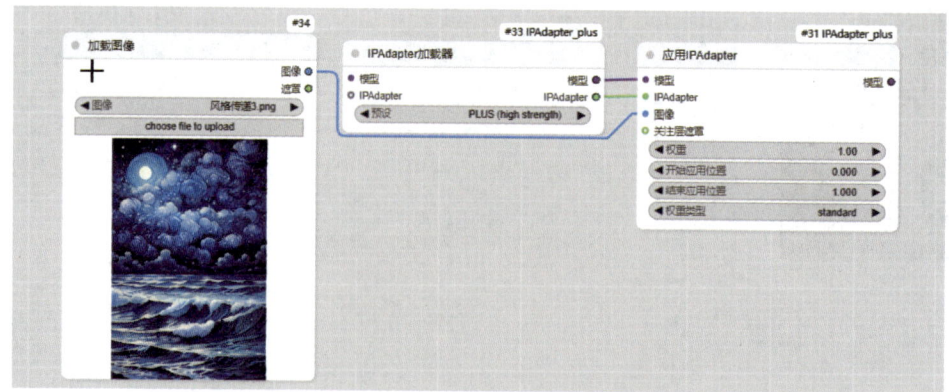

图 5-73

02 风格参考的部分已经搭建完成，接下来需要构建迁移目标的部分。为此，需要加载文生图工作流，并添加ControlNet节点，以确保迁移过程中目标图像保持稳定，不会发生变化，如图5-74所示。

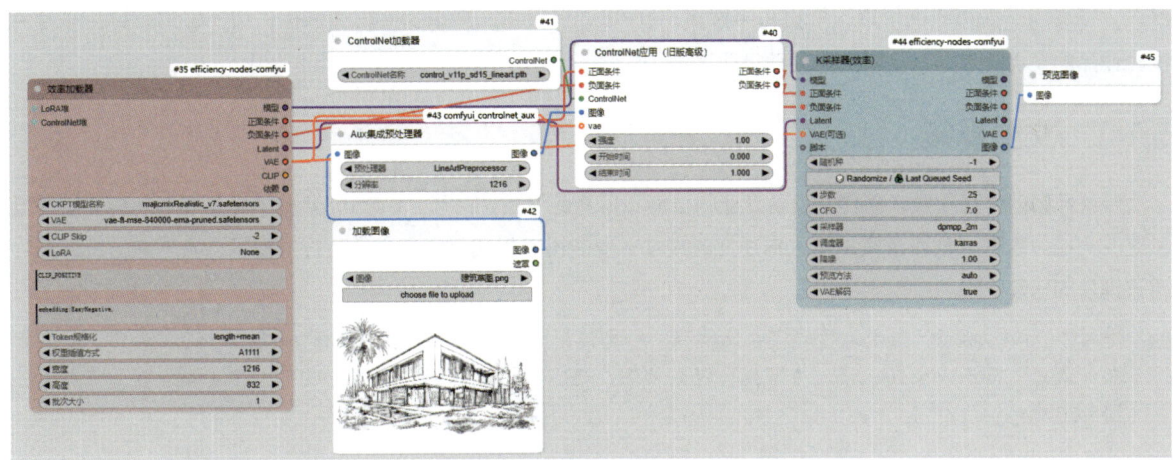

图5-74

03 将风格参考部分接入文生图工作流后,风格迁移模块即搭建完毕。此时,无须填写正向提示词,只需简单设置文生图工作流的相关参数。最后,单击"添加提示词队列"按钮,即可显示经过风格迁移处理后的图像,如图5-75所示。

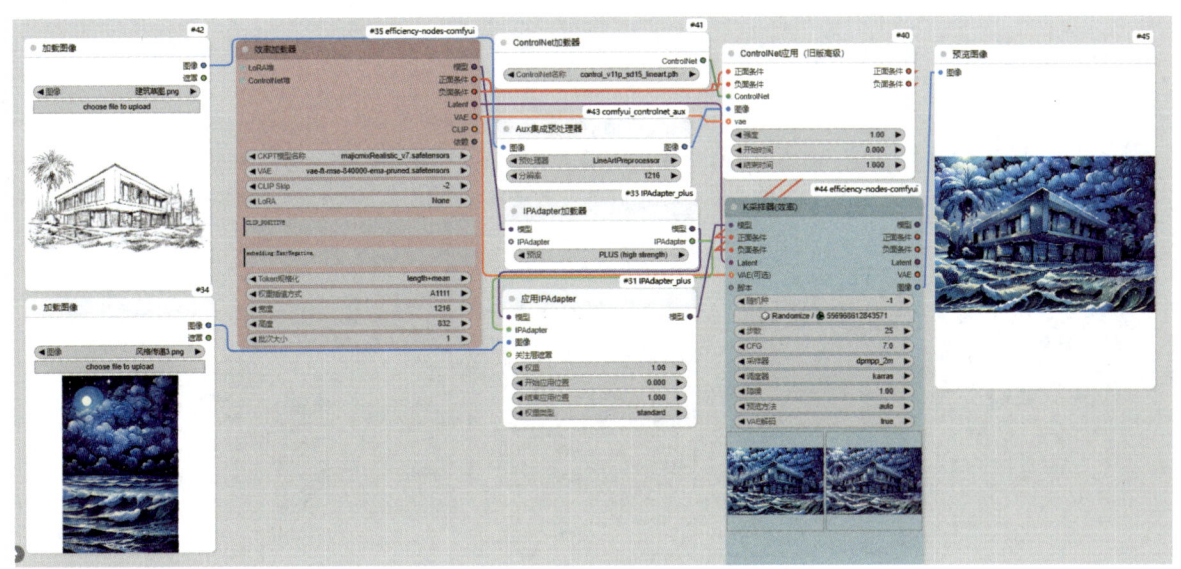

图5-75

5.7 生成视频

在ComfyUI中,生成视频节点功能强大,能够支持制作复杂的动画和特效。创作者可以通过调整节点的参数和属性,实现图形元素位置、大小、颜色等属性的动态改变,进而创造出多样化的动画效果。此外,该功能还支持多种特效插件的扩展，例如粒子效果、3D模型导入等。利用这些特效插件，创作者可以进一步提升视频作品的视觉表现力，使其更为生动且逼真。

5.7.1 文生视频

传统视频创作往往要求创作者具备专业的技能和昂贵的设备，然而，ComfyUI的中文生视频功能显著降低了这一门槛。现在，创作者只需输入描述性的文本，便能迅速生成与文本内容相符的视频。接下来，将详细介绍该模块的搭建步骤。

01 进入ComfyUI界面，新建工作流。在此过程中，将使用来自ComfyUI-AnimateDiff-Evolved扩展的"动态扩散加载器"节点来生成视频。为了提升视频效果，还需要新建一个"上下文设置（标准静态）"节点，如图5-76所示。

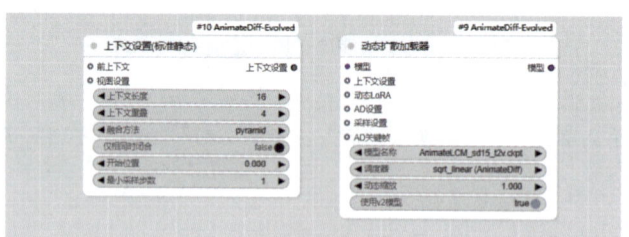

图5-76

02 在"动态扩散加载器"节点中，"模型名称"应选择AnimateDiff专用模型，而"调度器"则建议选择sqrt_linear。对于"上下文设置（标准静态）"节点，其参数保持默认设置即可。需要注意的是，仅凭这两个节点还无法完成视频的生成。因此，需要将它们接入文生图工作流中，以实现完整的视频生成过程，如图5-77所示。

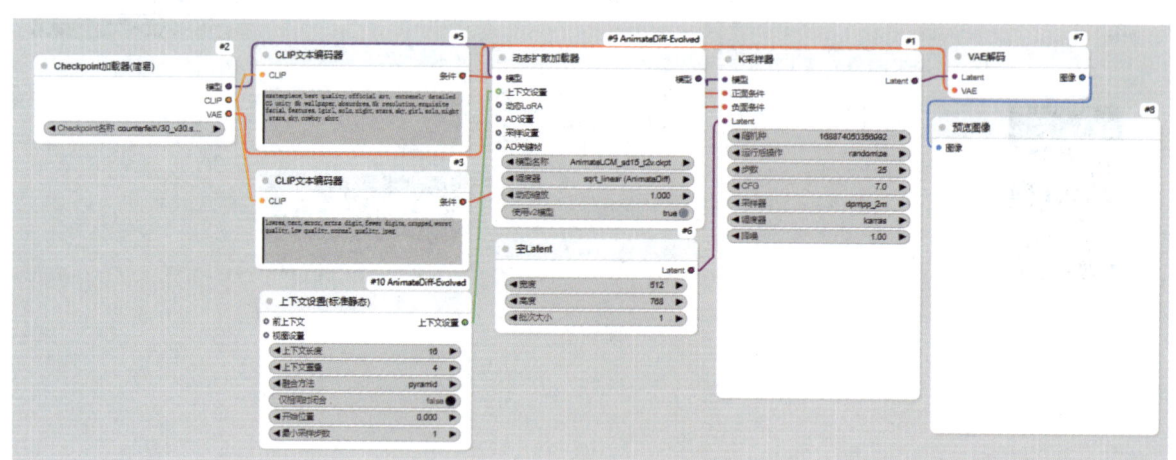

图5-77

03 此时发现在文生图工作流的最后，输出的是图像序列而非连续视频。为了得到视频文件，需要删除"预览图像"节点，并新建RIFE VFI节点与"合并为视频"节点，如图5-78所示。其中，RIFE VFI节点负责插帧处理，以使视频播放更加流畅丝滑；而"合并为视频"节点则负责将这些图像序列合并成一个连续的视频文件。

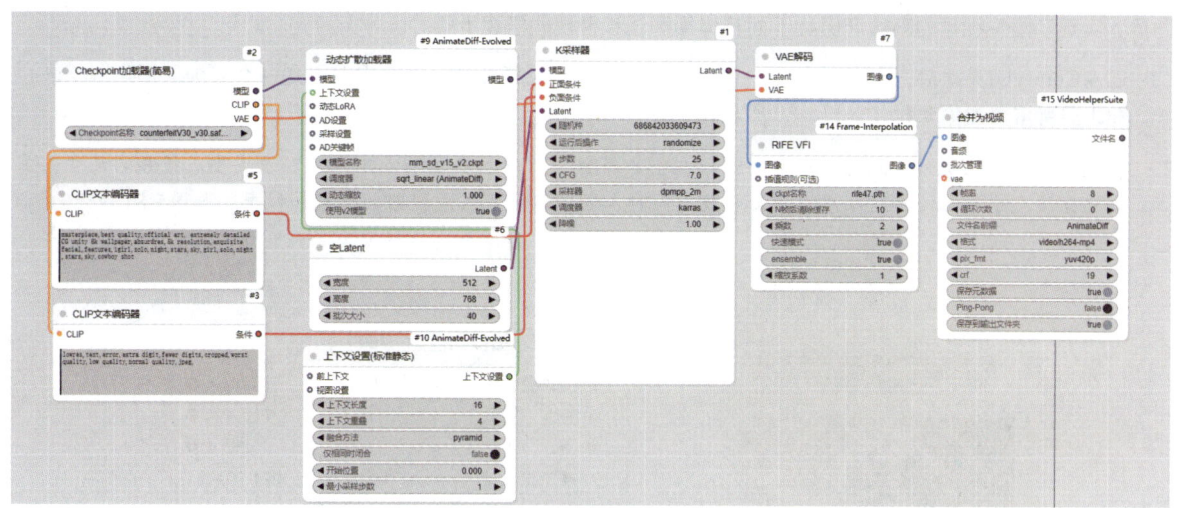

图5-78

04 文生视频模块现已搭建完毕。在选择大模型时，应根据所需视频风格来挑选相应类型。接下来，输入正反向提示词，并设置生成视频的尺寸。若希望控制视频的时长，则需要依据"合并为视频"节点的帧率来调整生成的批次数量。例如，若要生成一段5秒的视频，在帧率为8帧/秒的情况下，应将"批次大小"设置为40（因为5秒×8帧/秒=40帧）。设置完毕后，单击"添加提示词队列"按钮，即可开始生成视频，如图5-79所示。

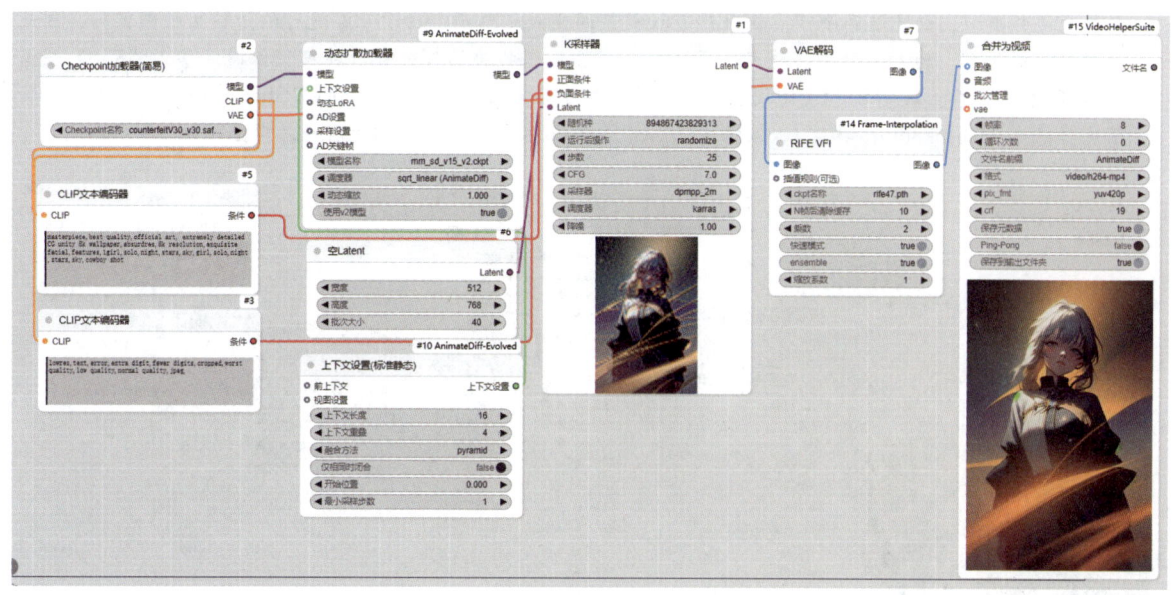

图5-79

5.7.2 图生视频

图生视频技术，即将静态图像转化为动态视频的过程，这一技术融合了图像处理、计算机视觉、深度学习等多个学科领域的知识。ComfyUI 平台通过集成高端的图形渲染引擎与动画编辑功能，并借助深度学习模型的力量，实现了图生视频的高效产出。下面将详细阐述该模块的搭建步骤。

01 进入ComfyUI界面后，新建工作流。由于需要使用图生视频功能，因此需要新建一个"加载图像"节点，并上传所需的图像素材，如图5-80所示。

02 此处使用的图生视频节点为"SVD_图像到视频_条件"节点。在该节点中，可以设置生成视频的尺寸，需要确保该尺寸与上传的图像尺寸保持一致。同时，还可以设定生成视频的帧数和帧率，如图5-81所示。

图5-80

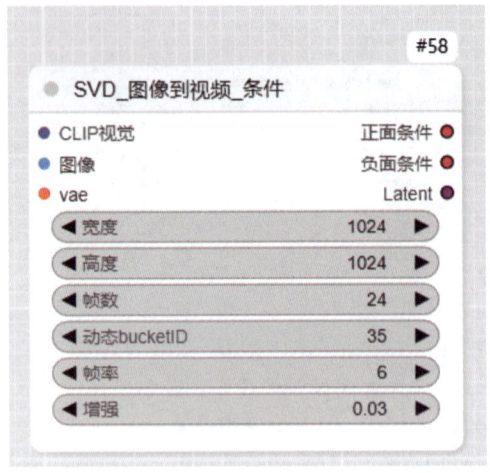

图5-81

03 与文生视频类似，仅凭这两个节点还无法完成视频的生成。然而，由于正在进行的是图生视频操作，因此无须使用提示词。为此，只需将这两个节点接入文生图工作流的部分环节即可。但请注意，"SVD_图像到视频_条件"节点需要与"CLIP视觉"输出端口相连接，因此需要将原有的"Checkpoint加载器(简易)"节点替换为"Checkpoint加载器(仅图像)"节点，并在该节点中选择SVD专用的大模型，如图5-82所示。

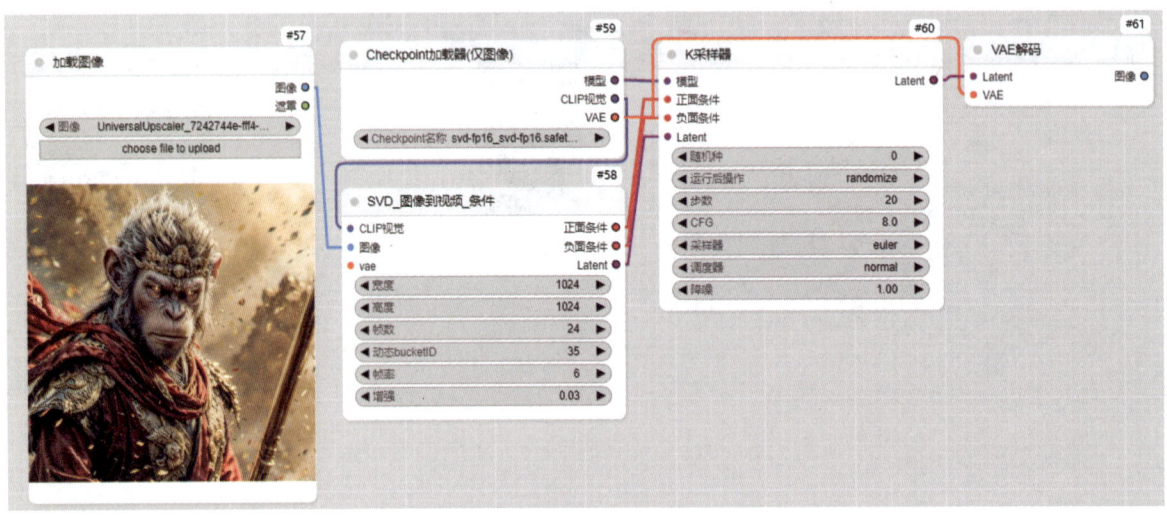

图5-82

04 同样地，目前的工作流只能生成图像序列，而非连续的视频。因此，需要添加RIFE VFI节点和"合并为视频"节点以完成视频的生成。这两个节点的参数设置可以与文生视频中的设置保持一致，如图5-83所示。

第 5 章 掌握常用工作流的基础模块

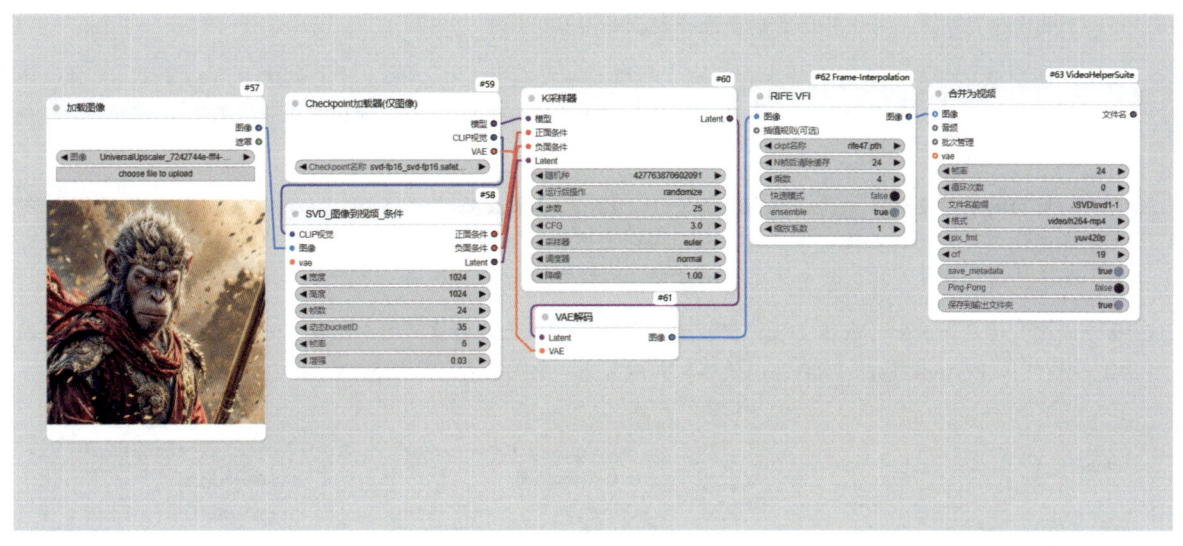

图5-83

05 图生视频模块现已搭建完成。在选择大模型时，要确保选用SVD专用模型。生成视频的尺寸应与上传的图像尺寸相匹配。通过调整"帧数"和"帧率"参数，可以控制生成视频的时长。请注意，在"合并为视频"节点中设置的"帧率"必须与"SVD_图像到视频_条件"节点中的"帧率"设置保持一致。完成所有设置后，单击"添加提示词队列"按钮即可开始生成视频，如图5-84所示。

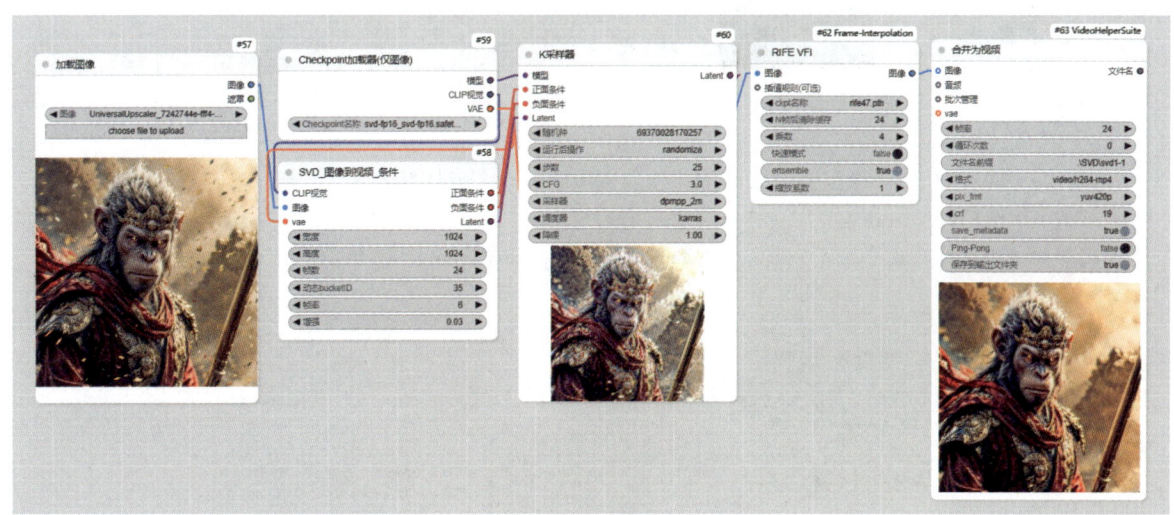

图5-84

5.7.3 表情变化视频

表情变化视频能够精准捕捉并展现人物微妙的情感波动，为视频注入更为生动和真实的元素。借助ComfyUI平台，创作者可以便捷地将特定视频中的表情迁移到静态图像中的人物面部，并生成具有相同表情变化的动态视频，进而提升视频的情感传递效果。接下来，将详细介绍实现这一功能的模块搭建步骤。

01 进入ComfyUI界面后，新建工作流。由于需要生成表情变化视频，因此必须上传人物图像。为此，新建一个"加载图像"节点，并上传所需的图像素材，如图5-85所示。

02 仅有人物图像还不足以生成表情变化视频，还需要一段包含表情变化的参考视频。因此，需要新建一个"加载视频"节点，并上传相应的人物表情变化视频，如图5-86所示。在该节点中，可以调整上传视频的帧率、尺寸和时长等参数。

03 此处所使用的表情变化节点为ComfyUI-LivePortraitKJ扩展提供的"LivePortrait处理"节点。该节点能够根据参考视频中人物的表情变化，对上传的人物图像进行相应处理，从而生成具有相同表情变化的图像序列。此外，该节点还允许调整表情变化的程度，如图5-87所示。

04 由于我们关注的是面部的表情变化，因此需要单独裁剪出上传图像的面部区域以进行修改。为此，需要新建一个"LivePortrait裁剪"节点，以便选取并裁剪出人物的面部，如图5-88所示。

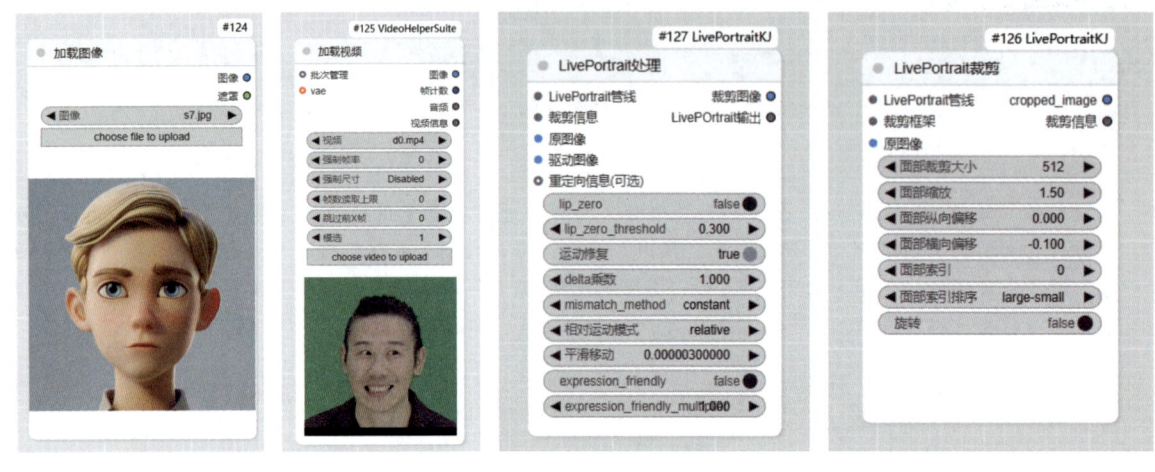

图5-85　　　　　图5-86　　　　　图5-87　　　　　图5-88

05 "LivePortrait处理"和"LivePortrait裁剪"节点需要依赖特定的模型才能正常运行。因此，需要新建一个"下载并加载LivePortrait模型"节点来提供所需的模型支持。同时，"LivePortrait裁剪"节点还需要使用面部识别功能来辅助裁剪，所以还需要添加一个"加载FaceAlignment裁剪"节点，如图5-89所示。

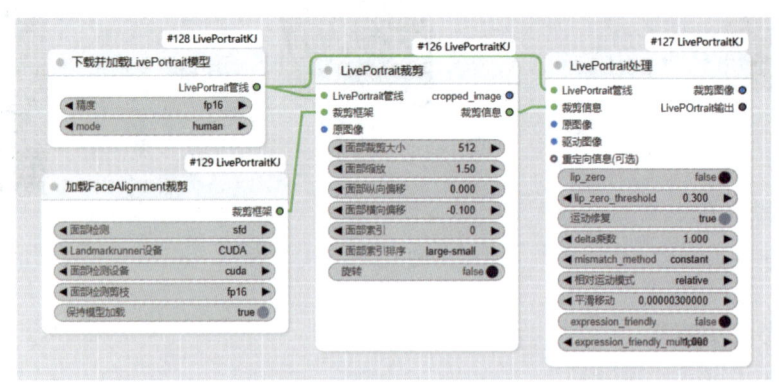

图5-89

06 同样地，经过上述步骤处理后生成的是一系列包含表情变化的图像，而非连续的视频。因此，需要新建一个"合并为视频"节点，将这些图像合并成动态视频。在设置该节点时，应确保帧率与上传的参考视频帧率保持一致，并选择video/h264-mp4作为输出格式。其他参数保持默认设置即可，如图5-90所示。

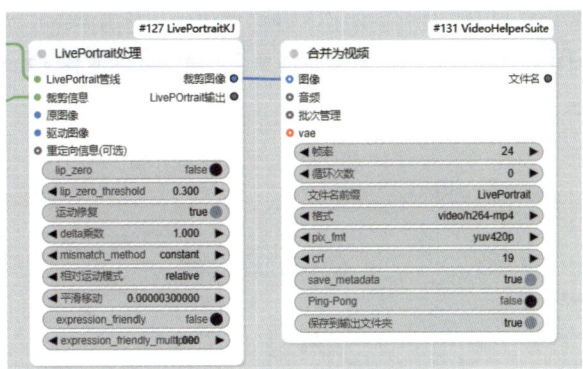

图5-90

07 将已上传的图像和视频接入工作流后,表情变化模块的搭建就完成了。接下来,在"下载并加载LivePortrait模型"节点中,需要根据处理对象选择适当的模式:如果是处理人物表情,就将mode设置为human;若是处理动物表情,则更改为animal。其他参数基本上可以保持默认设置。如果在生成的视频中发现面部位置不准确,可以在"LivePortrait裁剪"节点中对面部位置进行调整。最后,单击"添加提示词队列"按钮,即可生成包含表情变化的视频,如图5-91所示。

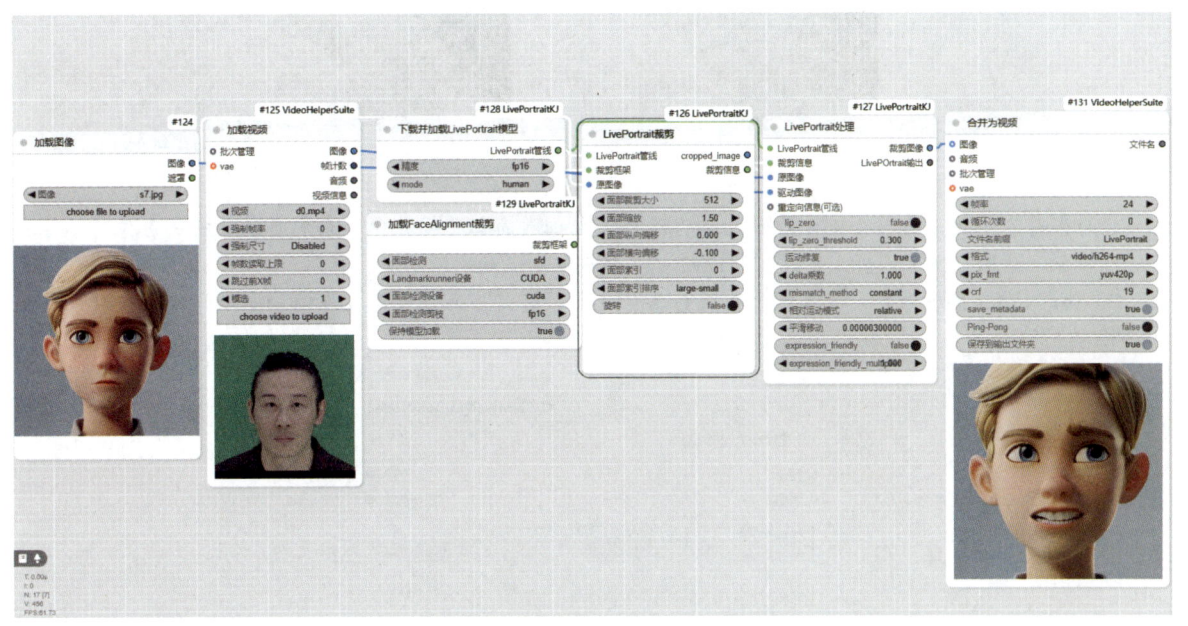

图5-91

5.8 图像对比

在图像编辑流程中,我们可以通过对比原始图像与处理后的图像,来精细地调整颜色、对比度等参数,从而创造出理想的视觉效果。针对受损或低质量的图像，比较其修复前后的差异能够帮助我们评估修复效果，并据此进行优化。此外，图像对比的结果可以存储并重复使用，为后续的图像处理和编辑工作提供有价值的参考。以下是搭建该功能模块的具体步骤。

01 进入ComfyUI界面后，新建工作流。由于要进行图像对比，因此需要新建两个"加载图像"节点，并分别上传需要对比的图像素材，如图5-92所示。

图5-92

02 这两张图像分别是局部重绘之前和之后的图片。在正常的工作流程中，局部重绘之前的图像可能会因为添加了遮罩而显示不全，导致在最终的对比中难以看出效果。此时，可以使用ComfyUI_Comfyroll_CustomNodes扩展中的"图像对比（简易）"节点，将前后两张图像放在同一个节点中进行对比，如图5-93所示。

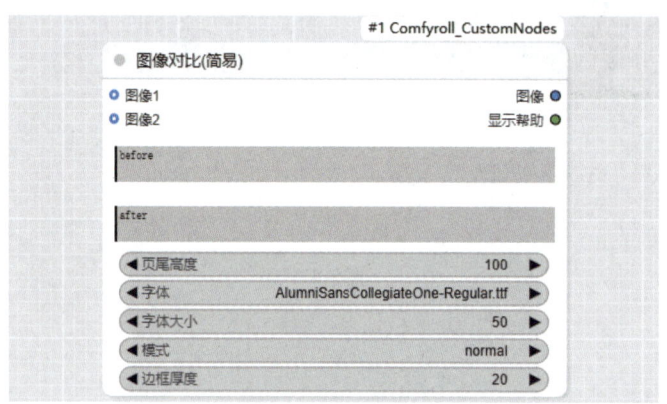

图5-93

03 在该节点中，可以设置两张图像的名称，并对字体进行调整。将先前上传的两张图像连接至该节点后，这样简单的图像对比模块就搭建完成了。单击"添加提示词队列"按钮，即可生成图像对比图片，如图5-94所示。

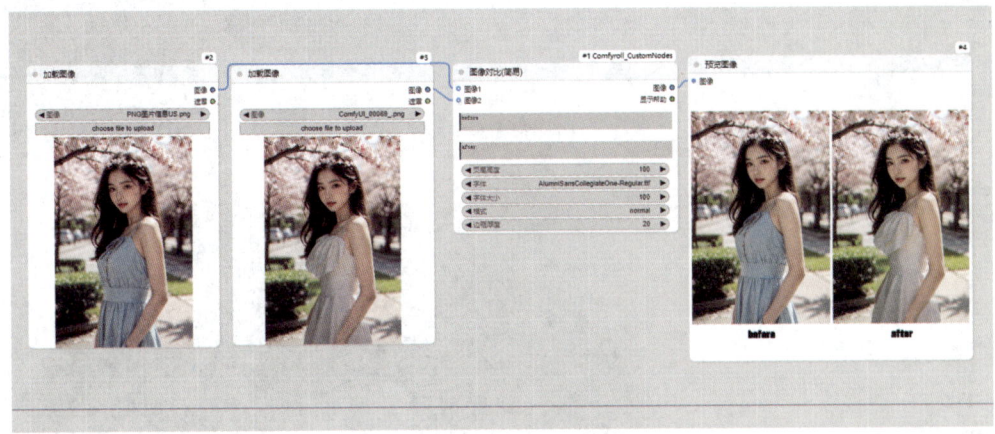

图5-94

04 除了上述的图像对比方式，还有一种滑块式的图像对比方式。这种方式特别适用于面部细化、换脸等精细操作。滑块式图像对比方式所使用的节点是来自rgthree-comfy扩展的"图像对比"节点。该节点允许同时传入两张图像，并通过拖动滑块来实时对比前后的效果，这在细节对比上尤为实用。此时，已将这一节点集成到了面部细化工作流程中，并成功生成了对比效果图片，如图5-95所示。

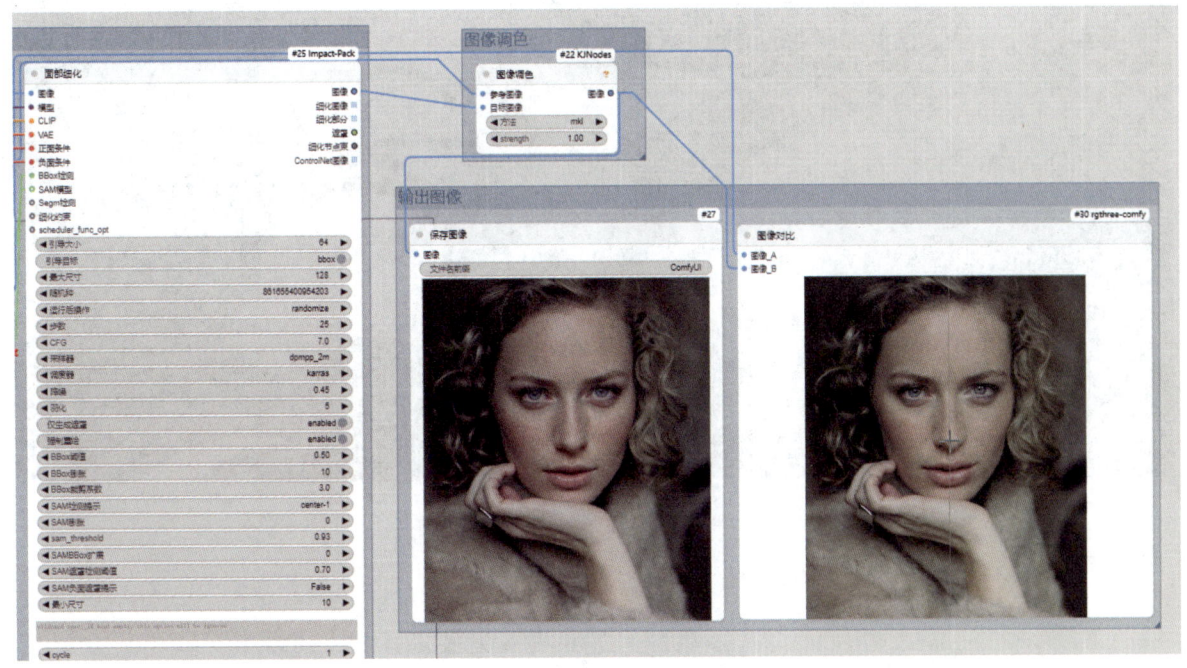

图5-95

第 6 章

了解底模与 LoRA 模型

6.1 理解并使用SD底模模型

6.1.1 什么是底模模型

在人工智能的深度学习领域，模型往往是指包含数百万到数十亿参数的神经网络模型。这些模型需要巨大的计算资源和存储空间来进行训练和存储，旨在实现更加强大和精确的性能，从而能够处理更为复杂和庞大的数据集或任务。简而言之，底模模型是通过大量训练，使AI能够掌握各类图片的信息特征。这些海量信息汇总并沉淀形成的文件包，就是我们所说的底模模型。由于底模模型文件中包含了大量的信息，因此，通常在网上下载的底模模型文件都相当大。以下展示的是作者所使用的底模模型文件，其中最大的文件达到了7GB，而较小的文件也有4GB，如图6-1所示。

文件名	大小	日期	类型
Anything_jisanku.ckpt	7,523,104 KB	2023/10/16 3:16	CKPT 文件
chilloutmix_.safetensors	7,522,730 KB	2023/10/16 1:31	SAFETENSORS ...
影视游戏概念模型.safetensors	7,522,730 KB	2023/10/16 1:48	SAFETENSORS ...
插画海报风格.safetensors	7,522,720 KB	2023/10/16 5:52	SAFETENSORS ...
SDXL_base_1.0.safetensors	6,775,468 KB	2023/11/8 11:25	SAFETENSORS ...
SDXL DreamShaper XL1.0_alpha2 (xl1.0).safetensors	6,775,458 KB	2023/10/15 20:08	SAFETENSORS ...
SDXL juggernautXL_version5.safetensors	6,775,451 KB	2023/10/5 0:06	SAFETENSORS ...
SDXL sdxlNijiSpecial_sdxlNijiSE.safetensors	6,775,435 KB	2023/10/15 19:51	SAFETENSORS ...
leosamsHelloworldSDXLModel_helloworldSDXL10.safetensors	6,775,433 KB	2023/10/5 12:34	SAFETENSORS ...
SDXL leosamsHelloworldSDXLModel_helloworldSDXL10.safetensors	6,775,433 KB	2023/10/15 20:04	SAFETENSORS ...
SDXL dynavisionXLAllInOneStylized_release0534bakedvae.safetensors	6,775,432 KB	2023/10/15 19:55	SAFETENSORS ...
SDXL Microsoft Design 微软柔彩风格_v1.1.safetensors	6,775,431 KB	2023/10/15 20:08	SAFETENSORS ...
SDXL refiner_vae.safetensors	5,933,577 KB	2023/10/15 22:01	SAFETENSORS ...
建筑 realistic-archi-sd15_v3.safetensors	5,920,999 KB	2023/10/16 5:56	SAFETENSORS ...
2.5D: protogenX34Photorealism_1.safetensors	5,843,978 KB	2023/10/16 0:17	SAFETENSORS ...
建筑 aargArchitecture_v10.safetensors	5,680,582 KB	2023/10/16 18:29	SAFETENSORS ...
perfectWorld_perfectWorldBakedVAE.safetensors	5,603,625 KB	2023/10/26 1:33	SAFETENSORS ...
AbyssOrangeMix2_nsfw.safetensors	5,440,238 KB	2023/10/16 2:09	SAFETENSORS ...

图6-1

6.1.2 理解底模模型的应用特点

需要特别指出的是，底模模型文件并不是保存的一张张图片，这是许多初学者的误区。底模模型文件实际上保存的是图片的特征信息数据。理解了这一点，我们就会明白为什么有些底模模型擅长绘制室内效果图，有些则擅长绘制人像，还有些擅长绘制风光。

这涉及底模模型的应用特点，也是为什么一个AI创作者需要安装数百吉比特（GB）的底模模型的原因。因为只有这样，才能在绘制不同领域的图像时，调用相应的底模模型。

这也是Stable Diffusion（简称SD）与Midjourney（简称MJ）最大的不同之处。我们可以简单地将MJ理解为一个通用大模型，只不过这个大模型不保存在本地磁盘。而SD则由无数个分类底模模型构成，想要绘制哪种图像，就需要调用相对应的底模模型。

图6-2展示的是在使用相同的提示词和参数，仅更换底模模型的情况下绘制出来的图像。从中，我们可以直观地感受到底模模型对图像的影响。

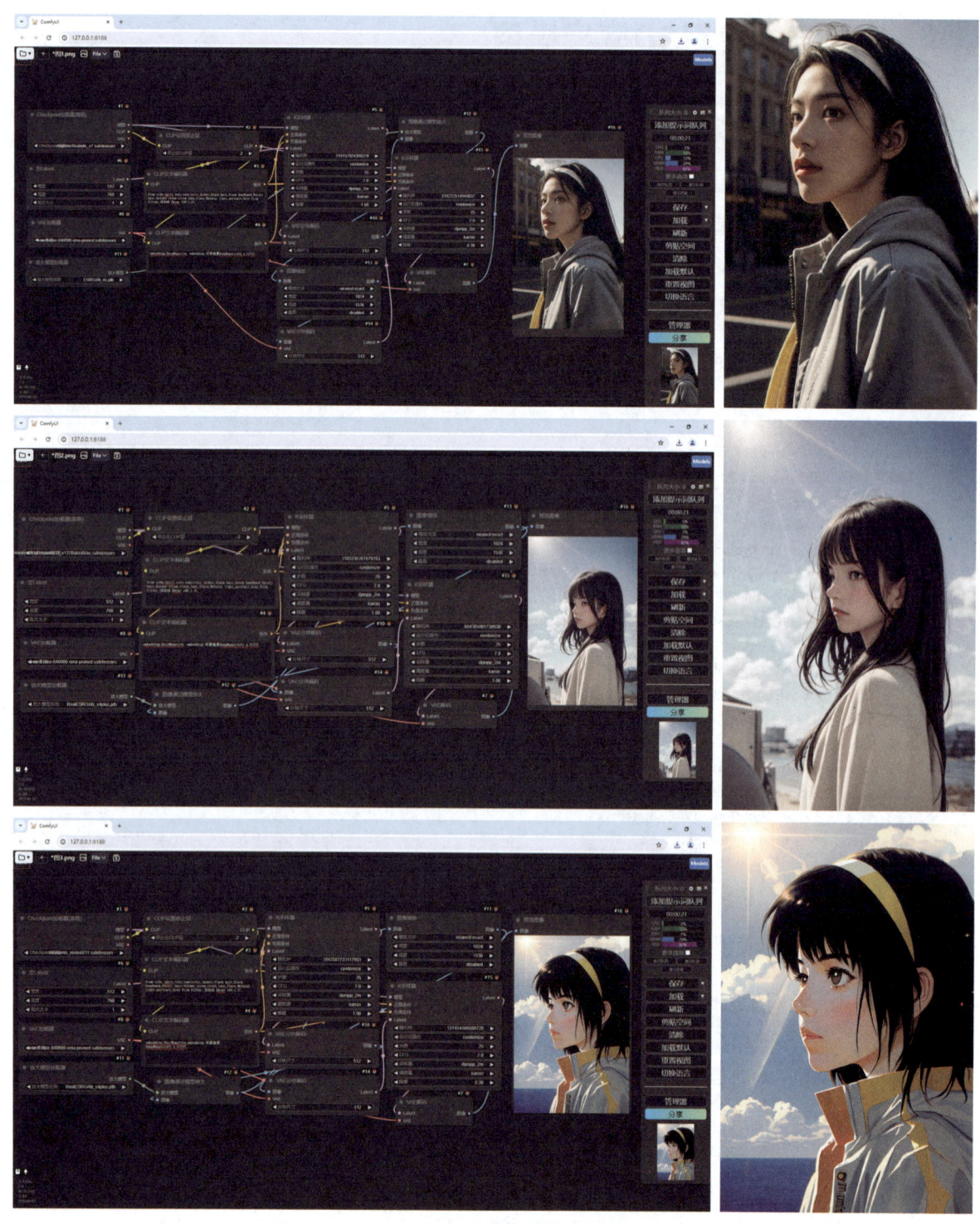

图6-2

在前面展示的3张图像中，最上方的图像使用的大模型为 majicmixRealistic_v7，此大模型专门用于绘制写实类人像。因此，从右侧生成的图像可以看出来，成品效果非常真实。

在生成中间的图像时，使用的大模型是 dreamshaper_8。这个大模型专注于生成 3D 人物角色，且生成的 3D 角色细节丰富。从右侧展示的图像也能看出来，图像有明显的 3D 效果，且细节效果也非常好。

生成最下方的图像时，使用的大模型为 meinamix_meinaV11。此大模型用于生成二次元动漫效果图像。因此，右侧展示的生成图像具有非常明显的二次元动漫风格。

目前，无论是外网还是内网中，数量最多的是 1.5 版本的底模。

6.2 理解并使用SDXL模型

6.2.1 认识SDXL模型

SDXL 模型是一种基于深度学习的文本生成模型，其设计初衷是提升大规模文本生成任务中的计算效率和降低内存消耗。通过采用一系列优化技术，例如梯度检查点（Gradient Checkpointing）和文本编码器训练（Text Encoder Training），SDXL 能够在有限的计算资源下高效地生成高质量的文本。

6.2.2 SD1.5与SDXL之间的区别

SD1.5 版本与 SDXL 版本之间的区别，主要体现在模型规模、功能特点以及生成图像的质量上。

- 模型规模：相较于1.5版本，XL版本是一个更大规模的模型。XL版本具备更多的参数和更复杂的模型结构，从而能够应对更为复杂的图像生成任务。尽管1.5版本也是一个功能强大的模型，但在规模上相对较小。
- 功能特点：XL版本通过采纳二阶段的级联扩散模型，包含Base模型和Refiner模型，实现了更为精细的图像生成。其中，Base模型负责基础的图像生成任务，而Refiner模型则对Base模型生成的图像进行精细化加工，进而产出更高品质的图像。相较之下，1.5版本虽然也拥有文生图、图生图、图像inpainting等能力，但在图像生成的精细度和质量上略逊于XL版本。
- 生成图像的质量：得益于更大的模型规模和更精细的图像处理流程，XL版本能够生成质量更高的图像。XL版本所生成的图像在细节、色彩和构图等方面均表现得更为出色，更能满足用户的需求。尽管1.5版本也能生成高质量的图像，但在控图效果上无法与XL版本相提并论。

除了以上区别，两者在对提示词的理解能力和生成效果上也存在显著差异。在理解能力方面，XL 版本相较于 1.5 版本对提示词的理解能力更强。它能够更精确地解析并生成符合提示词描述的图像，尤其在处理复杂或特定领域的提示词时表现更为显著。虽然 1.5 版本也是一款强大的生成模型，但在应对某些复杂或特定的提示词时，其理解能力可能会受到限制，导致生成的图像与预期存在偏差。在生成效果上，由于 XL 版本模型对提示词的理解更为精准，因此它能够生成更加贴近用户期望的图像。所以，XL 版本的提示词通常是一段完整的话语。虽然 1.5 版本也能生成高质量的图像，但在某些特定情境下，由于其对提示词的理解能力有限，可能会导致生成的图像在某些方面与预期不符。因此，1.5 版本的提示词更适宜使用单词组合，而使用句子生成的效果可能反而不佳。

这里分别使用相同的提示词，通过 1.5 版本的模型和 XL 版本的模型生成美女与赛博朋克风格野兽的场景图像。很明显，XL 版本的效果优于 1.5 版本，内容更贴近提示词。1.5 版本生成的图像如图6-3 所示，XL 版本生成的图像如图6-4 所示。

图6-3　　　　　　　　　　　　　　　　　图6-4

同时在出图尺寸上，1.5 版本模型训练的图片分辨率主要是 512 像素 ×512 像素，而 XL 版本模型的训练图片分辨率为 1024 像素 ×1024 像素。这意味着 XL 版本模型有能力生成更高分辨率的图像。然而，当 XL 像素模型在低像素级别（如 512 像素 ×512 像素）生成图像时，其质量可能不如在较高分辨率下表现得那么出色，有时甚至可能不及 SD 1.5 等模型在该分辨率下的表现。

6.2.3　使用SDXL模型出图失败的原因

许多初学者在使用 SDXL 模型生成图片时，经常会得到花屏图像。这是因为 SDXL 模型的出图设置与 SD1.5 模型存在一些差异。若未能正确设置这些参数，将难以生成高质量的图像，具体区别如下。

- VAE：在使用SDXL模型进行图像生成时，某些SDXL模型会指定特定的VAE模型。在这种情况下，必须使用指定的VAE模型，否则，图像将无法正常生成。尤其需要注意的是，不能使用SD1.5的VAE模型，否则也无法正常生成图像。为了直观展示这一点，在保持其他设置完全相同的情况下，使用SD1.5的VAE模型生成了一张图片，如图6-5 所示，同时又使用SDXL的VAE模型生成了另一张图片，如图6-6 所示。

- 提示词引导系数（CFG）：在使用SDXL模型进行图像生成时，由于SDXL模型对提示词的理解能力更强，能够更精确地解析并生成符合提示词描述的图像，因此"提示词引导系数（CFG）"的设置尤为关键。如果CFG值设置过大，可能会导致图像中某些区域的细节被过度强化，从而出现不自然或混乱的现象。为了说明这一点，在仅改变CFG数值而其他设置保持不变的情况下，使用CFG值为7生成了一张图片，如图6-7 所示，同时又在CFG值为3时生成了另一张图片，如图6-8 所示。

图6-5

图6-6

图6-7

图6-8

6.2.4 SDXL-Lightning

SDXL-Lightning 模型是字节跳动公司开发的生成式 AI 模型,它运用了渐进式对抗蒸馏技术,从而达成了快速且高质量的图像生成。相较于传统模型,SDXL-Lightning 在速度和质量上都有明显的提升,显著减少了计算成本和时间消耗。

SDXL-Lightning 模型通过应用渐进式对抗蒸馏技术,大幅提高了图像生成的速度。此模型能在非常短的时间内(仅需 2 步或 4 步)生成优质且高分辨率的图像,极大地缩减了计算成本和时间,特别适用于需要快速、实时生成图像的应用场景。相较于传统扩散过程需要 20~40 次迭代来调用神经网络,SDXL-Lightning 的效率提升了 10 倍以上。

此外，SDXL-Lightning 模型提供了 1 步、2 步、4 步和 8 步的不同推理步骤选项。推理步骤越多，所生成的图像质量越高。特别是在 4 步生成模式下，该模型能够产生细节丰富且图文高度匹配的高质量图像，例如清晰地展现出人物的微笑、动物的皮毛等细节，充分展现了其在图像生成领域的出色性能。

6.2.5　SDXL-Turbo

SDXL-Turbo 是由 Stability AI 公司开发的，基于 SDXL 1.0 的升级版本。

SDXL-Turbo 采用了一种名为对抗性扩散蒸馏（ADD）的新训练方法。该方法允许在高图像质量下，通过 1~4 步对大规模基础图像扩散模型进行采样。这种方法运用分数蒸馏技术，以大规模现成的图像扩散模型作为信号，并将其与对抗性损失相结合，从而确保即使在一个或两个采样步骤的低步长范围内，也能获得高图像保真度。

SDXL Turbo 模型在本质上仍然是 SDXL 模型，其网络架构与 SDXL 保持一致，可以视作经过蒸馏训练后的 SDXL 模型。但需要注意，SDXL Turbo 模型并不包含 Refiner 部分，而仅包含 U-Net(Base)、VAE 和 CLIP Text Encoder 三个模块。在 FP16 精度下，SDXL Turbo 模型的大小为 6.94GB（在 FP32 精度下为 13.88GB），其中 U-Net(Base) 的大小为 5.14GB，VAE 模型的大小为 167MB，而两个 CLIP Text Encoder（一大一小）分别为 1.39GB 和 246MB。

6.3　理解并使用Flux模型

6.3.1　认识Flux模型

Flux 模型是 2024 年 8 月 1 日由初创公司 Black Forest Labs（黑森林实验室）发布的从文本到图像生成模型。该模型以卓越的图像质量、高度逼真的人体解剖学展现力和先进的提示词响应能力脱颖而出，为 AI 图像生成领域树立了新的行业标准。Flux 采用了多模态架构与并行的扩散 Transformer 模块，从而具备强大的图像生成能力。此外，模型还通过流匹配训练方法对传统扩散模型进行了改进，同时结合旋转位置嵌入技术及并行注意力层，提高了对不同图像位置特征的识别精度，进而优化了图像的细节展现。

6.3.2　Flux模型与其他模型对比

在最近的基准测试中，Flux.1 模型与竞争对手相比，在多种指标上展现出了卓越的性能。尽管 MidJourney V6.1 在艺术和风格呈现方面实力不俗，但 Flux.1 的 Pro 和 Dev 模型在视觉质量、快速响应能力和输出多样性方面更为出色。值得一提的是，Flux.1 的性能甚至超越了 SD3 Ultra，从而站在了人工智能图像生成技术的最前沿。

在此，我们分别使用 SD1.5、SDXL 与 Flux 模型对同一组提示词进行图像生成。SD1.5 模型生成的图像如图6-9 所示，SDXL 模型生成的图像如图6-10 所示，Flux 模型生成的图像则如图6-11 所示。可以清晰地看到，在提示词的遵循度和图像的精细度方面，Flux 模型显著领先，其次是 SDXL 模型，而质量相对较差的则是 SD1.5 模型。

图6-9　　　　　　　　　　　　图6-10　　　　　　　　　　　　图6-11

6.3.3　Flux模型版本

Flux 模型包含 3 个版本——Flux.1 [pro]、Flux.1 [dev] 和 Flux.1 [schnell]，它们分别针对不同的使用场景和需求。

- Flux.1 [pro]：未开源模型，专为商业用途而设计。它提供了最先进的图像生成性能，包括出色的提示词遵循、卓越的视觉质量、精细的图像细节和丰富的输出多样性。然而，这个模型只能通过API进行调用。
- Flux.1 [dev]：开源模型，旨在用于非商业应用。它直接从Flux.1 [pro]蒸馏得到，因此具备了类似的高质量图像生成和提示词遵循能力。与此同时，与同等大小的标准模型相比，它的效率更高。
- Flux.1 [schnell]：开源模型，但可商用，专门为本地开发和个人使用而设计。这个模型的特点在于其拥有极快的生成速度和较小的内存占用。

6.3.4　Flux模型的关键特性

1. 参数规模大模型效率高

Flux 模型是一个庞大的模型，拥有 120 亿参数，这使其成为目前公开发布的较大模型之一。如此庞大的参数规模赋予了 Flux 捕捉图像中极致细节与微妙之处的非凡能力。尽管规模宏大，但 Flux 模型经过精心设计与优化，能够在常见的消费者级别硬件上实现流畅运行。这一成就部分归功于采用了 FP8 格式，该格式有效地将模型大小缩减至约 16GB，进而降低了运行门槛。

2. 高分辨率输出

Flux 模型支持生成高分辨率的图像，能够输出从 0.1M 像素到 2M 像素（例如，1024 像素×1024 像素）的高清图像。这使它非常适合需要高清晰度和高细节的专业级图像创作。

3. 高级语义理解

Flux 模型具备显著的语义理解能力。该模型能够精准地解析复杂且微妙的提示词，极大地便利了创作者将心中的构想转化为精确的图像效果。在追求内容生成高度可控性的创意行业中，这一特点尤为重要，它使创作者能够更加自如地驾驭创作过程，实现心目中的理想作品。

4. ComfyUI的集成

自推出以来，Flux 模型就得到了 ComfyUI 的全面支持。这种集成使创作者能够更便捷地使用 Flux 进行实验并优化工作流程。借助 ComfyUI，创作者可以测试新技术，并充分发掘模型的潜力。

5. 尺寸和宽高比灵活性

Flux 模型能够轻松生成各种图像尺寸和宽高比，从而适用于从社交媒体图形到大型横幅广告等多种应用。其强大的适应性确保了它能够满足任何项目的需求。

6. 排版集成

除了生成令人惊叹的图像，Flux 模型在排版方面也表现出众。它能够将文本无缝融入图像中，确保文字与图形元素同样具有视觉吸引力。

7. 输出多样性

Flux 模型的一个显著特点是能够生成多种视觉风格和主题。无论是呈现不同的艺术风格，还是为各种项目提供独特的视觉效果，Flux 模型都能展现出所需的创意多样性。

6.3.5　Flux模型的安装和部署

1. 不包含CLIP与VAE的版本安装

下载 Flux 模型，这里以 flux1-dev-fp8.safetensors 为例，将 flux1-dev-fp8.safetensors 放在 ComfyUI 的 ComfyUI-aki-v1.3\models\UNet 文件夹中。下载专用的 CLIP 模型——clip_l.safetensors 和 t5xxl_fp8_e4m3fn.safetensor 模型，将它们放在 ComfyUI 的 ComfyUI-aki-v1.3\models\clip 文件夹中。下载专用的 VAE 模型——ae.safetensors，将它放在 ComfyUI 的 ComfyUI-aki-v1.3\models\vae 文件夹中，如图6-12所示。

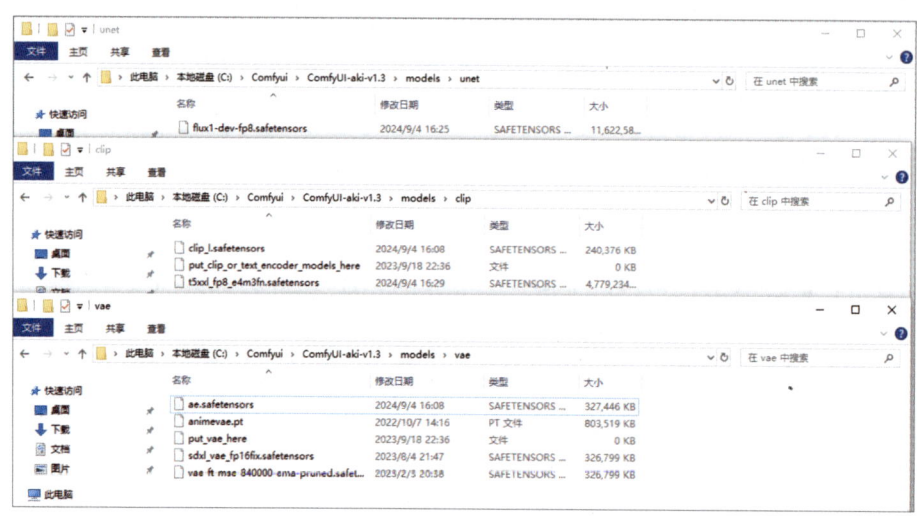

图6-12

2. 包含CLIP与VAE的版本安装

包含 CLIP 和 VAE 的 Flux 模型有 flux1-dev-fp8-with_clip_vae.safetensors 和 flux1-dev-bnb-nf4-v2.safetensors，直接将下载好的模型放在 ComfyUI 的 ComfyUI-aki-v1.3\models\checkpoints 文件夹中，这里以 flux1-dev-fp8-with_clip_vae.safetensors 为例，如图6-13所示。

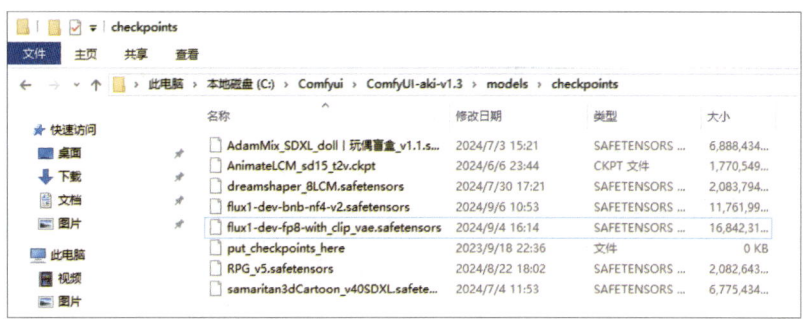

图6-13

6.3.6 使用Flux模型注意事项

使用 Flux 模型的注意事项如下。

- 硬件要求：完整版本的Flux模型对显存有较高的要求，想要使用ControlNet进行图像生成控制，建议设备至少配备16GB的显存，以确保模型的正常运行。对于精简版本的Flux模型，虽然12GB显存的设备也可以支持其运行，但可能会导致生成速度较慢，并且在图像细节上可能存在一定的差异。
- 更新和兼容性：在运行Flux模型的工作流程中遇到错误时，很可能是由于ComfyUI版本过低所致。因此，需要确保将ComfyUI及其所有相关插件更新到最新版本，以保持与Flux模型的良好兼容性。
- 提示词与参数设置：Flux模型具备较强的提示词理解能力，但仍需设置合理的提示词来引导图像生成过程。在尝试生成图像时，可以通过组合不同的提示词来获得最佳的生成效果。同时，还需要合理配置生成过程中的各项参数，如步数、CFG值、引导值等，这些参数对生成图像的质量和风格具有显著影响。
- 引导值：在使用Flux模型进行图像生成时，通常在填写提示词的环节会看到"引导"设置，这一设置在SD1.5和SDXL的工作流中是不存在的。该设置主要用于控制画面的画风，即模型的艺术表现力。默认情况下，引导值设为3.5即可。当值较小时，艺术感会增强，适用于追求非写实风格的情况（参考值范围为1.5~2）；而当值较大时，图像细节会更丰富，呈现出更为锐利清晰的效果（参考值为4.5）。

6.3.7 Flux LoRA模型

Flux LoRA 模型是基于 Flux.1 模型，利用 LoRA 技术进行微调后得到的模型。

1. 模型规格

Flux LoRA 模型的大小可以从几百兆到几吉比特不等，这主要取决于模型的复杂度以及训练时所使用的数据集。

2. 模型使用

要使用 Flux LoRA 模型，通常需要一个支持 LoRA 的 AI 图像生成平台，例如 ComfyUI 或其他兼容 Flux 模型的平台。创作者需要将模型文件放置在指定的目录下。在本地使用 ComfyUI 时，模型文件应放在根目录下的 models\loras 文件夹中。在生成图像时，应通过"LoRA 加载器"节点选择相应的 LoRA 模型并设置其权重。

3. 模型训练

训练 Flux LoRA 模型与训练其他类型的模型训练有所不同，具体区别如下。

- 训练数据集大小：Flux LoRA模型的一个显著特点是，它仅需较小的数据集（20~30张图像）就能训练出有效的LoRA模型，这树立了新的行业标准。相较之下，传统的LoRA训练往往需要大量的数据收集和广泛的微调。
- 图像清晰度和多样性：为提高Flux LoRA模型的灵活性，建议在训练时使用清晰的图像，并从不同的角度、光线和服装进行拍摄。
- 标注的需求：对于人物LoRA，详细的标注并不是必需的。因为Flux.1在处理人物方面表现出色，有时仅使用一两个简单的单词作为提示反而能获得更好的效果。这与某些模型可能需要更详尽的标注形成对比。
- 训练步数和效果：在训练Flux LoRA模型时，当训练步数达到大约1000步时，模型通常已经能够呈现出相当理想的效果。然而，随着训练步数的进一步增加，生成的图像质量并不会持续提升，反而可能会出现某种程度的模糊。
- 硬件要求：进行Flux LoRA训练需要高性能的硬件设备，特别是显存较大的GPU。

6.3.8 Flux入门工作流讲解

Flux 模型的基础文生图工作流搭建相对简便。若不考虑特定模型，用户可以直接采用 ComfyUI 的默认文生图工作流。因此，要搭建适用于 Flux 模型的基础文生图工作流程，只需在 SD1.5 的文生图工作流基础上进行少许调整即可。然而，由于 Flux 模型存在多个版本，不同版本的工作流也会有所差异。接下来，将针对 Flux 模型各个版本的工作流进行具体讲解。

1. 未整合CLIP和VAE模型的工作流

Flux 模型在最初发布时，并未提供整合 CLIP 和 VAE 的模型版本。因此，若要使用 Flux 模型，需要额外下载专为 Flux 模型设计的 CLIP 模型和 VAE 模型。以下是具体的操作步骤。

01 下载Flux模型，这里以flux1-dev-fp8.safetensors模型为例，将下载的flux1-dev-fp8.safetensors模型移动到ComfyUI根目录的models\unet文件夹中，如图6-14所示。

图6-14

02 下载Flux专用的CLIP模型——clip_l.safetensors和t5xxl_fp8_e4m3fn.safetensor模型，下载到本地后将它们移动到ComfyUI根目录的models\clip文件夹中，如图6-15所示。

图6-15

03 下载Flux专用的VAE模型——ae.safetensors模型，下载到本地后将它们移动到ComfyUI根目录的models\vae文件夹中，如图6-16所示。

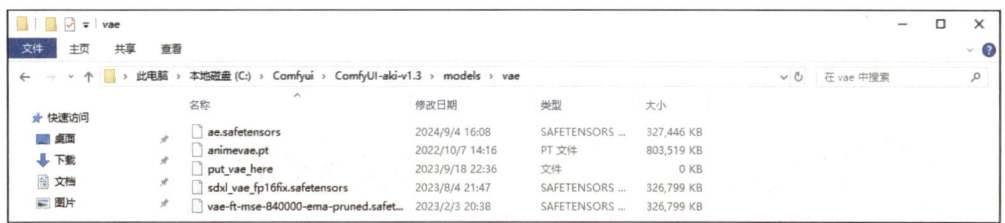

图6-16

04 进入ComfyUI界面，新建一个工作流，加载默认的文生图工作流，如图6-17所示。

图6-17

05 将"Checkpoint加载器(简易)"节点删除，新建"UNet加载器""双CLIP加载器""VAE加载器"节点，选择之前下载好的模型，再将节点的输出端口与对应的输入端口连接，如图6-18所示。

图6-18

06 因为用到了双CLIP模型，所以CLIP文本编码器也需要使用Flux专用的节点，将"CLIP文本编码器"节点更换为"CLIP文本编码Flux"节点，如图6-19所示。

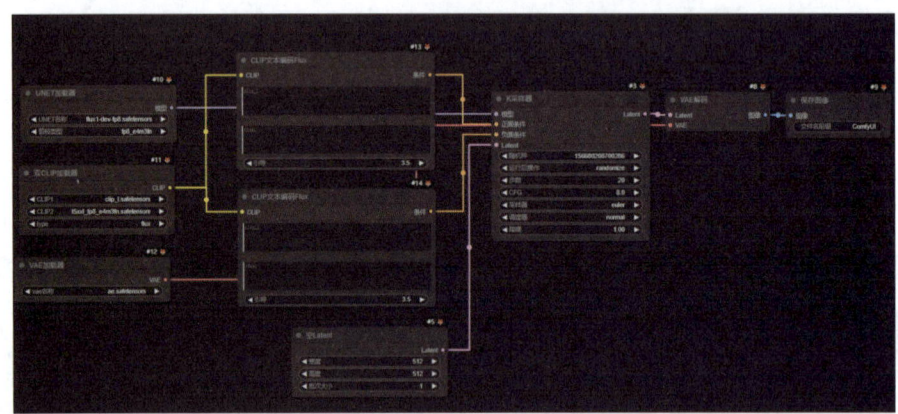

图6-19

07 经过整合CLIP和VAE模型后，Flux工作流现已搭建完毕。接下来，输入适当的提示词，并将图像尺寸设置为不低于1024像素×1024像素。CFG值建议不超过2，以获得更佳的生成效果。在采样器方面，目前euler采样器表现出色。最后，单击"添加提示词队列"按钮，即可利用Flux模型生成图像，如图6-20所示。

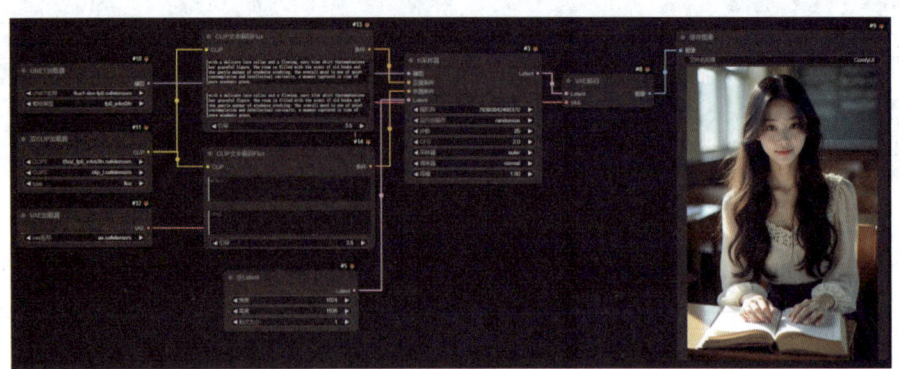

图6-20

2. 整合CLIP和VAE模型的工作流

为了解决用户需要下载多个模型的问题，Flux 团队发布了整合了 CLIP 和 VAE 的模型版本。由于该版本已经将 CLIP 和 VAE 整合在一起，其使用方式与普通的大型模型相似。因此，用户只需在默认的文生图工作流中进行简单修改即可使用该模型。以下是具体的操作步骤。

01 下载整合CLIP和VAE的Flux模型，这里以flux1-dev-fp8-with_clip_vae.safetensors模型为例，将下载到本地的flux1-dev-fp8-with_clip_vae.safetensors模型移动到ComfyUI根目录的models\checkpoints文件夹中，如图6-21所示。

图6-21

02 进入ComfyUI界面，新建一个工作流，加载默认的文生图工作流，如图6-22所示。

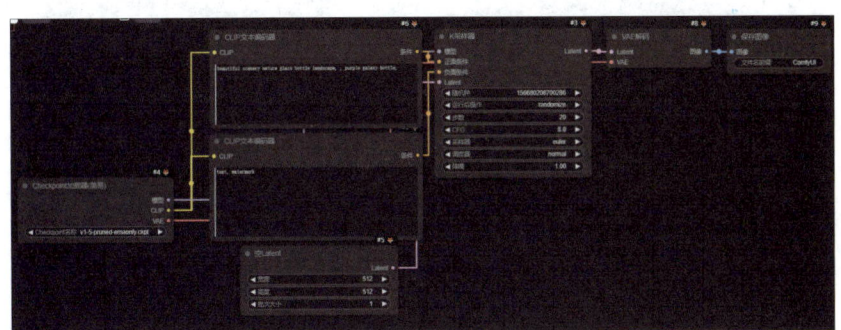

图6-22

03 在"Checkpoint加载器(简易)"节点中，选择flux1-dev-fp8-with_clip_vae.safetensors模型。请注意，尽管没有使用"双CLIP加载器"节点，但Flux模型内部已经整合了两个CLIP模型。因此，需要将"CLIP文本编码器"节点替换为"CLIP文本编码Flux"节点，以确保正确的文本编码处理，如图6-23所示。

图6-23

04 整合了CLIP和VAE模型的Flux工作流现已搭建完成。接下来，输入相应的提示词，参数设置与前文所述相同。最后，单击"添加提示词队列"按钮，即可利用Flux模型生成图像，如图6-24所示。

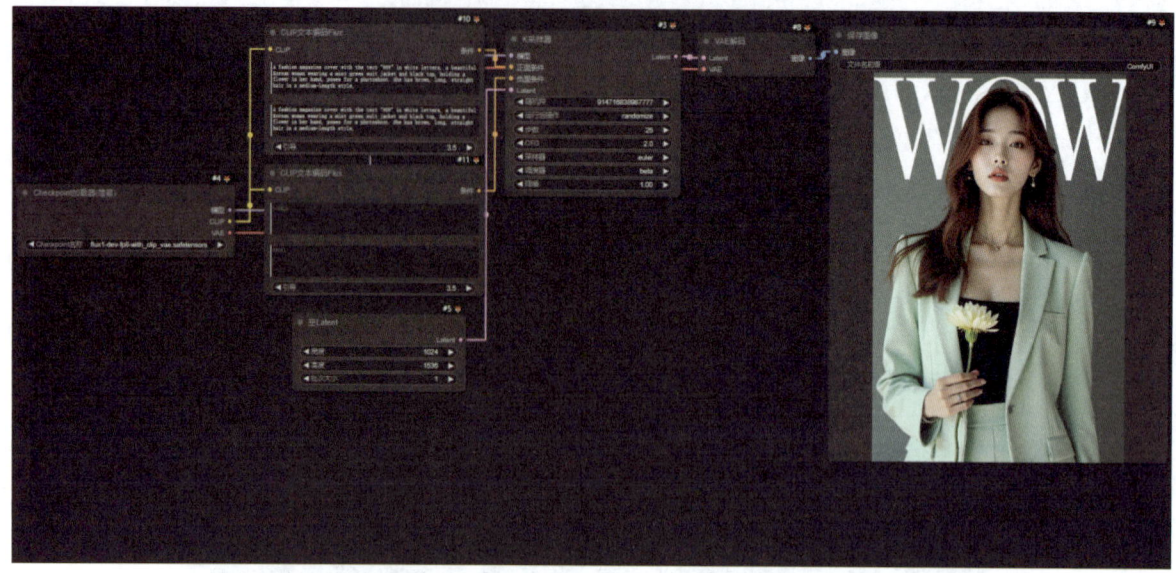

图6-24

6.4　认识Stable Diffusion 3.5模型

Stable Diffusion 3.5 是由知名大模型开源平台 Stability AI 于 2024 年 10 月 22 日发布的开源文生图模型。此版本的推出，象征着开源 AI 文生图模型在图像生成领域再次取得了显著进展。

6.4.1　Stable Diffusion 3.5模型特点

1. 模型风格多样性提升

创作者可以通过修改提示词来调用更多的图像风格，如图6-25所示。

图6-25

2. 图像生成的 AI 质感降低

生成的图像在光影和材质方面表现得更为自然，从而赋予生成图像更好的真实感，如图6-26所示。

图6-26

6.4.2　Stable Diffusion 3.5 的版本介绍

1. Stable Diffusion 3.5 Large

这是一个拥有 80 亿参数的基础模型，因出色的图像质量和对提示词的迅速响应而闻名，堪称 Stable Diffusion 系列中的佼佼者。它特别适合专业应用，尤其擅长处理 100 万像素分辨率的图像生成任务。

2. Stable Diffusion 3.5 Large Turbo

此版本为 Stable Diffusion 3.5 Large 的蒸馏版，它不仅高度遵循提示词，而且能在仅需 4 步的情况下生成优质图像，速度远超 Stable Diffusion 3.5 Large。

3. Stable Diffusion 3.5 Medium

这一版本包含 25 亿参数，采用经过优化的 MMDiT-X 架构和训练方法。它旨在为消费者级硬件提供即插即用的体验，并在图像品质和定制便捷性之间找到了平衡点。该模型能够生成分辨率在 25 万 ~200 万像素的图像。

6.4.3　Stable Diffusion 3.5 的应用前景

Stable Diffusion 3.5 在 AI 绘画和文生图领域具有划时代的意义。该模型在图像生成的逼真程度、响应速度以及对创作者的友好性方面都取得了显著的提升，因此特别适合在艺术创作、广告设计、游戏开发等多个领域广泛应用。例如，企业可以借助此工具迅速生成符合其品牌定位的视觉内容，从而节省大量时间和资源；同时，个人创作者或设计师也能够通过 Stable Diffusion 3.5 创作出独具匠心的作品，以满足市场的多样化需求。

6.4.4　Stable Diffusion 3.5模型在Liblib运行

在 Stable Diffusion 3.5 发布后，LiblibAI 已经抢先适配，上线了基础算法 V3.5，具体使用步骤如下。

01　进入LiblibAI网站，搜索"基础算法V3.5 L"模型，进入模型页面，在页面右侧单击"加入模型库"按钮，将模型添加到模型库，如图6-27所示。

图6-27

02 单击"立即生图"按钮,进入LiblibAI的WebUI界面,在CHECKPOINT中选择"基础算法_V3.5L.safetensors"选项,输入正面提示词,"采样方法"建议使用DPM++ 2M,"迭代步数"值建议设置为28,"提示词引导系数"值建议设置为4,也可以尝试其他参数配置,单击"开始生图"即可生成图片,如图6-28所示。

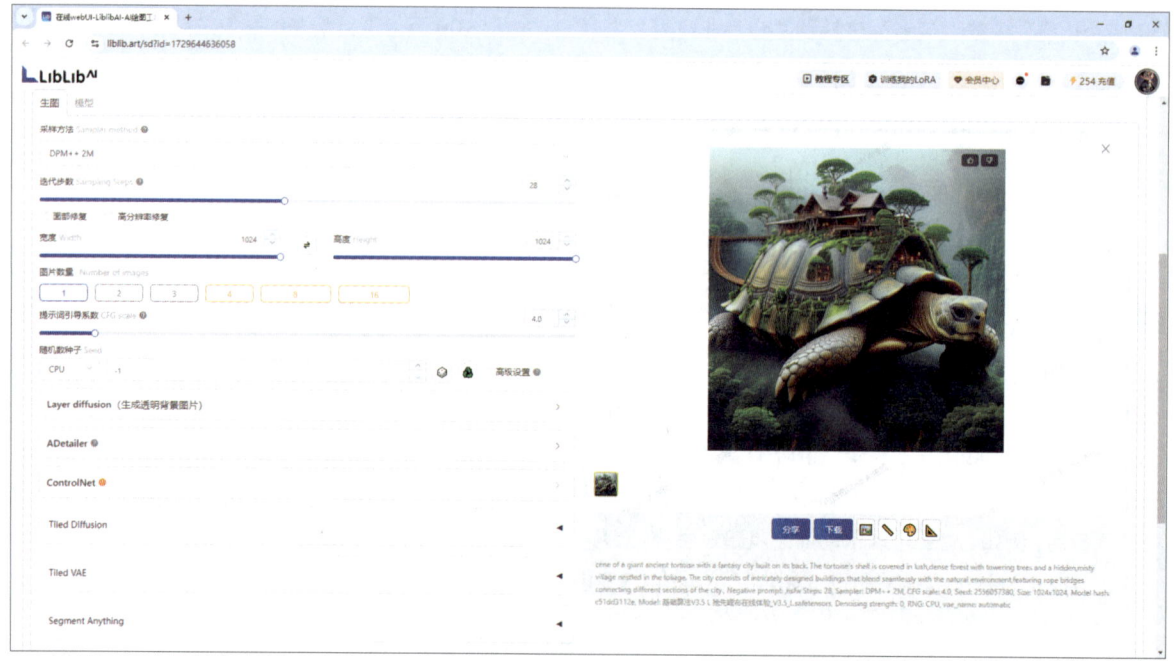

图6-28

6.4.5 Stable Diffusion 3.5模型本地运行

在Stable Diffusion 3.5发布之际,官方同步推出了Stable Diffusion 3.5 Large及Stable Diffusion 3.5

Large fp8 的模型文件,供创作者在本地环境中运行。相较于完整版 fp8,精简版所需的显存空间更小。作者尝试使用搭载 12GB 显存的显卡运行该模型,发现虽然可以运行,但处理时间相对较长。以下是具体的操作步骤。

01 进入 ComfyUI 界面,加载文生图工作流,并创建"三 CLIP 加载器"节点。此处的操作与 SD3 的工作流相同,因此若已有 SD3 工作流,则可直接使用。接下来,将 Stable Diffusion 3.5 Large fp8 模型下载并放置于 ComfyUI 根目录下的 models\checkpoints 文件夹中。同时,务必确保所选的 CLIP 版本与大模型的精度相匹配,如图 6-29 所示。

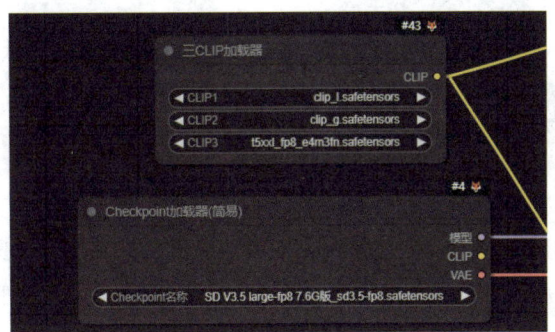

图 6-29

02 输入正面提示词,并确保参数设置与在 LiblibAI 中使用时保持一致。之后,单击"添加提示词队列"按钮以开始生成图像,如图 6-30 所示。

图 6-30

6.4.6 Stable Diffusion 3.5 与 Flux 出图对比

SD3.5 模型在艺术创作领域展现出了其独特的优势,尤其在画风多样性和艺术表现力方面,相较于 Flux 模型,它的表现更为出色。在相同提示词的条件下,图 6-31 为 SD3.5 生成的图像,而图 6-32 则是 Flux 生成的图像。通过对比,可以清晰地看到 SD3.5 在艺术创作方面的卓越能力。

图6-31　　　　　　　　　　　　　　　　　图6-32

　　SD3.5在构图方面展现出更为大胆和创新的特点。它不受传统视觉规律的束缚，勇于探索新颖的视角和布局方式。因此，SD3.5生成的图像不仅在视觉上引人入胜，还在情感和故事性层面具备更强的吸引力。在相同提示词的条件下，图6-33展示了SD3.5生成的图像，而图6-34则是Flux生成的图像。通过对比，可以进一步领略SD3.5在构图上的独特魅力。

图6-33　　　　　　　　　　　　　　　　　图6-34

　　此外，SD3.5在用色方面展现出了卓越的创造性。它不受现实世界色彩限制的约束，而是能够依据创作者的意图和图像主题，灵活调整与搭配色彩，从而打造出别具一格的视觉风格。这种出色的色彩控制能力，使 SD3.5 在视觉创意性方面技高一筹，能够为观者带来新颖且令人惊喜的视觉体验。在相同提示词的条件下，图6-35 展示了 SD3.5 生成的图像，而图6-36 则是 Flux 生成的图像。

图6-35　　　　　　　　　　　　　　图6-36

在理解能力和视觉创意性上，SD3.5 模型同样有着出色的表现。它能够精确理解复杂的提示词，并巧妙地将这些理解转化为富有氛围和情感表达的图像。SD3.5 对语言和概念的这种深刻理解，使其在创作时能够更精准地捕捉并传达创作者的意图，进而生成更具艺术魅力和感染力的作品。在相同提示词的条件下，图6-37 展示了 SD3.5 生成的图像，而图6-38 则是 Flux 生成的图像。

图6-37　　　　　　　　　　　　　　图6-38

6.5 理解并使用LoRA模型

6.5.1 认识LoRA模型

LoRA（Low-Rank Adaptation）是一种可由用户定制训练的小型模型，它可被视作底层模型的补充或完善插件。其独特之处在于，它能够在不修改底层模型的基础上，仅利用少量数据便训练出独特的画风、IP形象或景物，因而成为掌握SD技术的核心环节。由于LoRA的训练是基于底层模型的，因此所需数据量相对较少，生成的文件体积也较小。以下展示的是作者使用的部分LoRA模型，从中可见，小模型的文件大小仅为30MB左右，而较大的模型也不过150MB，这与底层模型常常达到的几吉比特文件大小相比，差异显著，如图6-39所示。

图6-39

使用LoRA模型时，需要特别注意某些LoRA模型的作者在训练过程中会加入特定的触发词以强化认知。这意味着，仅在提示词中包含该触发词时，才能激活LoRA模型，从而使其对底层模型生成的图像进行优化。因此，在下载模型时，务必留意其相关的触发词。另一方面，有些模型并不设定触发词，这时用户可直接调用，模型会自动产生控图效果。

为了让大家更直观地感受LoRA模型的作用，接下来将使用相同的提示词和参数，展示在使用及不使用LoRA模型时，以及使用不同LoRA模型时所得到的图像效果，如图6-40所示。

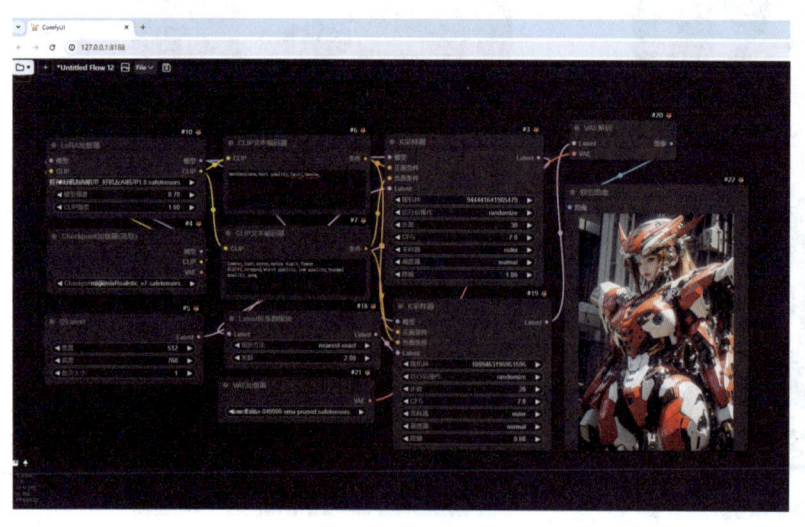 

图6-40

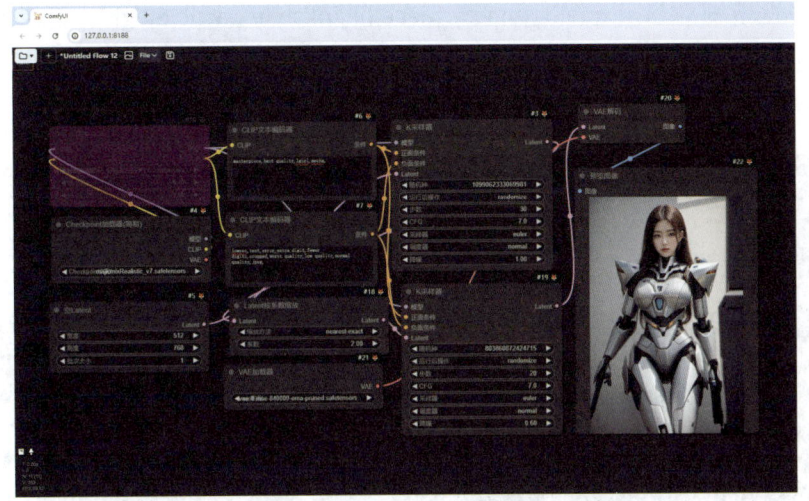
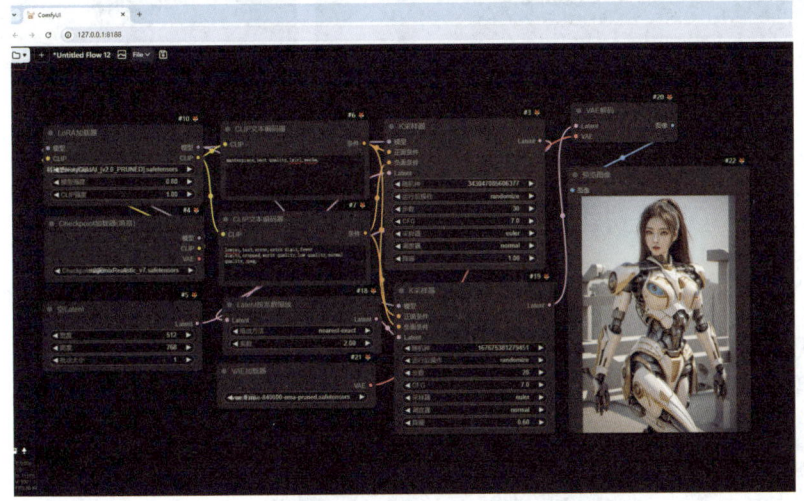

图6-40（续）

在之前展示的3张图像中，位于最上方的图像使用了名为"好机友AI机甲"的LoRA模型。此模型专门设计用于绘制机甲风格的人像。因此，从右侧生成的图像可以看出，成品图像中的人物身着炫酷的机甲套装，效果极为逼真。

在生成中间图像的过程中，并未使用LoRA模型，而只是在提示词中加入了与机甲相关的词条，所以最终效果并不尽如人意。

而在生成最下方图像时，采用了名为"科技感IvoryGoldAI"的LoRA模型。这个模型旨在生成带有金色科技质感的图像。因此，从右侧展示的图像中也可以明显看出，该图像具有显著的金色科技质感，但与机甲模型的强烈风格相比，这种质感更为细腻且独特。

6.5.2 叠加LoRA模型

与底模模型不同，LoRA模型可以叠加使用，并通过权重参数使生成的图像同时有几个LoRA模型的效果。

例如，在图6-41中，使用的提示词为 best quality,masterpiece,hjyinkstyle,particle light, chinese dragon,ink splash,long hair,wind,long sleeves,1boy,dress hanfu,fighting,cyan hanfu,holding sword,back view,water,reflection,horns,ink art,mountaion background,fog,pine tree。

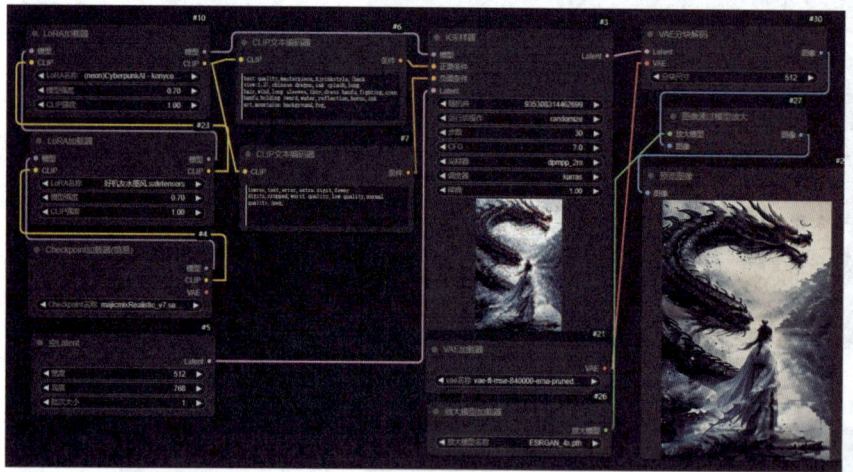

图6-41

为了使水墨风的图片上带有赛博朋克效果，这里使用了名为"好机友水墨风"与"科技感(neon)CyberpunkAI_v1.0"的两个LoRA模型，并通过权重参数进行了调整。图6-42展示当使用不同权重数据时图像的变化情况。

图6-42

通过上面展示的系列图像，我们可以观察到，权重数值对于生成不同风格图像的影响并非均等。例如，在生成赛博朋克效果的"科技感(neon)CyberpunkAI_v1.0"图像和水墨风格的"好机友水墨风"图像时，权重数值的调整会显著改变最终效果。因此，在实际创作中，创作者需要通过尝试不同的权重数值，以获得最令人满意的整合效果。

6.6 底模与LoRA模型匹配技巧

之前已经讲解过，LoRA 模型是在底模模型的基础上，通过少量数据进行特定训练而得到的。这意味着，在使用 LoRA 模型时，必须选择恰当的底模模型，否则可能无法得到预期的结果。

以之前使用过的"好机友 AI 机甲"模型为例，这个 LoRA 模型是基于人像底模模型进行训练的。因此，即使使用不同的底模模型，只要这些模型包含人像相关数据，基本上都能获得不错的效果。如下面展示的两组图像，图6-43 使用的底模模型为 dreamshaper_8，而图6-44 则使用了 majicmixRealistic_v7 作为底模。两者之间的区别仅在于效果的好坏。

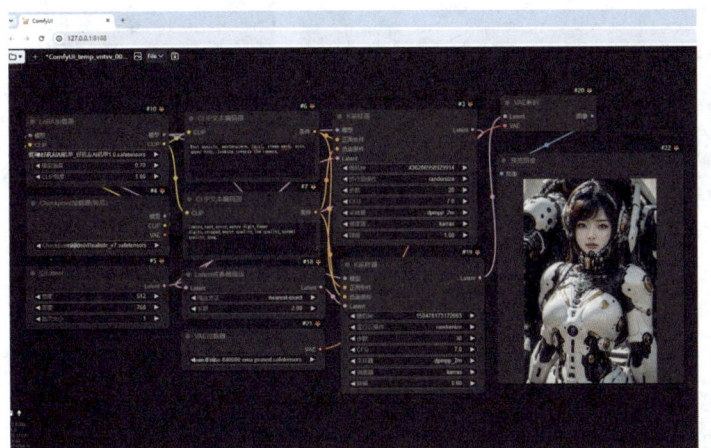

图6-43

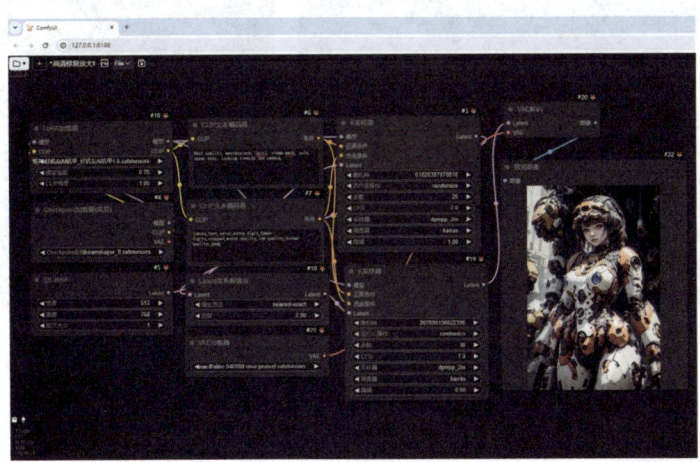

图6-44

所以，如果在使用 LoRA 模型后无法得到满意的效果，可以尝试更换底模模型。

一般的选择技巧是，在使用 LoRA 模型时，应选择与模型调性相匹配的底模。例如，对于国潮风格类的 LoRA，建议选择真人或 2.5D 风格的底模；科幻类 LoRA 则宜选用游戏风格或真实系的底模；而室内外建筑类的 LoRA，则应选择专门的建筑系底模。

图6-45 展示的是选用一款专业科幻写实风格的底模——XXMix_9realistic 后所得到的效果图。从中可以明显看出，效果非常出色。

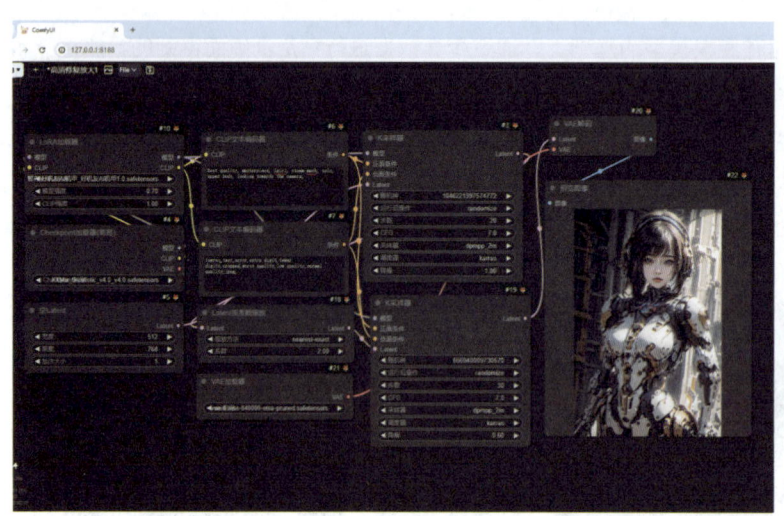

图6-45

图6-46 是将底模模型切换为一个专业的建筑类型底模后得到的效果图，可以看出其效果并不理想。

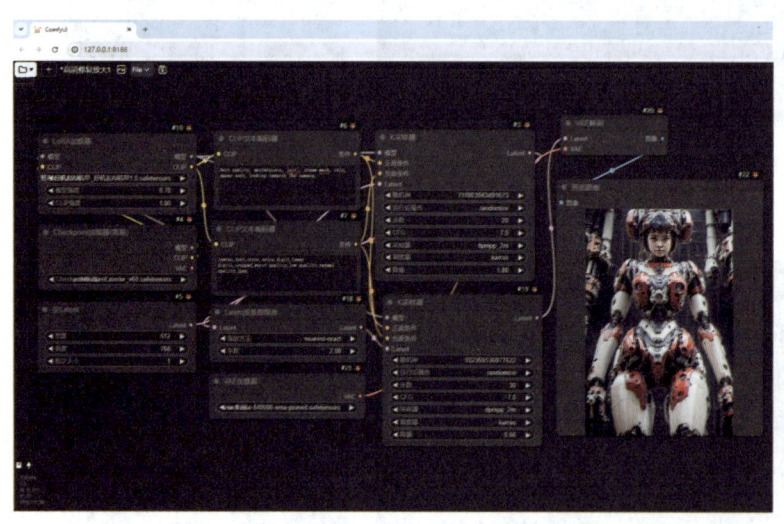

图6-46

这虽然是一个较为极端的案例，但它充分证明了在使用 LoRA 模型时，选择正确底模的重要性。通常在下载 LoRA 模型的页面上，模型作者会特别指出应选用哪种底模。对于这一点，创作者应给予特别关注。

6.7　SD1.5 LoRA、SDXL LoRA、Flux LoRA的关系

SDXL LoRA、SD1.5 LoRA、Flux LoRA 都是基于不同版本的 Stable Diffusion 模型，并使用 LoRA 技术进行优化得到的微调模型。以下是它们之间的关系和各自的一些特点。

1. SD1.5 LoRA

SD1.5 LoRA 是基于 SD1.5 版本模型，采用 LoRA 技术进行优化的微调模型。SD1.5 是一个成熟的文本到图像的生成模型，用户通过输入文本描述，可以生成与描述相符的高质量图像。SD1.5 LoRA 模型通常较小，因此易于部署。然而，在图像细节和准确性方面，它可能不如 SDXL LoRA 和 Flux LoRA 模型表现出色。

2. SDXL LoRA

SDXL LoRA 模型利用 LoRA 技术在 SDXL 的基础上进行微调，使其能够适应特定的风格或主题。这种模型提供了更高的图像生成质量，特别是在生成更大分辨率的图像时表现更佳。与 SD1.5 LoRA 相比，SDXL LoRA 能够生成更高质量的图像，但同时需要占用更多的硬盘空间和显存。

3. Flux LoRA

Flux 是基于 Stable Diffusion 的另一个重要分支，它专注于提供高质量的图像生成。Flux LoRA 是针对 Flux 模型系列进行微调的 LoRA 模型，其主要目的是增强模型在特定风格或细节上的表现力。Flux LoRA 模型能够提供与 Flux 原生模型相匹配的图像质量，并增强了 Flux 模型在特定风格或主题上的生成能力，同时还保留了 LoRA 模型小尺寸和快速适应的特点。与 SD1.5 LoRA 和 SDXL LoRA 相比，Flux LoRA 在图像质量和细节方面表现最佳，但相应地，它也需要更多的硬盘空间和显存。

6.8　VAE模型

VAE（Variational Autoencoder）是一种生成模型，它的作用是通过将输入数据映射到潜在空间中，实现对样本的压缩和重构。此外，通过引入潜在变量，VAE 能够控制生成数据的分布，从而生成新的数据样本。

在 Stable Diffusion 中，VAE 模型的主要应用是修复图像的色彩。如果仅使用底模生成的图像色彩饱和度不足，可以选择一个 VAE 模型对图像进行微调，以恢复其正常的色彩饱和程度。通常，选择与底模同名的 VAE 模型或通用模型 vae-ft-mse-840000-ema-pruned 是较为合适的做法。

图 6-47 展示的是在 1.5 模型下，使用相同参数但选择不同 VAE 模型时获得的效果。可以明显看出，当选择了不合适的 VAE 模型时，效果甚至可能不如不进行任何选择。因此，在选择 VAE 模型时，需要谨慎考虑其与底模的匹配度以及通用性。

在 SDXL 模型中，许多大型模型已经内置了 VAE，因此即便不选择额外的 VAE 模型，生成的图像效果也相当不错。若需要使用额外的 VAE 模型来进一步优化图像，最常用的是 sdxl_vae 模型。当使用 SDXL 模型时，即便不借助额外的 VAE 模型，也能获得较好的图像质量。而使用 sdxl_vae 模型则可以进一步提升图像的对比度和轮廓的清晰度。

图6-47

对于 Flux 模型而言，它所使用的 VAE 模型是 ae.sft。这是一个相对较小的模型，旨在增强颜色的鲜艳度和图像的清晰度。值得注意的是，与 1.5 模型和 XL 模型不同，非整合版的 Flux 模型并未内置 VAE 模型。因此，在使用非整合版的 Flux 模型时，必须加载 ae.sft 模型以确保图像质量的优化。

第 7 章

掌握提示词撰写逻辑及权重控制技巧

7.1 认识正面提示词

在生成图像时，无论是采用"文生图"模式，还是使用"图生图"模式，都需要填写提示词。这些提示词分为正面提示词和负面提示词。可以说，如果不能准确书写正面提示词，几乎无法实现所需的效果。因此，每位创作者都必须熟练掌握正面提示词的正确撰写技巧。

7.1.1 什么是正面提示词

正面提示词用于描述创作者希望出现在图像中的元素，以及图像的画质和画风。在书写时，应使用英文单词及标点。描述方式既可以是自然语言，也可以是单个的词汇组合。例如，自然语言描述可为 A girl walking through a circular garden，而词汇组合描述则可以是 girl, circular, garden, walking。根据目前 SD 的使用经验，若非使用 SDXL 模型的最新版本、Flux 模型或 SD3.5 模型，建议避免使用自然语言描述，因为 SD1.5 模型及早期版本的 SDXL 模型对这类语言的理解能力有限。值得注意的是，即便使用 SDXL 模型的最新版本，也无法保证能完全理解中长句。相较之下，Flux 模型和 SD3.5 模型不仅能很好地理解中长句，还能处理大篇幅的提示词内容。因此，利用 SD 进行创作时存在一定的随机性，这也是许多创作者所称的"抽卡"式创作——通过反复生成图像来筛选出满意的作品。一种常用的方法是在"空 Latent"节点的"批次大小"中设置不同的数值，以一次性获得多张图像，如图7-1所示。

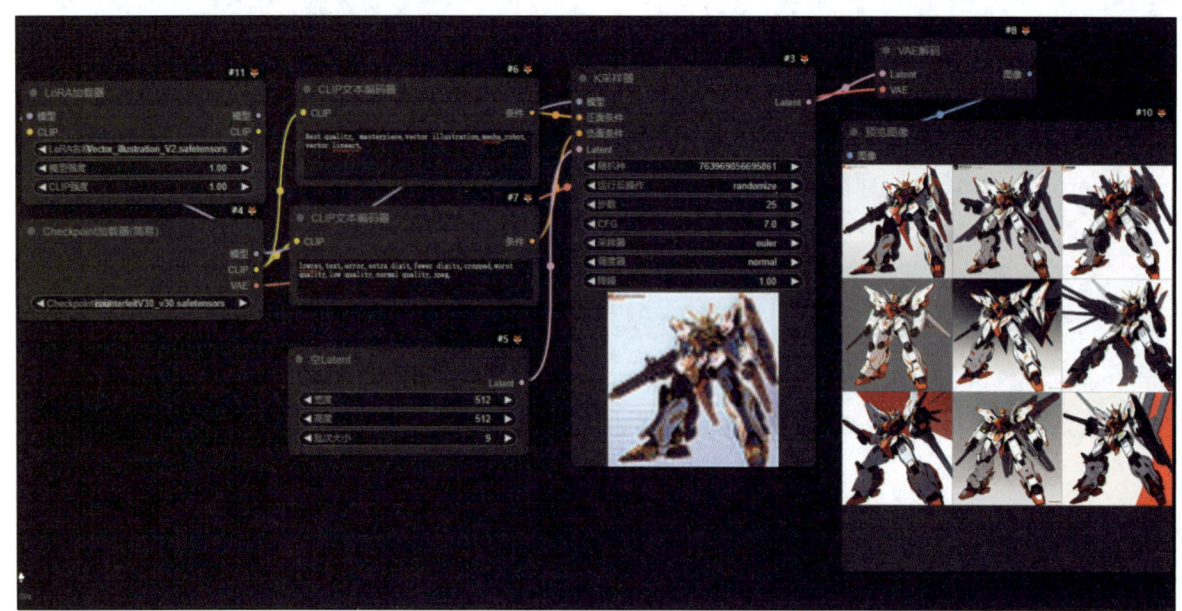

图7-1

另一种方法是在界面右下角的菜单选项中选中"更多选项"复选框，并在"批次数量"文本框中输入相应的数值，如图7-2所示。与在节点中设置批次不同的是，此处设置的"批次数量"代表一次性生成的图像张数。此外，还可以在"显示队列"中查看生成和等待的图像队列，如图7-3所示。

正确撰写正向提示词至关重要，这不仅涉及逻辑层面的考虑，还涵盖语法、权重等多个方面的知识。因此，下文将对正面提示词的具体结构展开详细讲解。

图7-2

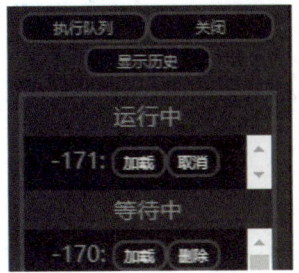

图7-3

7.1.2 正面提示词结构

在撰写正面提示词时，可以参考以下通用模板。

质量 + 主题 + 主角 + 环境 + 气氛 + 镜头 + 风格化 + 图像类型

这个模板的各组成要素解释如下。

- 质量：描述画面的整体质量标准，如清晰度、细节丰富度等。
- 主题：明确想要表达的主题内容，例如珠宝设计、建筑设计、贴纸设计等具体领域。
- 主角：指图像中的核心对象，可以是人或物，需要对其大小、造型和动作等进行具体描述。
- 环境：描述主角所处的场景环境，如室内空间、丛林背景或山谷景色等。
- 气氛：包括光线效果（如逆光、弱光等）和天气状况（如云、雾、雨、雪等），用于营造特定的氛围。
- 镜头：指定图像的景别，如全景展现、局部特写，以及视角的水平角度类型（如平视、俯视等）。
- 风格化：确定图像的艺术风格，如中式古典、欧式浪漫等，使画面具有特定的美学特征。
- 图像类型：说明图像是插画、照片、像素画还是3D渲染效果等，以明确表现形式。

在具体撰写时，可以根据实际需求选择一个或多个要素进行描述。同时，应避免使用模糊或无意义的词汇，如"紧张的气氛"或"天空很压抑"等，这些描述可能无法被准确转化为视觉元素。

在提示词中，可以使用逗号来分隔不同的词组，并且逗号的位置还具有一定的权重排序功能。通常，逗号前的词汇权重较高，逗号后的词汇权重较低。因此，合理的提示词撰写方式应遵循以下结构。

图像质量 + 主要元素（如人物、主题、构图等核心内容）+ 细节元素（如饰品、特征、环境细节等补充信息）

若希望突出某个主体，可以通过调整其生成步骤的先后顺序、增加生成步骤数、优化词缀排序或提高权重等方式来实现。整体而言，提示词的撰写应遵循从"画面质量"到"主要元素"，再到"细节"的逻辑顺序。若需要明确风格，则与风格相关的词缀应优先于内容词缀进行考虑和放置。

7.2 认识负面提示词

虽然正面提示词在图像生成中起到了关键作用，但负面提示词同样发挥着不可忽视的作用。有时，当生成效果与预期略有差距时，问题可能就出在负面提示词没有设置妥当。因此，负面提示词的正确撰写也至关重要。

7.2.1 认识1.5模型中的负面提示词

简而言之，负面提示词主要有两大作用：其一是提升画面品质，其二是通过描述不希望出现在画面中的元素或特点来完善图像。举例来说，若希望人物的长发遮盖住耳朵，可在负面提示词中加入 ear；为了让画面更加贴近照片而非绘画作品，可以在负面提示词中添加 painting、comic 等词条；为了避免画面中人物出现多余的手脚，可以添加 too many fingers、extra legs 等描述。

例如，通过对比图7-4（未添加负面提示词的效果）和图7-5（添加负面提示词后的效果），可以明显看出画面质量的显著提升。

图7-4

图7-5

相对而言，负面提示词的撰写逻辑确实比正面提示词简单许多。目前，常用的撰写方法主要有两种：利用 Embedding 模型和采用通用的负面提示词。通常，将这两种方法结合使用会获得更好的效果。

1. 使用Embedding模型

由于 Embedding 模型具备将大段描述性提示词整合打包为一个提示词的能力，并且能产生同等甚至更优越的效果，因此它常被用于优化负面提示词。在 WebUI 环境中，使用 Embedding 模型的方法与 LoRA 模型相同，只需在模型选项中选择已下载的 Embedding 模型即可启用。然而，在 ComfyUI 中，并没有专门为 Embedding 模型设置的节点，这就要求创作者必须在负面提示词文本框中手动添加相关代码。具体操作步骤如下。

01 在模型网站下载Embedding模型，这里以"EasyNegative.safetensors""坏图修复DeepNegativeV1.x_V175T.pt"模型为例，将下载好的模型文件移动到ComfyUI根目录下的\models\embeddings文件夹中，如图7-6所示。

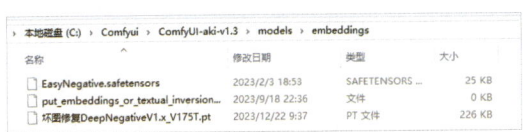

图7-6

02 进入ComfyUI界面，新建"CLIP文本编码器"节点，在文本框中输入embedding:，文本框的下方就会弹出Embedding模型列表，由于此处继续使用了WebUI的模型，所以除了新下载的模型还有原来的模型，如图7-7所示。

03 在列表中选中需要的Embedding模型，即可成功添加，需要注意的是，embedding:一次只能添加一个Embedding模型，如果想使用多个，需要再次添加embedding:，如图7-8所示。

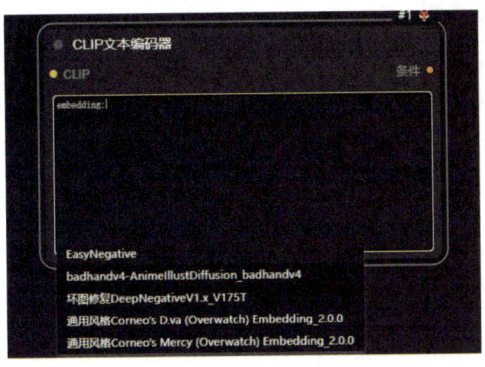

图7-7

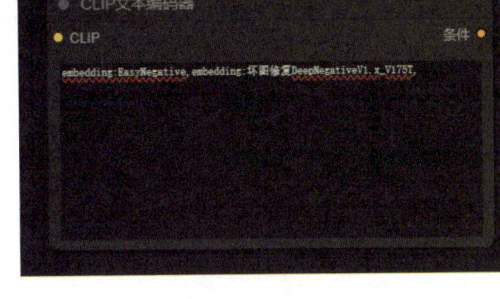

图7-8

在此处，需要特别注意一个问题：在使用embedding时，其首字母e必须小写，否则Embedding模型将无法生效。例如，Embedding:EasyNegative这样的写法是无效的。另外，还需注意的是，在使用Embedding模型时，必须确保其与所使用的大模型相匹配。不要将SD1.5的Embedding模型应用到SDXL的大模型上，否则生成的图片质量将会大打折扣。

2. Embedding常用模型

比较常用的Embedding模型有以下几个，这些模型几乎涵盖了所有的负面效应，在图像生成时可以叠加使用。

（1）EasyNegative

EasyNegative是目前使用率极高的一款负面提示词Embedding模型，它可以有效提升画面的精细度，避免模糊、灰色调、面部扭曲等问题，特别适合动漫风格的大模型，如图7-9所示。

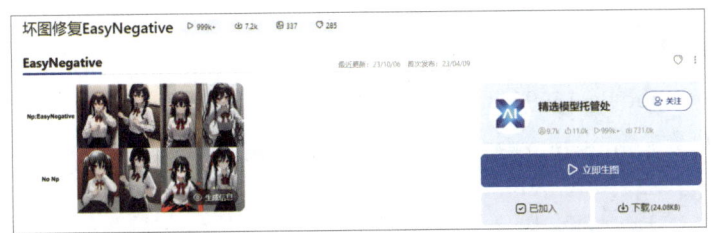

图7-9

此模型的下载链接如下。

https://civitai.com/models/7808/easynegative

https://www.liblib.art/modelinfo/458a14b2267d32c4dde4c186f4724364

（2）Deep Negative_v1_75t

Deep Negative 模型能够提升图像的构图美感和色彩表现，减少扭曲的面部、错误的人体结构以及颠倒的空间结构等问题的出现。它适用于动漫风和写实风等多种风格的大模型，如图7-10所示。

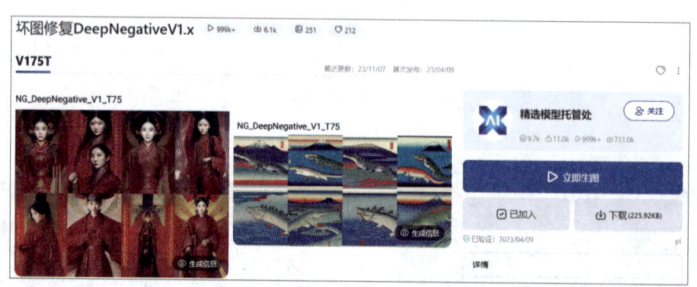

图7-10

此模型的下载链接如下。

https://civitai.com/models/4629/deep-negative-v1x

https://www.liblib.art/modelinfo/03bae325c623ca55c70db828c5e9ef6c

（3）badhandv4

badhandv4 是一款专门针对手部进行优化的负面提示词 Embedding 模型。它能够在尽可能保持原画风的前提下，减少手部残缺、手指数量错误以及多余手臂的出现。这款模型特别适合制作动漫风格的大模型，如图7-11所示。

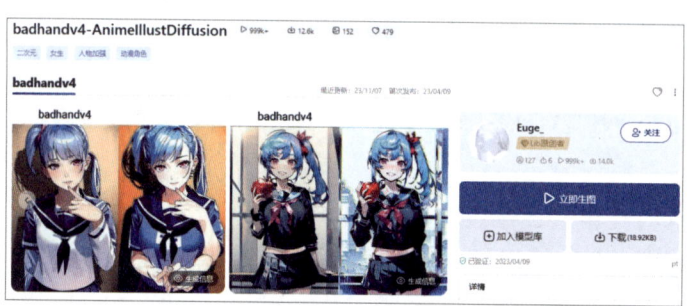

图7-11

此模型的下载链接如下。

https://civitai.com/models/16993/badhandv4-animeillustdiffusion

https://www.liblib.art/modelinfo/9720584f1c3108640eab0994f9a7b678

（4）Fast Negative

Fast Negative 同样是一款功能强大的负面提示词 Embedding 模型。它整合了常用的负面提示词，能够在尽可能减少对原画风和细节影响的基础上，提升画面的精细度。该模型既适用于动漫风格，也适用于写实风格的大模型。下载链接如下。

https://civitai.com/models/71961/fast-negative-embedding

https://www.liblib.art/modelinfo/5c10feaad1994bf2ae2ea1332bc6ac35

3. 使用通用提示词

生成图像时，可以使用下面展示的通用负面提示词。

nsfw,ugly,duplicate,mutated hands, (long neck), missing fingers, extra digit, fewer digits, bad feet,morbid,mutilated,tranny,poorly drawn hands,blurry,bad anatomy,bad proportions,extra limbs, cloned face,disfigured,(unclear eyes),lowers, bad hands, text, error, cropped, worst quality, low quality, normal quality, jpeg artifacts, signature, watermark, username, bad feet, text font ui, malformed hands, missing limb,(mutated hand and finger:1.5),(long body:1.3),(mutation poorly drawn:1.2),malformed mutated, multiple breasts, futa, yaoi,gross proportions, (malformed limbs), NSFW, (worst quality:2),(low quality:2), (normal quality:2), lowres, normal quality, (grayscale), skin spots, acnes, skin blemishes, age spot, (ugly:1.331), (duplicate:1.331), (morbid:1.21), (mutilated:1.21), (tranny:1.331), mutated hands, (poorly drawn hands:1.5), blurry, (bad anatomy:1.21), (bad proportions:1.331), extra limbs, (disfigured:1.331), (missing arms:1.331), (extra legs:1.331), (fused fingers:1.61051), (too many fingers:1.61051), (unclear eyes:1.331), lowers, bad hands, missing fingers, extra digit,bad hands, missing fingers, (((extra arms and legs)))

7.2.2　认识XL模型中的负面提示词

1. 通用负面提示词

这些提示词在多数情况下都很有用，能够帮助提升图像的整体质量。例如，(worst quality:2)、(low quality:2)、(normal quality:2) 等可以避免生成质量较低的图像，而 lowres 则有助于避免产生低分辨率的图像。其他通用的负面提示词，可以参考前文"7.2.1 认识 1.5 模型中的负面提示词"部分所提供的列表。

2. 特定风格或效果的负面提示词

对于动漫风格的 SDXL 模型，推荐使用 NegativeXL。这个提示词可以使生成的图像颜色更为鲜艳明亮，同时增强画面的质感。

在处理真人照片风格的 SDXL 模型时，使用 Bad X 是一个不错的选择。它可以有效改善手部和脸部的生成效果，进而提升皮肤质感和整体的真实感。

3. 提升图像清晰度和细节的负面提示词

使用 Fastnegative V1.0 可以让生成的图像更加清晰，并且丰富图像的细节。此外，它还能在一定程度上修复画面中的错误。

7.2.3　认识Flux模型中的负面提示词

Flux 模型，特别是 Flux dev 和 schnell 版本，往往无须使用负面提示词，因为它们即便在没有负面提示的条件下也能产生优质的图像。值得注意的是，当 CFG 参数设定为 1.0 时，负面提示词将会被系统忽略。

尽管 Flux 模型在多数情况下不依赖负面提示词，但在某些特定场景下，例如设定年龄范围、减少雀斑或改变风格等任务中，运用负面提示词仍然具有一定的实用价值。

7.3 质量提示词

质量指的是图片整体呈现的效果，相关指标包括分辨率、清晰度、色彩饱和度、对比度和噪声等。高质量的图片在这些指标上会有更出色的表现。通常情况下，我们期望生成高质量的图片。

常见的质量提示词有：best quality（最佳质量）、masterpiece（杰作）、ultra detailed（超精细）、UHD（超高清）、HDR、4K、8K 等。需要特别注意的是，对于目前常用的 SD1.5 版本模型，在提示词中加入质量词是很有必要的。然而，如果使用的是较新的 SDXL 版本模型或 Flux 模型，由于这些模型默认会生成高质量的图片，质量提示词对生成图片的影响很小，因此可以不必添加。

SD1.5 版本模型在训练过程中接触了各种不同质量的图片，因此需要通过质量提示词来指导模型优先使用高质量数据生成图像。下面展示的两张图像采用了完全相同的底模和生成参数，唯一区别在于，生成右下图时加入了质量提示词 8K、best quality、4K、UHD、masterpiece，而生成下左图时则未使用这些质量提示词。从图像质量对比来看，图7-12 的图像质量明显高于图7-13。

图7-12　　　　　　　　　　　　　图7-13

7.4 掌握提示词权重

在撰写提示词时，可以通过调整提示词中单词的权重来影响图像中局部区域的效果。这通常通过使用不同的符号与数字来实现，具体方法如下所述。

7.4.1 用花括号"{}"调整权重

如果为某个单词添加 {},则可以为其增加约 1.05 倍的权重,从而增强其在生成图像中的表现效果。注意,实际权重可能因模型差异而略有不同。

7.4.2 用圆括号"( )"调整权重

如果为某个单词添加(),则可以为其赋予更高的权重,通常是 1.1 倍。这样做可以增强该单词在图像生成过程中的影响力,使得与该单词相关的特征在生成的图像中更加突出。请注意,实际权重可能因具体使用的模型而有所差异。

7.4.3 用双圆括号"(( ))"调整权重

如果使用双圆括号,则可以叠加权重,使单词的权重以 1.1 倍递增。例如,使用两个双圆括号可将权重提升至 1.21 倍(即 1.1×1.1),而最多可叠加使用 3 个双圆括号,从而达到 1.331 倍(即 1.1×1.1×1.1)的权重。通过增加权重,可以显著增强图像生成过程中该单词所对应特征的表现力。

举例来说,当使用以下提示词生成图像时:1girl, shining eyes, pure girl, (full body:0.5), luminous petals, short hair, Hidden in the light yellow flowers, Many flying drops of water, Many scattered leaves, branch, angle, contour deepening, cinematic angle,我们可以得到如图 7-14 所示的图像。然而,如果为 Many flying drops of water 这一提示词叠加 3 个双圆括号,则可以生成如图 7-15 所示的图像。通过对比可以看出,图 7-15 中的水珠数量明显增多,这正是权重叠加所带来的效果。

图 7-14

图 7-15

7.4.4 用方括号"[ ]"调整权重

前面介绍的符号都是用来增加权重的。如果想要减少某个单词在图像中的表现力,可以使用方括号 [] 来降低其权重。每添加一个方括号 [],可以将该单词的权重降低至原来的 0.9 倍,最多可以使用 3 个方括号。

举例来说,图7-16 是使用了以下提示词生成的图像:1girl, shining eyes, pure girl, (full body:0.5), (((falling leaves))), luminous petals, short hair, Hidden in the light yellow flowers, branch, angle, contour deepening, cinematic angle。而图7-17 则是在提示词 falling leaves 上叠加了 3 个方括号 [] 后生成的效果。通过对比可以看出,图 7-17 中的落叶几乎消失了,这正是权重降低所带来的影响。

图7-16

图7-17

7.4.5 用冒号":"调整权重

除了使用以上括号,还可以通过冒号加数字的方式来精确调整权重。例如,fractal art:1.6 表示将 fractal art 的权重设置为 1.6 倍。在使用提示词如 masterpiece, top quality, best quality, official art, beautiful and aesthetic:1.2, 1girl, extreme detailed, fractal art, colorful, highest detailed 生成图像时,若为 fractal art 分别添加从 1.1 至 1.9 的不同数字权重,就可以得到如图7-18 所示的这组各具特色的图像。

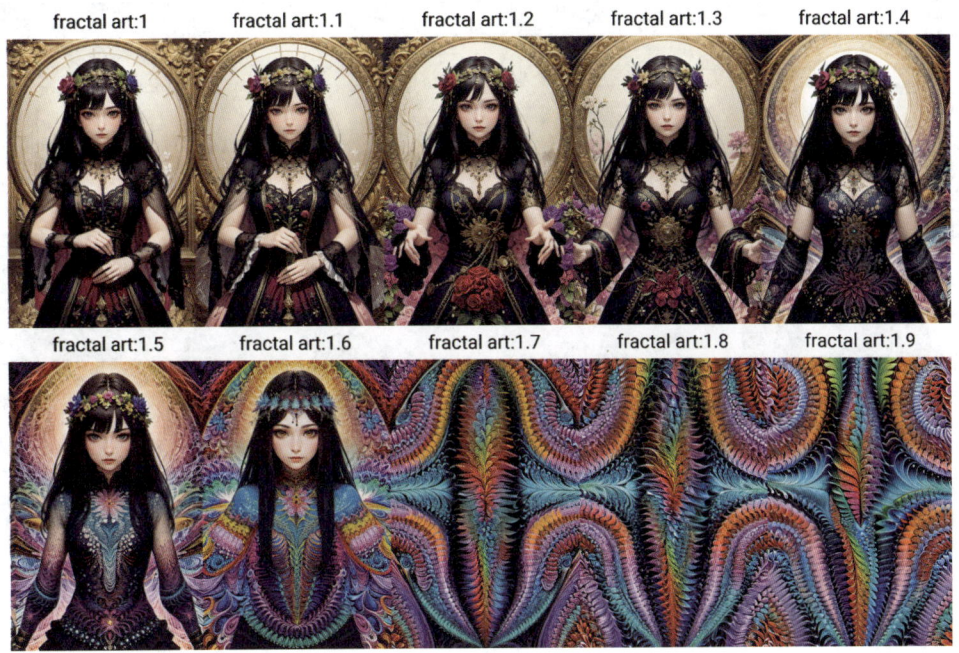

图7-18

7.4.6 调整权重的技巧与思路

1. 调整权重的技巧

在正面或负面提示词中选择一个词语后，可以通过特定的快捷键，如按住 Ctrl 键和上下方向键，来迅速为这个词语添加括号以调整其权重。

2. 调整权重的思路

在调整权重时，建议首先使用未设置权重的正面提示词来生成图像。随后，根据生成的图像效果，有针对性地提高或降低某些单词的权重，从而精确调整图像的表现效果。通常，降低权重会减弱图像中对应元素的表现力，而提高权重则会增强这些元素。然而，需要注意的是，如果权重降低过多，可能会导致元素在图像中完全消失；相反，如果权重提高过多，则可能会使图像的整体风格发生显著变化。

例如，通过观察上面的一组图像，可以明显看出，当将某个元素的权重提升至1.6时，图像的整体效果发生了根本性的变化。

3. 调整权重失败的原因

如果在尝试调整权重时，即使设置了较大的权重值也无法对图像产生预期的影响，这可能是由于所使用的 LoRA 模型或基础模型中缺乏与特定单词相关的训练数据。

例如，当使用以下提示词来生成图像时：gold dragon, white jade, (pearl:0.8), (ruby eyes), luster, gold chinese dragon, luxury, masterpiece, high quality, high resolution, wings, chinese pattern, background, gorgeous, gilded，可能得到如图7-19所示的图像。尽管尝试将 white jade 的权重调整至1.7，但仍然无法在图像中呈现出明显的白玉材质效果，如图7-20所示。这可能是因为模型在训练过程中没有充分接触到与 white jade 相关的数据，导致其在生成图像时无法准确表现这一材质。

图7-19　　　　　　　　　　　　　　图7-20

但当更换底模并修改 LoRA 后，将 white jade 的权重修改为1.3，便可以得到如图7-21所示的白玉材质效果。若进一步将 white jade 的权重提升至1.6，则可以得到如图7-22所示的更为明显的白玉效果。

图7-21　　　　　　　　　　　　　　图7-22

7.5 理解提示词顺序对图像效果的影响

在使用1.5模型和 XL 模型时，提示词中的单词顺序会影响其权重，越靠前的单词权重越高。因此，当创作者发现某些元素在图像中没有得到充分体现时，可以采用两种方法来强化其表现。第一种方法是前面介绍过的，通过叠加括号来增加权重。第二种方法则是将相关单词移动到提示词的前面。

例如，当使用以下提示词生成图像时：masterpiece, best quality, 1girl, shining eyes, pure girl, solo, long hair, bow, looking at viewer, hair bow, smile, black hair, ribbon, brown hair, upper body, shirt, bangs, mole, stuffed toy, teddy bear，得到的效果如图7-23所示。可以看出，位于提示词末尾的 stuffed toy 和 teddy bear（毛绒玩具布偶、泰迪熊）在图像中并不明显。

然而，如果将 stuffed toy 和 teddy bear 移至提示词的前部，即使用以下提示词：masterpiece, best quality, stuffed toy, teddy bear, 1girl, shining eyes, pure girl, solo, long hair, bow, looking at viewer, hair bow, smile, black hair, ribbon, brown hair, upper body, shirt, bangs, mole，再生成图像，则可以明显看到图像中出现了泰迪熊，如图7-24所示。

图7-23　　　　　　　　　　　　　　　图7-24

在使用 Flux 模型时，提示词的顺序同样会对图像效果产生影响。提示词中内容的排列顺序和描述的详细程度会直接影响背景的清晰度以及主体在画面中的大小。举例来说，如果提示词中将滑雪者描述为位于远处，那么生成的图像中背景通常会显得非常清晰且细节丰富；相反，如果滑雪者被描述为占据主导地位，那么背景可能会显得相对模糊，以突出主体。

7.6 理解提示词注释的用法

在有些情况下，即使通过调整权重，也难以避免部分提示词对其他提示词的干扰，尤其是涉及颜色描述的提示词，它们很容易改变其他主体的颜色。此时，可以使用提示词注释来将每个主体的描述分开，具体的格式为"主体 \(注释 1, 注释 2\)"。

例如，当使用以下提示词生成图像时：1 girl, silver hair, blue eyes, (yellow business_suit:1.4), slim body, (walking), 1 black handbag, street_background, looking at viewer, full body shot, (masterpiece:1.4, best quality), unity 8k wallpaper, ultra detailed, beautiful and aesthetic, perfect lighting, detailed background, realistic, solo, perfect detailed face, detailed eyes, highly detailed，得到的效果如图7-25所示。可以看到，图像中的包也变成了黄色，尽管提示词中明确指定了黑色的包。

然而，如果改用提示词注释的格式：1 girl\(silver hair,blue eyes,(yellow business_suit:1.4)\),slim body,(walking),1 black handbag,street_background,looking at viewer,full body shot,(masterpiece:1.4, best quality),unity 8k wallpaper,ultra detailed,beautiful and aesthetic,perfect lighting,detailed background,realistic,solo,perfect detailed face,detailed eyes,highly detailed，再生成图像，就会发现生成的图像中包变成了黑色，并未受到黄色干扰，如图7-26所示。

图7-25

图7-26

7.7 Flux提示词的书写

相比 SD1.5 模型，Flux 模型展现出更强的文本理解能力。它能够更为精准地解析和领会复杂的句子或长篇文本描述，进而生成与描述更为契合的图像。这一提升的理解能力，让 Flux 在处理包含众多细节或复杂概念的提示词时，表现更为出色。

7.7.1 使用自然语言撰写生图准确的提示词

想要使用 Flux 模型生成高质量的图片，提示词的撰写至关重要。由于 Flux 模型对文本的理解能力更强，因此它支持使用更长的句子或段落作为提示词，而无须过多担心模型无法理解或生成效果不佳的问题。

除了使用自然语言描述提示词，为了生成目标图片，还需要注意提示词的结构。提示词中应包含图像主题的描述、风格的描述、构图的描述、光照的描述、氛围的描述以及技术细节的描述。只有这样，Flux 模型才能根据提示词生成高质量的目标图像。

例如，当使用提示词 middle-aged woodworker, sunlit workshop, focused expression, carving mahogany, salt-and-pepper beard, leather apron, flannel shirt, dust motes dancing in warm light, cozy atmosphere 生成图像时，得到的效果如图7-27所示。可以看到，图像中 sunlit workshop、carving mahogany 等细节并未被明确生成出来。

然而，如果使用更具体的自然语言提示词：A middle-aged male woodworker in his sunlit workshop. He has weathered hands and a focused expression as he carefully carves intricate details into a piece of rich mahogany. His salt-and-pepper beard is neatly trimmed, and he's wearing a well-worn leather apron over a flannel shirt. Dust motes dance in the warm afternoon light streaming through the windows, creating a cozy atmosphere，再生成图像时，则会发现生成的图像中 sunlit workshop、carving mahogany 等细节都得到了很好的表现，如图7-28所示。

图7-27

图7-28

7.7.2 使用Flux在图片上生成文字

Flux 模型的另一个亮点是在图片生成中包含文字方面的表现。Flux 模型能够准确理解并生成创作者输入的英文描述中的文字内容。例如，输入提示词 A female journalist wearing a New Beijing News badge around her neck and holding a microphone to interview at the Olympic Games 后，Flux 能够正确生成出工牌上的新京报英文 The Beijing News。

Flux 模型在生成包含文字的图像时，不仅文字内容准确，文字的字体、风格、位置等都能根据描述进行精细调整，使生成的图像更加符合创作者的预期，这一点是其他 SD 模型暂时还无法做到的。

例如，分别选择 SDXL 模型和 Flux 模型，使用提示词 On a bustling roadside, an imposing billboard looms above, its surface stark white, contrasting vividly with the deep azure sky. The bold, sleek letters spelling "Flux AI" are emblazoned in a vibrant electric blue, radiating an aura of innovation and modernity. Below the text, a dynamic digital display flickers, showcasing animated graphics of interconnected data streams and futuristic algorithms that pulsate with life, enticing passersby with the promise of cutting-edge technology. The warmth of the afternoon sun casts elongated shadows on the asphalt, while the faint hum of distant traffic adds an underlying rhythm to the scene. Nearby, a cluster of curious pedestrians pausing to glance at the billboard murmur amongst themselves, their expressions a mix of intrigue and excitement, as the scent of freshly baked pastries wafts from a nearby café, blending seamlessly with the vibrant atmosphere 来生成图像。SDXL 模型得到的效果如图7-29 所示，Flux 模型得到的效果如图7-30 所示。可以看到，使用 SDXL 模型生成的图像中根本没有生成提示词中的 Flux AI，同时提示词中的其他元素也没有完全展示出来。反观 Flux 模型生成的图像，不仅文本清晰准确地表现出来，而且生成的图像内容与提示词描述也非常匹配。

图7-29　　　　　　　　　　　　　图7-30

7.8 SDXL提示词的书写

虽然SDXL模型对文本的理解能力也很强,但与Flux模型相比,它更注重对整体风格和氛围的把握。SDXL能够在多样的艺术风格中生成高质量的图像,并根据提示词调整图像的色彩、对比度、光线等视觉效果。然而,在处理复杂场景和细节描绘上,SDXL模型与Flux模型还存在较大差距。

在撰写提示词方面,除了SDXL模型不能在图像中生成文字,其他的撰写要求和方法与Flux模型相似,同样需要使用自然语言进行描述。

例如,使用提示词 A lavish maximalist kitchen adorned with abundant flowers and plants, bathed in golden light, is an award-winning masterpiece showcasing incredible details. The room boasts large windows, 8K sharp focus, and a fashion magazine-worthy level of sophistication and finesse 来生成图像时,得到的效果如图7-31所示。可以看出,图像在整体风格和氛围的把握上表现得更强。

而使用提示词 A stunning photograph captures a beautiful girl dressed in haute couture, exuding luxury and elegance. The designer brands she wears are runway-ready, tailored to perfection, yet she pulls off a chic yet casual vibe, blending sporty and laid-back elements with a touch of street style and a loose, effortless charm 来生成图像时,得到的效果如图7-32所示。可以看出,生成的图像在细节处理和画面的氛围感上还有待提升。

图7-31

图7-32

7.9 提示词翻译节点

在使用 Stable Diffusion 时，英语不熟练的创作者往往需要在翻译软件和 Stable Diffusion 之间反复切换，以便将中文提示词翻译成英文。这一过程不仅烦琐，而且效率低下。尽管有标签补全插件可以提供一定的辅助，但这些插件通常依赖于本地词库，无法翻译词库外的词汇。而 AlekPet 扩展节点的出现，则能有效解决这一问题，它能直接将中文提示词转换为英文，从而大大简化了操作过程。具体的操作步骤如下。

01 安装AlekPet扩展节点。进入ComfyUI界面，单击右下角菜单中的"管理器"按钮，在弹出的"ComfyUI管理器"对话框中单击"安装节点"按钮，在弹出的"安装节点"对话框的右上角搜索框中输入AlekPet，单击"搜索"按钮，列表中就会出现AlekPet扩展节点，单击"安装"按钮，等待节点安装完毕，重启ComfyUI即可使用，如图7-33所示。

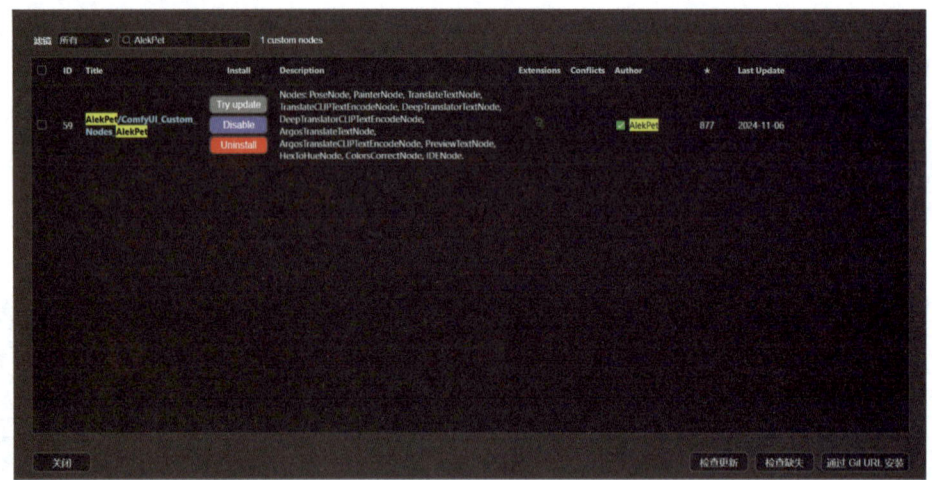

图7-33

02 新建"翻译文本(Argos翻译)"节点，新建位置在"新建节点"→"Alek节点"→"文本"→"翻译文本(Argos翻译)"，同时还需要新建"预览文本"节点配合显示"翻译文本(Argos翻译)"节点翻译后的文本内容，它的位置在"新建节点""Alek节点""拓展""预览文本"，如图7-34所示。

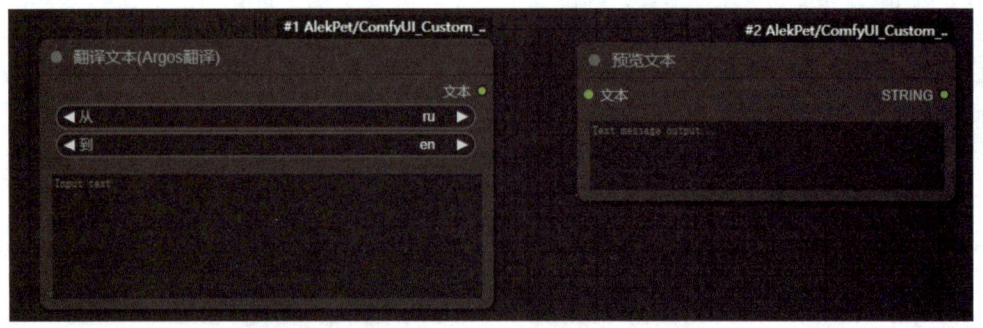

图7-34

03 因为需要将中文翻译为英文，所以将"翻译文本(Argos翻译)"节点设置为从zh（中文简体）到en（英语），并将"翻译文本(Argos翻译)"节点的"文本"输出端口连接在"预览文本"节点的"文本"输入端口上，如图7-35所示。

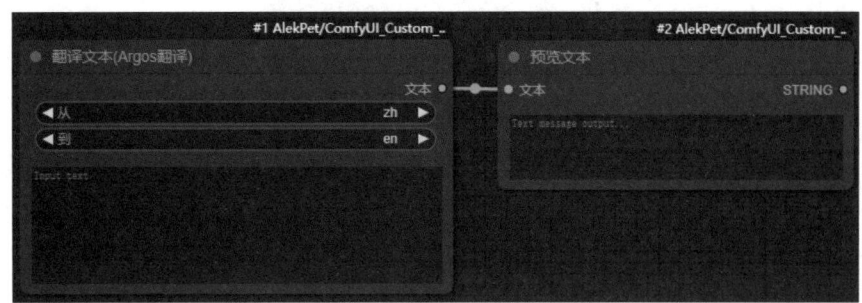

图7-35

04 在"翻译文本(Argos翻译)"节点文本框中输入"最佳质量，杰作，1女生，衬衫，牛仔裤，长发"提示词语，单击"添加提示词队列"按钮，等待翻译完成后，"预览文本"节点就会显示翻译后的英文提示词，如图7-36所示。

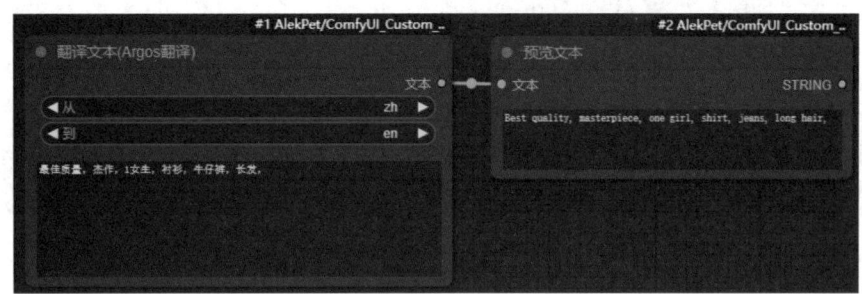

图7-36

05 翻译完成后的提示词还需要连接到"CLIP文本编码器"节点。首先，新建"CLIP文本编码器"节点，此时可能会发现"预览文本"节点的输出端口无法直接连接到"CLIP文本编码器"节点的"CLIP"输入接口。这时，需要右击"CLIP文本编码器"节点，在弹出的快捷菜单中选择"转换为输入"或"添加文本输入"选项。这样操作后，"CLIP文本编码器"节点会多出一个"文本"输入端口。接下来，将这个新的"文本"输入端口与"预览文本"节点的STRING输出端口进行连接。完成这些步骤后，"翻译文本(Argos翻译)"节点就可以顺利地在工作流中使用了，如图7-37所示。

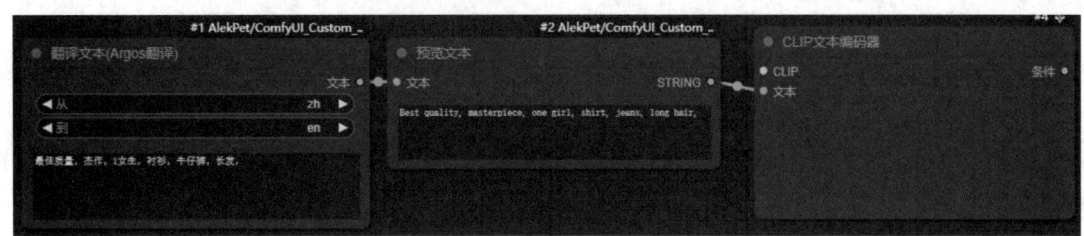

图7-37

06 如果不需要查看翻译后的英文提示词，仅需一个节点便可完成操作。具体步骤是新建"CLIP文本编码器(Argos翻译)"节点，该节点的新建位置为"新建节点"→"Alek节点"→"条件"，然后选择"CLIP文本编码器(Argos翻译)"。接着，同样需要将节点设置为从zh到en的翻译模式，如图7-38所示。

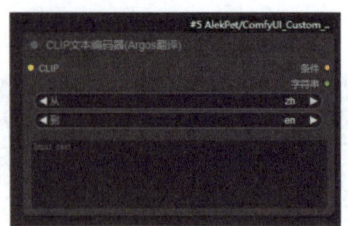

图7-38

07 加载文生图工作流后,由于"CLIP文本编码器(Argos翻译)"节点已经集成了"CLIP文本编码器"的功能,因此可以直接删除原有的"CLIP文本编码器"节点以及与之相关的正负提示词节点,并用"CLIP文本编码器(Argos翻译)"节点来替换,如图7-39所示。

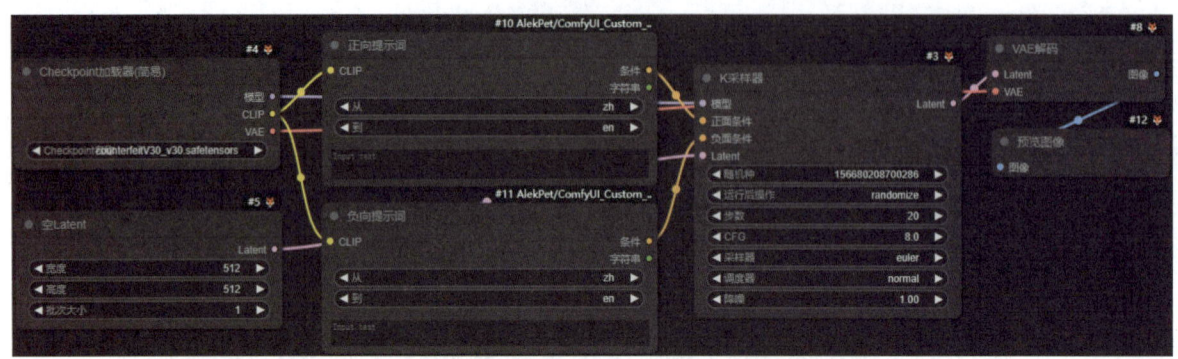

图7-39

08 设置文生图工作流参数时,需要在"正向提示词"文本框中输入"最佳质量,杰作,1女生,衬衫,牛仔裤,长发",并在反向提示词文本框中输入"低分辨率,文本,裁剪,最差质量"。完成输入后,单击"添加提示词队列"按钮,系统便会根据这些中文提示词生成一张相应的图像,如图7-40所示。

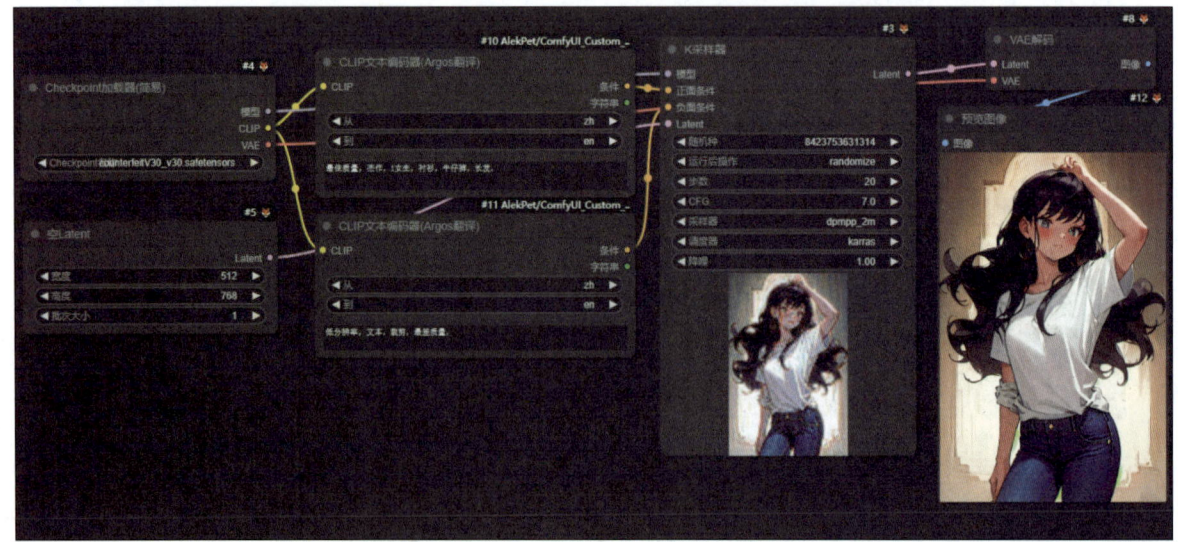

图7-40

第 8 章
使用 ControlNet 精准控制图像

8.1 安装ControlNet

ControlNet 是一款专为 SD 设计的插件，其核心在于采用了 Conditional Generative Adversarial Networks（条件生成对抗网络，简称 CGAN）技术，该技术为创作者提供了更为精细的图像生成控制。这意味着创作者能够更加精准地调整和控制生成的图像，从而达到理想的视觉效果。

在 ControlNet 出现之前，很多时候，能不能创作出一个好看的画面，只能通过大量的尝试实现，以数量去对冲概率。而随着 ControlNet 的出现，创作者得以利用其精准的控制功能，规范生成图像的细节，如控制人物姿态、图片细节等。

在 ComfuyUI 中，若要使用 ControlNet，需要分别安装 ControlNet 预处理器和 ControlNet 模型。其中，ControlNet 预处理器负责将图片的结构通过各种算法进行处理，而 ControlNet 模型则将处理好的预处理图片交给对应模型进行生成图像的控制。

8.1.1 安装ControlNet预处理器

进入 ComfyUI 界面，单击右侧菜单栏中的"管理器"按钮，弹出"ComfyUI 管理器"对话框。在该对话框中，单击"安装节点"按钮以弹出安装节点对话框。接着，在右上角的搜索框中输入 ControlNet，然后单击"搜索"按钮，此时会显示与 ControlNet 相关的节点，如图8-1 所示。

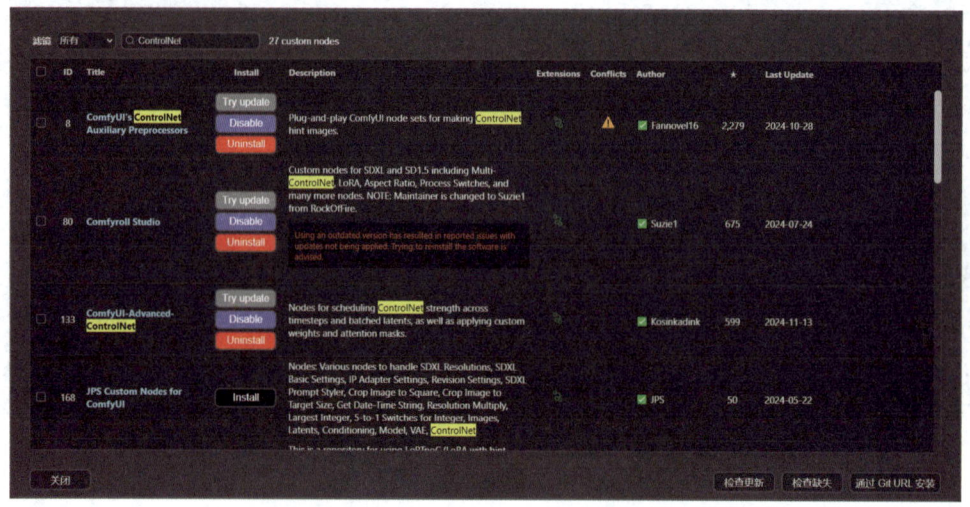

图8-1

这里需要安装的是名为 ComfyUI's ControlNet Auxiliary Preprocessors 的节点。请注意，节点的介绍中有一段红色提醒文字，大意是该节点不能与 comfy_ControlNet_preprocessors 插件同时安装，否则会导致错误。因此，若要安装 ComfyUI's ControlNet Auxiliary Preprocessors 节点，必须先卸载已存在的 comfy_ControlNet_preprocessors 节点。

安装成功后，重启 ComfyUI 以使新安装的 ControlNet 节点生效。重启后，在 ComfyUI 界面中右击，此时会发现"新建节点"选项列表中新增了"ControlNet 预处理器"选项。在"ControlNet 预处理器"选项列表中，包含了大部分常用的预处理器，如图8-2 所示。

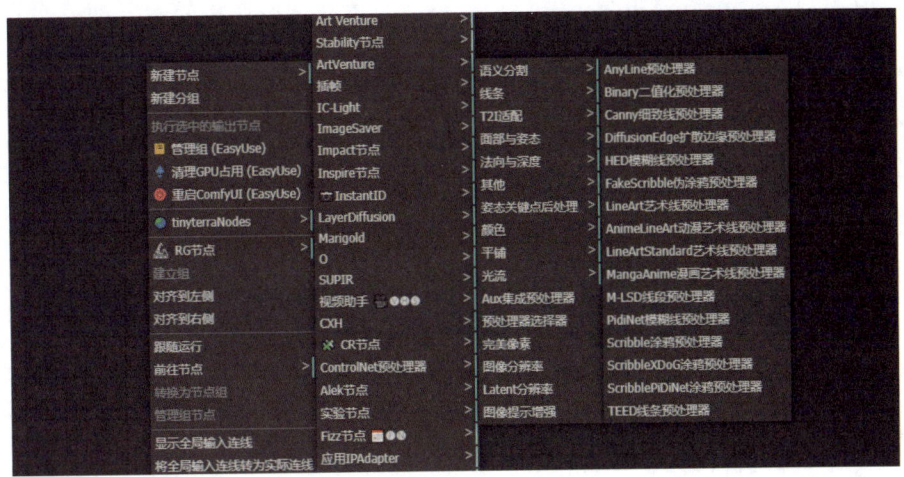

图 8-2

8.1.2 安装ControlNet模型

ControlNet 模型的安装同样在"ComfyUI 管理器"对话框中进行。在该对话框中，单击"安装模型"按钮以弹出安装模型对话框。接着，在右上角的搜索框中输入 ControlNet，然后单击"搜索"按钮，此时会显示与 ControlNet 相关的模型，如图8-3 所示。

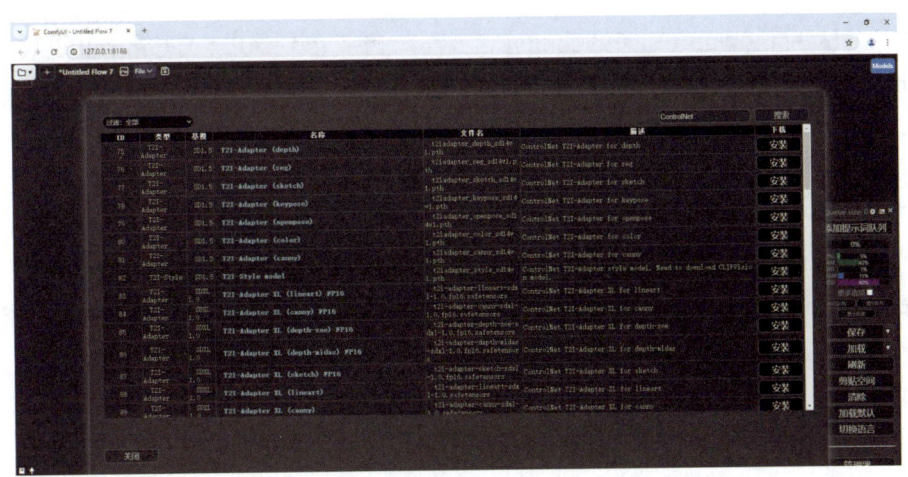

图 8-3

在 ControlNet 模型列表中，可以通过查看"基模"列表内容来判断是 SD1.5 的模型还是 SDXL 的模型，并结合模型的描述来确定其具体的处理类型，然后根据自己的需求进行安装。需要注意的是，使用管理器安装模型时，可能需要特定的网络环境，因此在安装过程中有可能会失败。如果之前已经使用过 WebUI 的创作者，在安装模型时，只要路径设置正确，ControlNet 的模型将会自动继承到 ComfyUI 中。当需要使用 ControlNet 模型时，ComfyUI 会显示 WebUI 已经安装的模型。

对于之前没有使用过 ComfyUI 的创作者，安装模型的方法也很简单。只需要将模型文件放置在相应的文件夹中即可（可以从官方 ControlNet 模型地址 https://huggingface.co/lllyasviel/ControlNet-v1-1/tree/

main 下载所需的模型）。如果无法直接访问，也可以选择从网盘中下载模型文件到本地，然后将下载好的模型文件放置到 ComfyUI 根目录下的 models\ControlNet 文件夹中。这里以 control_v11f1p_sd15_depth 模型为例，如图8-4 所示。

图8-4

将模型文件放置到指定文件夹后，在 ComfyUI 界面中新建"ControlNet 加载器"节点。随后，展开"ControlNet 名称"菜单，即可显示已经安装的 ControlNet 模型，如图8-5 所示。

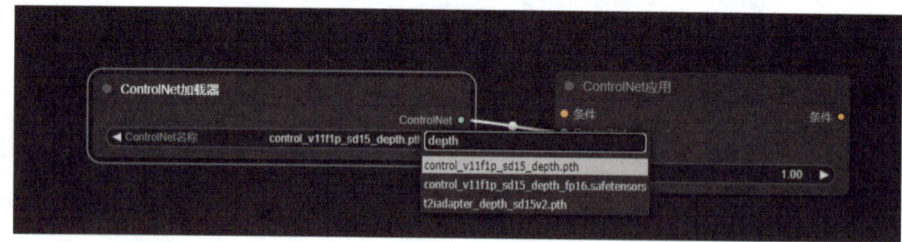

图8-5

由于作者之前曾使用过 WebUI，因此 ComfyUI 已经自动继承了 WebUI 中的 ControlNet 模型。同时，作者也在 ComfyUI 根目录下的 ControlNet 模型文件夹中手动放置了 control_v11f1p_sd15_depth 模型。值得注意的是，ComfyUI 能够同时显示在 WebUI 和 ComfyUI 中放置的 ControlNet 模型。因此，在后续安装新模型时，可以直接将模型文件放置在 ComfyUI 根目录下的对应模型文件夹中，这一规则不仅适用于 ControlNet 模型，也适用于其他类型的模型。

随着 ControlNet 升级至 V1.1 版本，为了提升用户体验和管理效率，开发者对所有标准 ControlNet 模型进行了重命名，遵循了统一的模型命名规则。图8-6 详细解释了模型名称中所包含的版本、类型等关键信息。

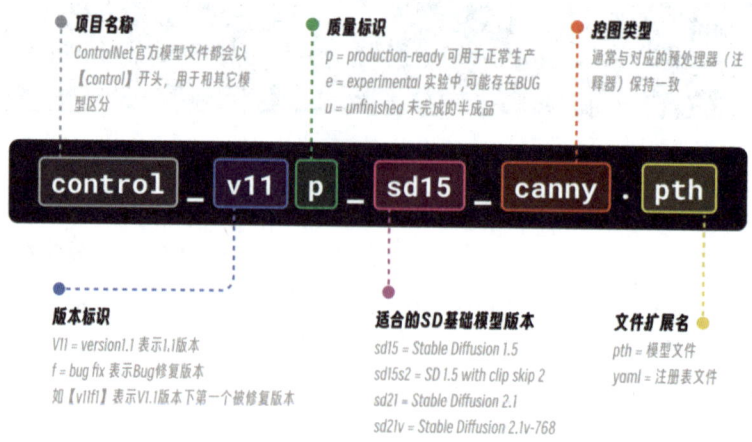

图8-6

8.2 ControlNet节点

8.2.1 ControlNet应用

在ComfyUI中，"条件"这一概念被用于引导扩散模型生成特定的输出内容。所有的"条件"都起始于一个文本提示，该提示通过CLIP进行嵌入编码，而且这一过程是通过"CLIP文本编码器"节点来实现的。这些"条件"可以进一步与其他节点相连，以进行增强或修改。

"ControlNet应用"节点能够为扩散模型提供更加深入的视觉引导。通过连接多个节点，可以利用多个ControlNet来共同引导扩散模型。例如，通过提供一个包含边缘检测的图像和一个人体姿势检测图像，可以向扩散模型指示最终图像中的边缘位置、人物位置及其姿势。因此，"ControlNet应用"节点作为条件之一，应该被连接在"CLIP文本编码器"节点和"K采样器"节点之间，如图8-7所示。

图8-7

按照前文介绍的新建节点方法，在快捷菜单中选择"新建节点"→"条件"→"ControlNet应用"选项，以新建"ControlNet应用"节点。在输入端口方面，"条件"输入端口可以接收来自其他"条件"的输出，最常见的是与"CLIP文本编码器"节点的"条件"输出端口相连接。当同时使用多个ControlNet时，需要将另一个"ControlNet应用"节点的"条件"输出端口与此相连接。

"ControlNet输入"端口则用于连接之前已安装的ControlNet模型，即"ControlNet加载器"节点的"ControlNet输出"端口。

而"图像"输入端口则是用于连接经过预处理的引导图像，通常与预处理器节点的"图像"输出端口相连接。最后，该节点的输出端口需要连接到采样器的"正面条件"输入端口，如图8-8所示。

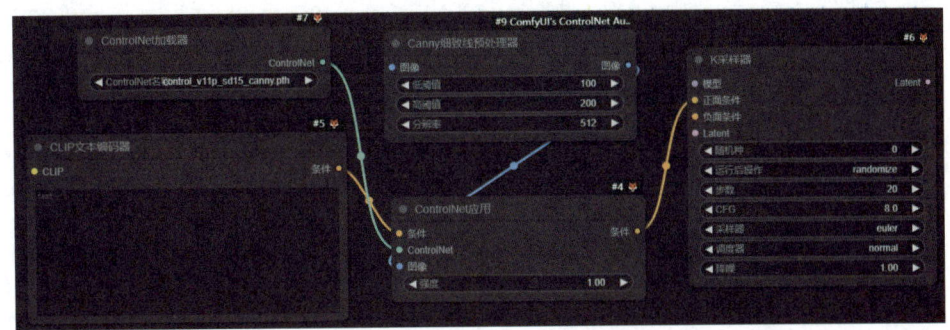

图8-8

8.2.2 ControlNet加载器

正如前文所述，"Checkpoint 加载器（简易）"节点和"LoRA 加载器"节点都用于加载模型文件。类似地，"ControlNet 加载器"节点专门用于加载 ControlNet 模型。在快捷菜单中，依次选择"新建节点"→"加载器"→"ControlNet 加载器"选项来新建该节点。此节点仅有一个"ControlNet 输出"端口，该端口应连接到"ControlNet 应用"节点的"ControlNet 输入"端口。

8.2.3 ControlNet预处理器

预处理器节点负责将上传的图片预处理成与各个 ControlNet 相对应的引导图像，并输出给"ControlNet 应用"节点。在快捷菜单中，选择"新建节点"→"ControlNet 预处理器"选项，即可新建预处理器节点。由于预处理器种类较多，根据实际需求选择相应的预处理器即可。

预处理器节点的输入输出端口均为"图像"，表明传入的图像经过处理后输出的仍然是图像。既然输入的是图像，那么预处理器的"图像"输入端口应连接到"加载图像"节点的"图像"输出端口。根据前文所述，我们知道预处理器的"图像"输出端口应连接到"ControlNet 应用"节点的"图像"输入端口。此外，如果想要查看图片的预处理效果，预处理器的"图像"输出端口还可以连接到"预览图像"节点的"图像"输入端口。这里以"Canny 细致线预处理器"为例，预处理节点的连接方式如图8-9所示。

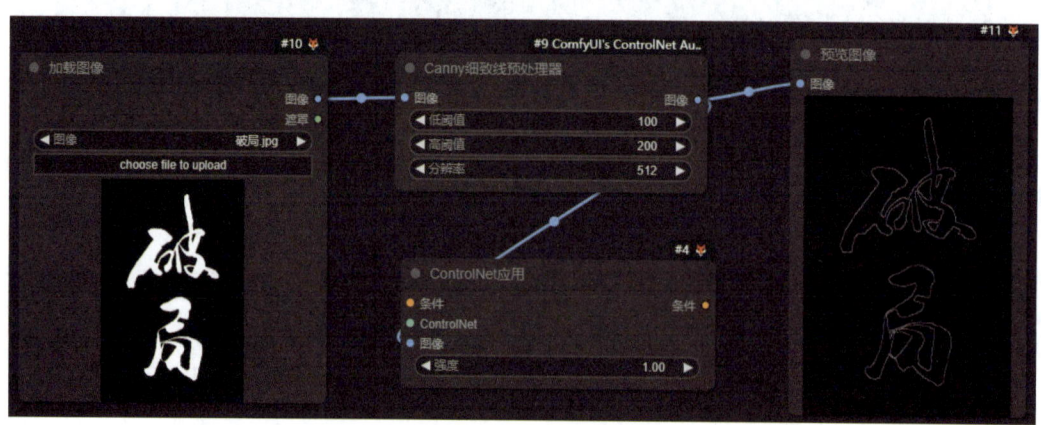

图8-9

由于 ControlNet 的种类繁多且各自功能各异，在后续的内容中，将对每一类型的 ControlNet 进行详细讲解，并构建相应的工作流程。通过实例操作，我们将更深入地了解 ControlNet 的作用及其在 ComfyUI 中的具体应用。

8.3 Canny（硬边缘）

Canny 为 ControlNet 技术的核心组件之一，其使用率相当高。它基于图像处理中的边缘检测算法，能够精确捕捉图像的边缘轮廓，并利用这些信息有效地引导新图像的生成过程。

Canny 模型，也被称为"硬边缘检测模型"，在 ComfyUI 中对应一个预处理器节点——"Canny 细致线预处理器"。该预处理器可以对图片中的所有元素使用类似 Photoshop 中的硬笔触工具来勾勒轮廓和细节。随后，通过结合 Canny 模型在绘图过程中的应用，可以生成保留原图轮廓和细节风格的图像。如下面 3 幅图所示，图 8-10 为写实风格的原图，图 8-11 是经过 Canny 预处理后的线稿图，而图 8-12 则是处理后生成的动漫风格图像。

图 8-10　　　　　　　　　　图 8-11　　　　　　　　　　图 8-12

8.3.1　Canny预处理器

"Canny 细致线预处理器"节点包含 3 个主要组件，其中"低阈值"和"高阈值"是该节点特有的参数。这两个阈值参数用于控制图像边缘线条被识别的范围，从而决定预处理时线稿提取的复杂程度。它们的数值范围为 1～255。简单来说，数值越小，预处理生成的图像线条越复杂；数值越大，图像线条越简单。

从算法角度来看，一般的边缘检测算法使用一个阈值来滤除由噪声或颜色变化引起的小的灰度梯度值，而保留大的灰度梯度值。然而，Canny 算法采用了双阈值方法，即一个高阈值和一个低阈值，以更精细地区分边缘像素。

如果边缘像素点的色值大于高阈值，则被视为强边缘像素点并予以保留；如果色值小于高阈值但大于低阈值，则被标记为弱边缘像素点；若色值小于低阈值，则被视为非边缘像素点，并由算法消除；对于弱边缘像素点，如果它们彼此相连，则同样会被保留下来。

因此，当这两个数值均设置为 1 时，可以捕获图像中的所有边缘像素点；而当这两个数值均设置为 255 时，则只能得到图像中最主要、最明显的轮廓线条。创作者需要根据自己期望的效果动态调整这两个数值，以获得最合适的线稿。

不同复杂程度的预处理线稿图会对绘图结果产生显著影响。复杂度过高可能导致绘图结果中出现分割零碎的斑块，而复杂度过低则可能使 ControlNet 的控图效果不够准确。因此，调节阈值参数至关重要，以达到理想的线稿控制范围。图 8-13 为复杂度由低到高的 Canny 预处理线稿图示例。

图8-13

除了"低阈值"和"高阈值","分辨率"也是"Canny细致线预处理器"节点的一个重要组件。它指的是预处理后图像的分辨率,这一设置直接影响最终出图的效果。为了确保最佳的图像质量,建议将预处理后的图像分辨率设置为与原图相同,即保持与原图的高度一致,如图8-14所示。

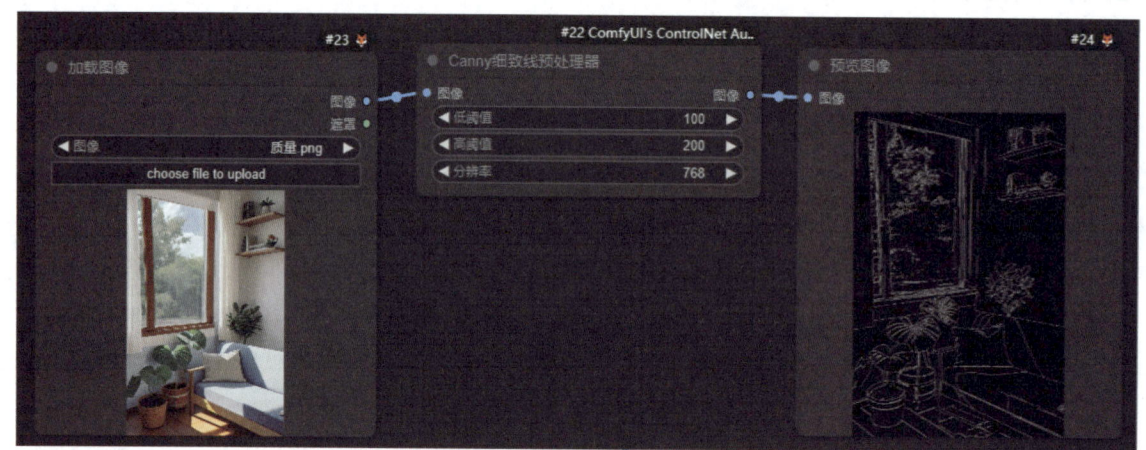

图8-14

8.3.2 实例操作

关于Canny的介绍已基本完毕,但其具体应用需要结合工作流来进行。接下来,将通过真人转动漫的案例,详细阐述Canny工作流的搭建过程及相关的参数设置,具体的操作步骤如下。

01 进入ComfyUI界面,加载文生图工作流,然后新建"Canny细致线预处理器"节点。接下来,将此节点与"加载图像"节点和"预览图像"节点相连。在"加载图像"节点中,单击choose file to upload按钮以上传准备好的写实人像素材图片,如图8-15所示。

第 8 章 使用 ControlNet 精准控制图像

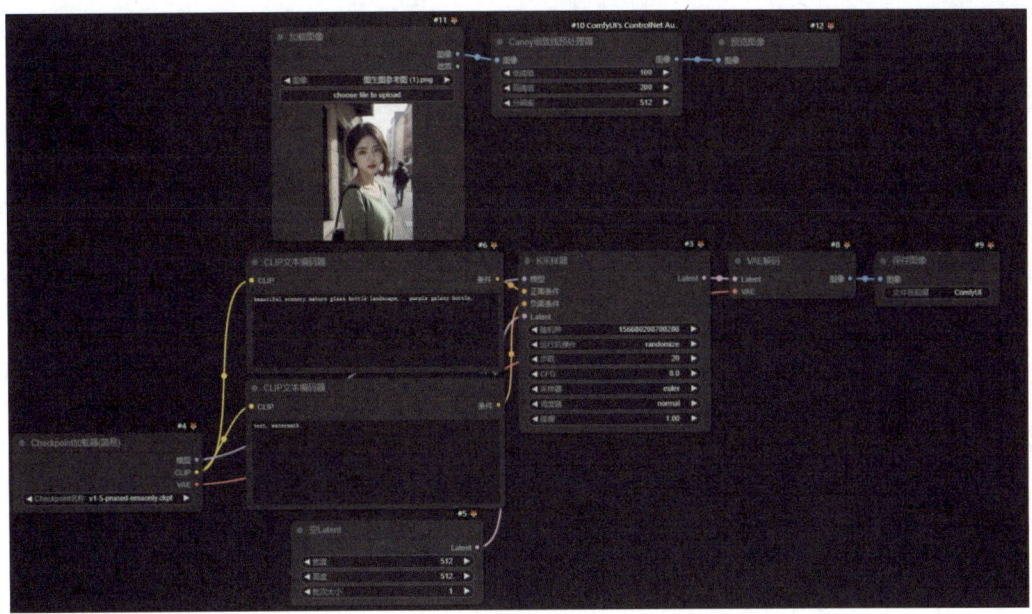

图8-15

02 新建"ControlNet应用"节点和"ControlNet加载器"节点,并将它们相互连接。在"ControlNet加载器"中选择control_v11p_sd15_canny.pth这一Canny模型文件。随后,将"ControlNet应用"节点的"图像"输入端口与"Canny细致线预处理器"节点的"图像"输出端口相连,如图8-16所示。

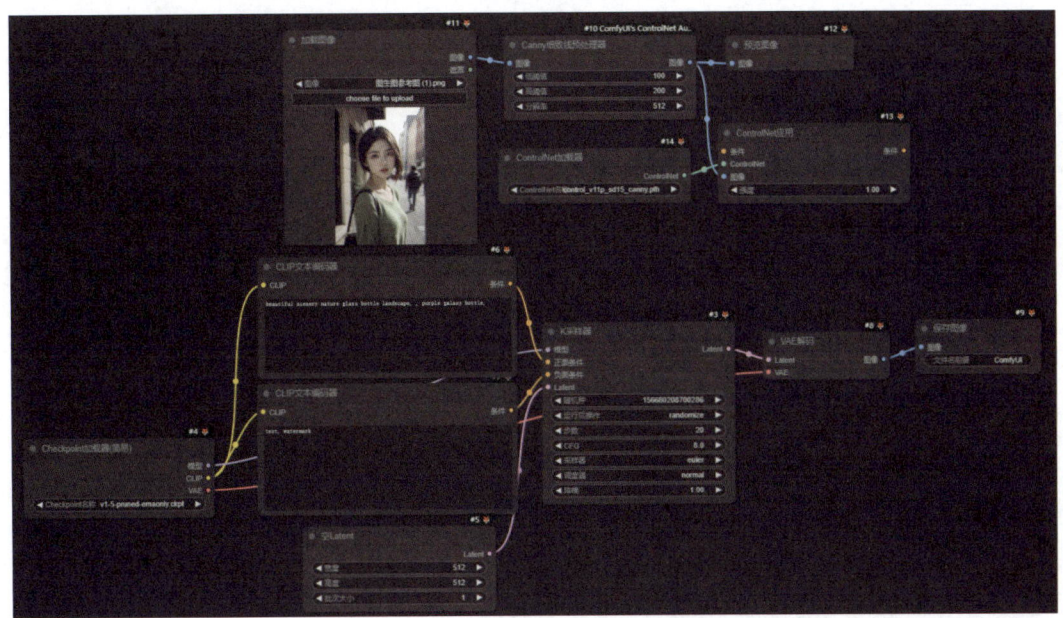

图8-16

03 在工作流中,"ControlNet应用"节点作为正面条件用于引导绘图过程。因此,需要将"ControlNet应用"节点的"条件"端口串接在"CLIP文本编码器"节点和"K采样器"节点之间,如图8-17所示。完成这些步骤后,Canny相关的工作流就搭建完毕了。接下来,将进行剩余参数的设置工作。

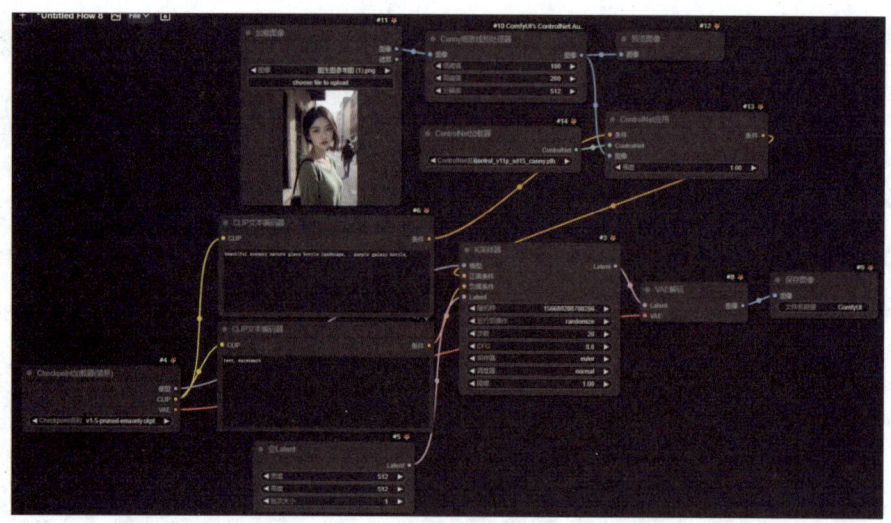

图8-17

04 由于我们的目标是将真人图像转换为动漫风格图像，因此，在Checkpoint模型选择上，应该选用动漫类模型，即counterfeitV30_v30.safetensors，如图8-18所示。这样可以确保转换后的图像具有动漫的特点和风格。

05 在"正向提示词"文本框中，输入对女孩的描述以及动漫风格的关键词。例如，可以输入：anime, 1girl, solo focus, blurry, bag, outdoors, looking at viewer, brown hair, blurry background, short hair, parted lips, green shirt, realistic, shirt, lips, street, brown eyes, day, upper body, depth of field, road, 1boy, sweater。同时，在"负向提示词"文本框中，输入与不良画面质量相关的提示词，如lowres, text, error, extra digit, fewer digits, cropped, worst quality, low quality, normal quality, jpeg，以确保生成的图像避免含有这些问题，如图8-19所示。

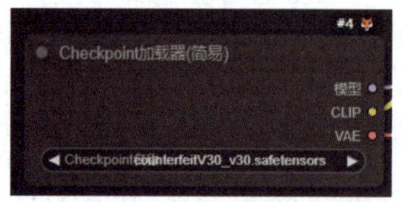

图8-18

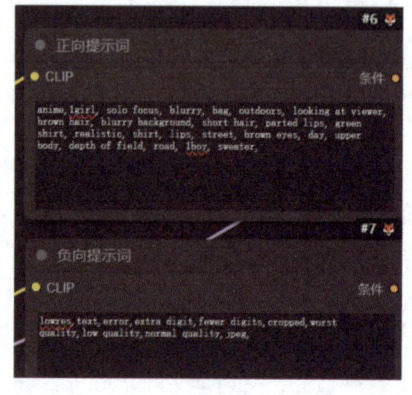

图8-19

06 "Canny细致线预处理器"节点的阈值范围应设置为100～200，以确保线条的合适复杂度。同时，"分辨率"应设置为与上传图像的高度相匹配，本例中为768。此外，"ControlNet应用"节点的"强度"值应设置为1，以确保ControlNet对绘图过程的适当引导，如图8-20所示。

07 在"空Latent"节点中设置生成图像的尺寸，本例中设置为512×768。同时，将生成图像的批次设置为1，以确保一次只生成一张图像，如图8-21所示。

08 在"K采样器"节点中,"随机种"值应设置为0,以确保每次生成的图像具有一致性(或者根据需要进行调整以获取不同的输出效果)。"运行后操作"选择"随机"以在每次运行后应用随机变化。"步数"值设置为25,这表示生成图像将经过25个迭代步骤。CFG值设置为7.0,用于控制生成图像与提示词的一致性程度。"采样器"选择dpmpp_2m作为采样方法。"调度器"设置为karras,这是一种用于优化生成过程的算法。"降噪"值设置为1.00,以便在生成过程中进行降噪处理,如图8-22所示。

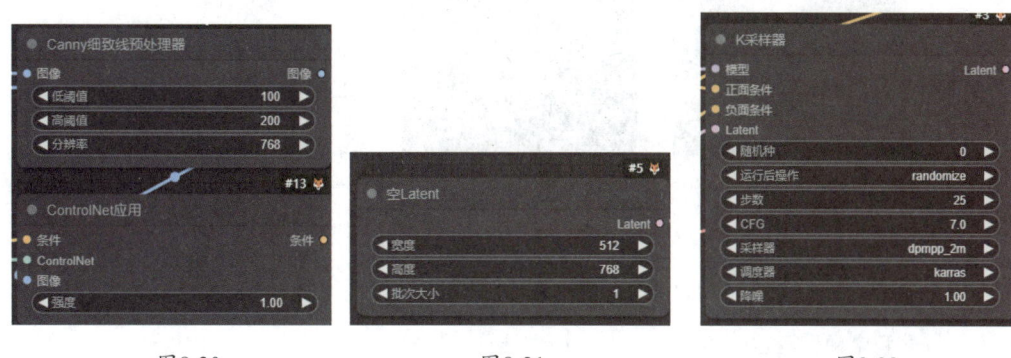

图8-20　　　　　　　　图8-21　　　　　　　　图8-22

09 单击"添加提示词队列"按钮后,系统将开始处理并生成一张真人转动漫风格的图像,如图8-23所示。

图8-23

8.4　Softedge(软边缘)

SoftEdge 是一种边缘线稿提取模型,其特点是能够获取具有模糊效果的边缘线条。这使生成的画面呈现出更为柔和的视觉效果,并且过渡非常自然。下面 3 幅图展示了 SoftEdge 模型的应用效果:图8-24 为小猫的原始图像,图8-25 展示了经过 SoftEdge 预处理后的线稿图,而图8-26 则展示了最终生成的三维动漫风格的小猫图像。

图8-24　　　　　　　　图8-25　　　　　　　　图8-26

8.4.1　Softedge预处理器

Softedge 包含两个预处理器节点，即"HED 模糊线预处理器"和"PidiNet 模糊线预处理器"。这两个节点都具备"增稳"和"分辨率"两个组件。其中，"增稳"组件的主要功能是增强提取线条的明暗对比度，并减少模糊内容，从而使生成的线条更为清晰、显著，为后续的图像处理或分析提供便利。而"分辨率"组件的作用与在 Canny 中的相同，此处不再赘述。

"HED 模糊线预处理器"和"PidiNet 模糊线预处理器"的主要区别在于它们所采用的算法不同。HED 模糊线预处理器采用的是 Holistically-Nested Edge Detection（HED）算法。该算法擅长生成类似真人的轮廓，能够从图像中提取边缘线，同时提供边缘过渡，保留更多柔和的边缘细节，从而产生类似手绘的效果。而 PidiNet 模糊线预处理器则使用 Pixel Difference Network（Pidinet）算法，该算法同样用于从图像中提取边缘，但由于算法的差异，其效果与 HED 略有不同。

因此，HED 模糊线预处理器更适合处理需要保留柔和边缘和手绘效果的图像，如艺术画作、插画等。而 PidiNet 模糊线预处理器可能更适合需要清晰边缘线条的场景。然而，具体适用情况还需根据实际需求来判断。为了直观展示这两种预处理器的效果差异，分别使用"HED 模糊线预处理器"节点和"PidiNet 模糊线预处理器"节点对同一张图像进行线稿提取，具体效果对比如图8-27 所示。

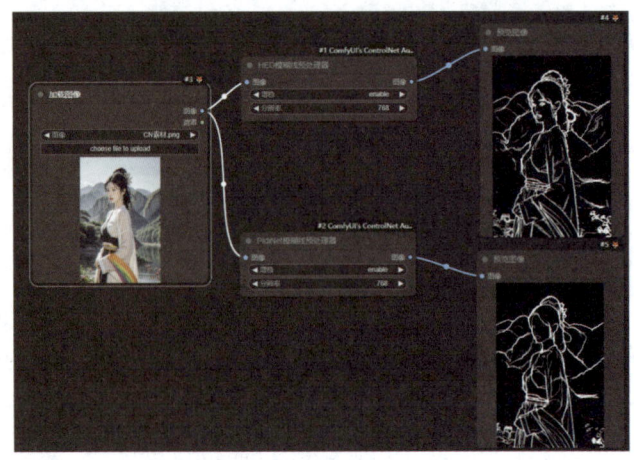

图8-27

8.4.2 实例操作

Softedge 的工作流搭建与 Canny 的工作流相似，只需将"Canny 细致线预处理器"节点替换为 Softedge 的相应节点即可。下面，将通过真人图像风格变换的案例来演示 Softedge 工作流的具体操作步骤。

01 进入ComfyUI界面，加载文生图工作流，新建"HED模糊线预处理器"节点，并将其与"加载图像"节点和"预览图像"节点相连。接着，在"加载图像"节点中，单击choose file to upload按钮上传已准备好的写实人像素材图片，如图8-28所示。

图8-28

02 新建"ControlNet应用"节点和"ControlNet加载器"节点，并将它们进行连接。在"ControlNet加载器"中选择control_v11p_sd15_softedge_fp16.safetensors作为Softedge模型。随后，将"HED模糊线预处理器"节点的"图像"输出端口连接到"ControlNet应用"节点的"图像"输入端口，如图8-29所示。

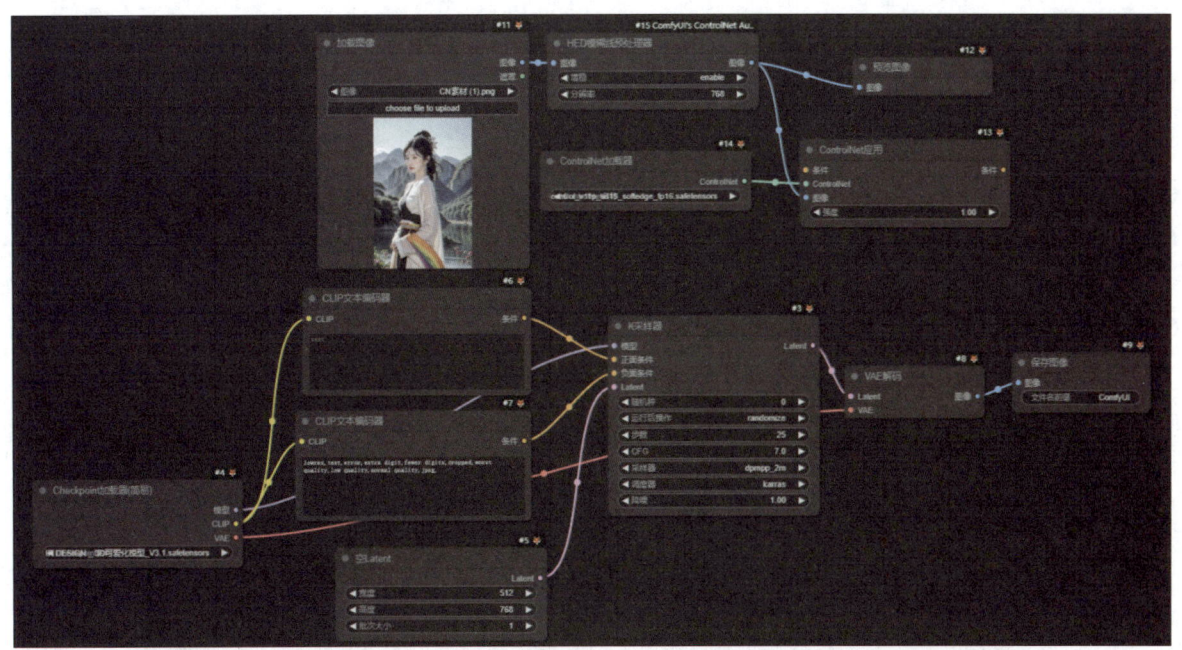

图8-29

03 在工作流中，"ControlNet应用"节点被用作正面条件来引导绘图过程。因此，需要将"ControlNet应用"节点的"条件"端口连接在"CLIP文本编码器"节点和"K采样器"节点之间，如图8-30所示。完成这些步骤后，Softedge的工作流就已经搭建完毕，接下来需要进行剩余参数的设置。

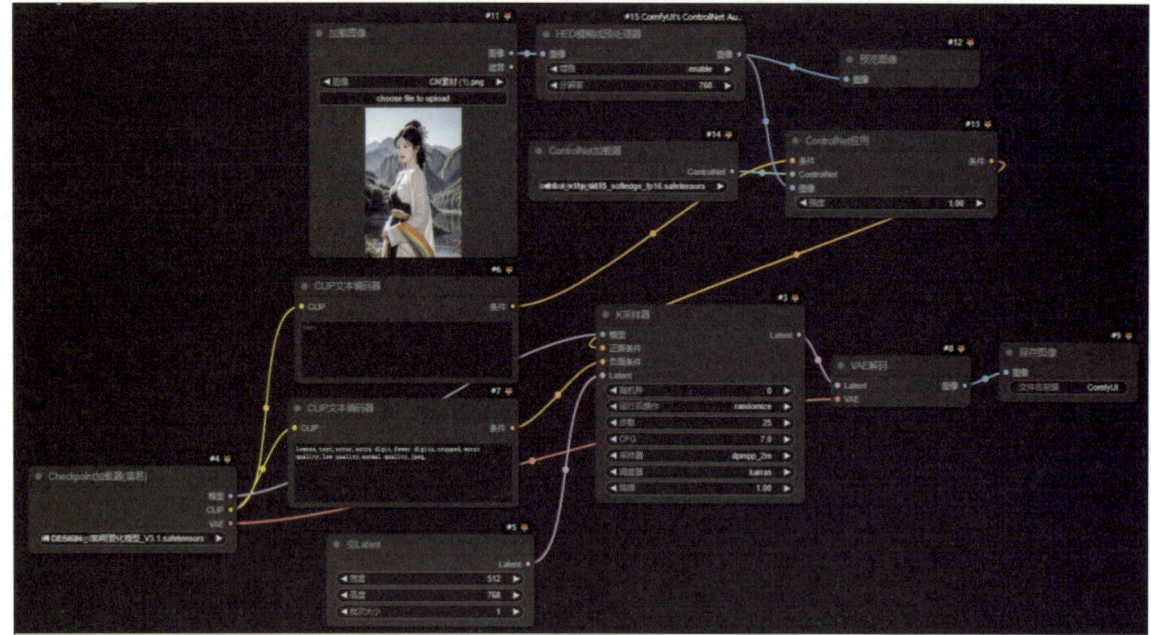

图8-30

04 由于我们需要变换真人图像的风格，因此，在Checkpoint模型中选择动漫风格模型counterfeitV30_v30.safetensors，如图8-31所示。

05 在"正向提示词"文本框中输入对女孩的描述。本次输入的描述为：1girl, jewelry, solo, earrings, flower, outdoors, water, black hair, facial mark, forehead mark, mountain, hair ornament, sky, chinese clothes, hanfu, long sleeves, looking at viewer, see-through, lake, from side, day, red lips, upper body, sash, dress, long hair, hair flower, parted lips, waterfall。同时，在"负向提示词"文本框中输入用于排除不良画面质量的提示词，具体为：lowres, text, error, extra digit, fewer digits, cropped, worst quality, low quality, normal quality, jpeg，如图8-32所示。

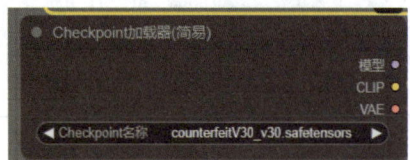

图8-31

图8-32

156

06 将"HED模糊线预处理器"节点的"增稳"设置为"启用",并把"分辨率"值设置为所上传图像的高度,此处为768。同时,将"ControlNet应用"节点的"强度"值调整为1.00,如图8-33所示。

07 在"空Latent"节点中设置生成图像的尺寸,此处设定为512×768,并将生成图像的批次大小设置为1,如图8-34所示。

08 在"K采样器"节点中,进行以下设置:"随机种"值设为0,"运行后操作"选择"随机","步数"值设置为25,CFG值调整为7.0,"采样器"选用dpmpp_2m,"调度器"设置为karras,"降噪"值设置为1.00,如图8-35所示。

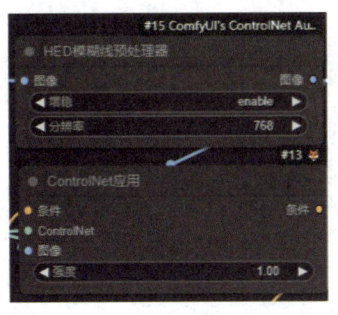
图8-33

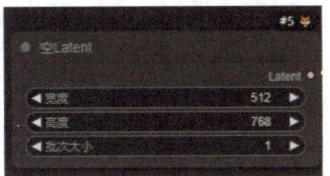
图8-34

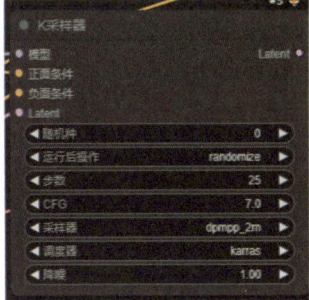
图8-35

09 单击"添加提示词队列"按钮后,系统将会生成一张动漫风格的人像图像,如图8-36所示。

图8-36

8.5 Scribble(涂鸦)

Scribble 同样是一种边缘线稿提取模型,但与之前介绍过的线稿提取模型有所不同。Scribble 模型以手绘风格为特点，其生成的预处理图像更类似蜡笔涂鸦效果的线稿。由于该模型产生的线条较粗且精确度相对较低，因此，它特别适合用于那些无须精确控制细节，而只需保持大致轮廓与参考原图相似，并在细节上允许 SD 自由发挥的场景，如图8-37所示。

图8-37

8.5.1　Scribble预处理器

Softedge 提供了 4 个预处理器节点，分别是"FakeScribble 伪涂鸦预处理器"节点、"Scribble 涂鸦预处理器"节点、"ScribbleXDoG 涂鸦预处理器"节点和"ScribblePiDiNet 涂鸦预处理器"节点。这些节点中的大部分组件在之前的预处理器中已经详细介绍过，但值得一提的是，"ScribbleXDoG 涂鸦预处理器"节点的独特之处在于它只有一个"阈值"选项。这个阈值确定的是一个具体数值，而非范围。当设置的阈值较小时，能够检测到更多的边缘，包括一些较为微弱、不明显的边缘，从而使生成的涂鸦或草图包含更多的细节与线条。相反，若将阈值设定得较大，则仅有那些明显、强烈的边缘会被检测到，这样生成的涂鸦或草图会显得更为简洁与抽象，细节和线条也相对较少。

这 4 个预处理器节点各具特色："FakeScribble 伪涂鸦预处理器"节点旨在模拟涂鸦效果，但它并非基于真实的涂鸦或草图生成算法；"Scribble 涂鸦预处理器"节点则能将输入图像转换成类似涂鸦或草图的形式，赋予图像更为简洁和抽象的视觉效果；"ScribbleXDoG 涂鸦预处理器"节点运用了 Extended Difference of Gaussian（XDoG）方法进行边缘检测，用户可以通过调整阈值参数来控制边缘检测的详细程度；而"ScribblePiDiNet 涂鸦预处理器"节点则是基于 Pixel Difference Network（Pidinet）技术，专门用于检测曲线和直边。这 4 种预处理器节点各有不同的功能特性，可以满足不同场景和需求。为了直观展示，这里使用这 4 个节点对同一张图像进行了线稿提取，具体效果对比如图8-38所示。

第 8 章　使用 ControlNet 精准控制图像

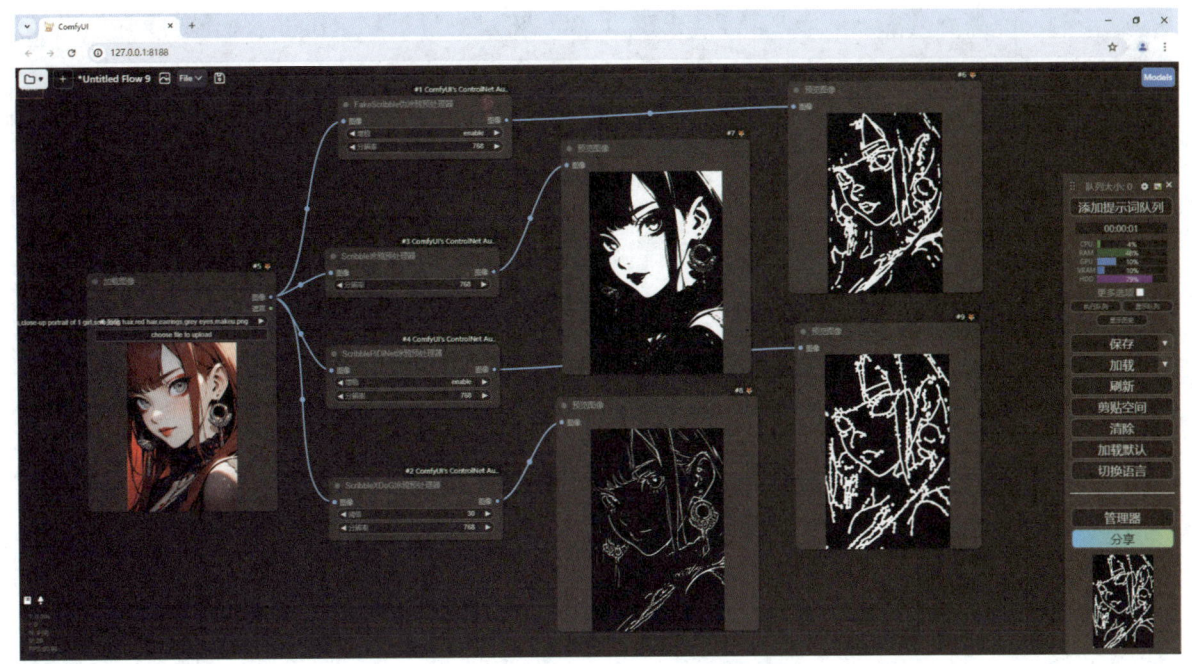

图8-38

8.5.2 实例操作

同样地，Scribble 的工作流搭建与前文介绍的两个模型相似，只需将预处理器节点替换为 Scribble 的节点即可。下面将通过变换房屋季节的案例来演示 Scribble 的工作流的详细操作步骤。

01 进入ComfyUI界面，加载文生图工作流，随后新建"FakeScribble伪涂鸦预处理器"节点，并将其与"加载图像"节点和"预览图像"节点进行连接。接着，在"加载图像"节点中单击choose file to upload按钮，上传已准备好的房屋素材图，如图8-39所示。

图8-39

02 新建"ControlNet应用"节点和"ControlNet加载器"节点，并将它们连接起来。在"ControlNet加载器"中选择control_v11p_sd15_scribble.pth这一Scribble模型。随后，将"ControlNet应用"节点的"图像"输入端口与"FakeScribble伪涂鸦预处理器"节点的"图像"输出端口相连接，如图8-40所示。

159

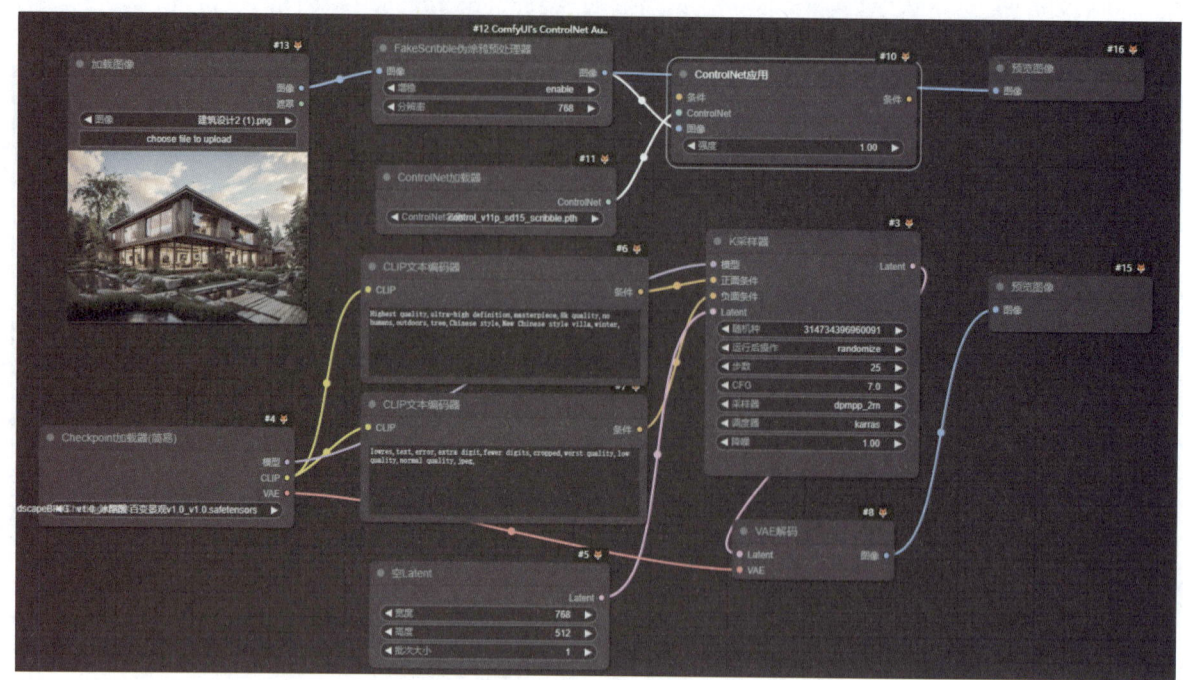

图8-40

03 在工作流中,"ControlNet应用"节点作为正面条件,用于引导绘图过程。因此,将"ControlNet应用"节点的"条件"端口串接在"CLIP文本编码器"节点和"K采样器"节点之间,如图8-41所示。至此,Scribble的工作流搭建已完成,接下来将进行剩余参数的设置。

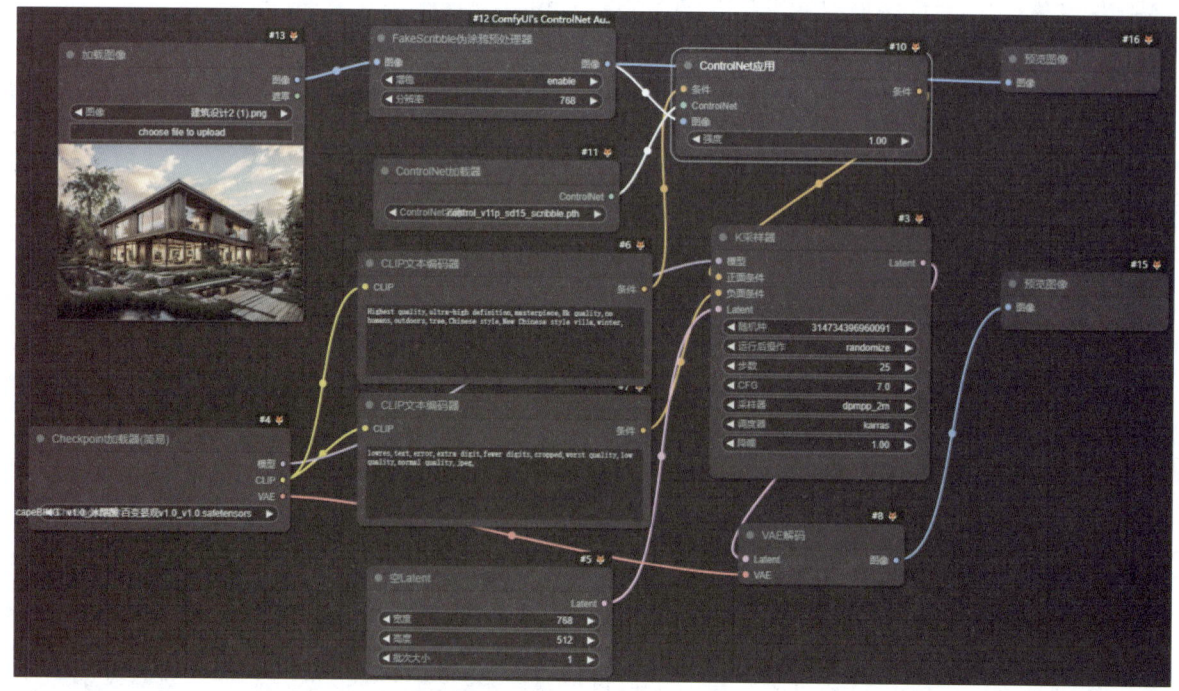

图8-41

04 由于需要变换房屋的季节，因此在选择Checkpoint模型时，选用了建筑风格模型"城市设计大模型_UrbanDesign_v7.safetensors"，如图8-42所示。

05 在"正向提示词"文本框中，输入了对女孩的描述，具体内容为：Highest quality, ultra-high definition, masterpiece, 8k quality, no humans, outdoors, tree, Chinese style, New Chinese style villa, winter。同时，在"负向提示词"文本框中，输入了与不良画面质量相关的提示词，包括：lowres, text, error, extra digit, fewer digits, cropped, worst quality, low quality, normal quality, jpeg，如图8-43所示。

图8-42

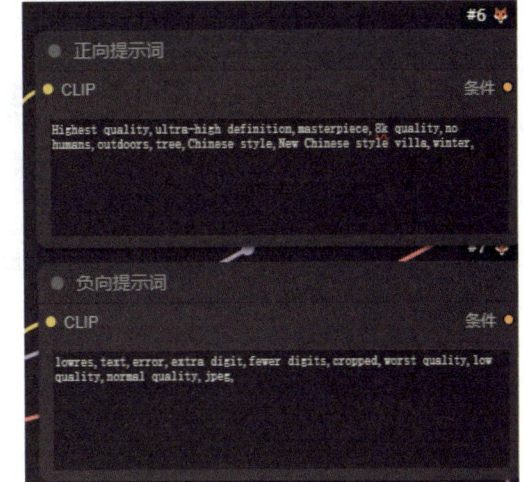

图8-43

06 "FakeScribble伪涂鸦预处理器"节点的"增稳"选项应设置为"启用"，而"分辨率"则应调整为所上传图像的高度，本例中为768。同时，"ControlNet应用"节点的"强度"值应设置为1.00，如图8-44所示。

07 在"空Latent"节点中，设置生成图像的尺寸为768×512，并将生成图像的批次大小设置为1，如图8-45所示。

08 在"K采样器"节点中，进行以下设置："随机种"值设置为0，"运行后操作"选择"随机"，"步数"值调整为25，CFG值设定为7.0，"采样器"选用dpmpp_2m，"调度器"设置为karras，"降噪"值设置为1.00，如图8-46所示。

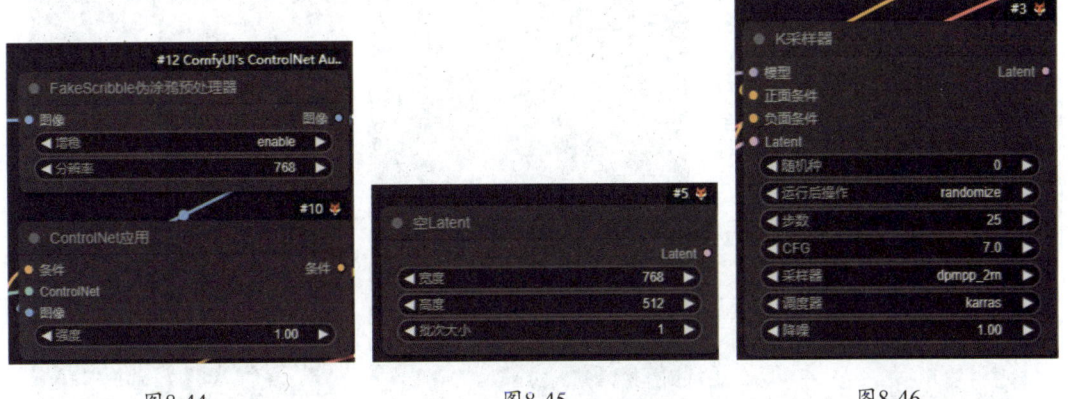

图8-44　　　　　　　　　图8-45　　　　　　　　　图8-46

09 单击"添加提示词队列"按钮后，系统便生成一张展现冬天房屋景象的图像，如图8-47所示。

图 8-47

8.6 Lineart（线稿）

Lineart 同样也是对图像边缘线稿的提取，但它的使用场景会更加细分，包括 realistic 真实系和 anime 动漫系两个方向。其中，带有 anime 字段的预处理器专门用于动漫类图像的特征提取，而其他的则是用于写实类图像。与 Canny 算法不同的是，Canny 提取后的线稿类似计算机绘制的硬直线，粗细统一都是 1 像素，而 Lineart 则保留明显的笔触，线稿更像是现实的手绘稿。通过 Lineart，可以明显地观察到不同边缘下的粗细过渡。例如图8-48 为原图，图8-49 为 Canny 生成的，而图8-50 则为 Lineart 生成的。

图 8-48

图 8-49

图 8-50

8.6.1 Lineart预处理器

Lineart同样提供4个预处理器节点供用户选择,分别是"LineArt艺术线预处理器"节点、"LineArtStandard标准艺术线预处理器"节点、"AnimeLineArt动漫艺术线预处理器"节点和"MangaAnime漫画艺术线预处理器"节点。在"LineArt艺术线预处理器"节点中,选中"粗糙化"选项后,预处理器能够模拟手绘线条的粗糙与不规则特性,进而使生成的线稿更加贴近真实手绘作品的效果。而在"LineArtStandard标准艺术线预处理器"节点中,gaussian_sigma选项的数值主要用于调控高斯模糊的强度。具体而言,gaussian_sigma参数决定了高斯模糊的程度:数值越小,模糊效果越弱,图像的亮暗面过渡区域越窄,线条与细节保持得相对清晰;数值越大,模糊效果越强,图像的亮暗面过渡区域越宽,线条与细节呈现更加平滑和模糊的状态。

这4个节点在功能和应用场景上各具特色。"LineArt艺术线预处理器"节点作为一个专门用于提取线稿的模型,能够根据不同类型的图片进行相应的处理;"LineArtStandard标准艺术线预处理器"节点则代表了LineArt预处理器的标准或默认配置,旨在生成标准的线稿效果;"AnimeLineArt动漫艺术线预处理器"节点专注于从动漫风格的图像中提取艺术线条;而"MangaAnime漫画艺术线预处理器"节点则针对漫画或动漫风格的图像进行艺术线条提取,特别强调轮廓的锐利与分明。为了直观展示这四个节点的效果差异,分别使用它们对同一张图像进行了线稿提取,具体效果对比如图8-51所示。

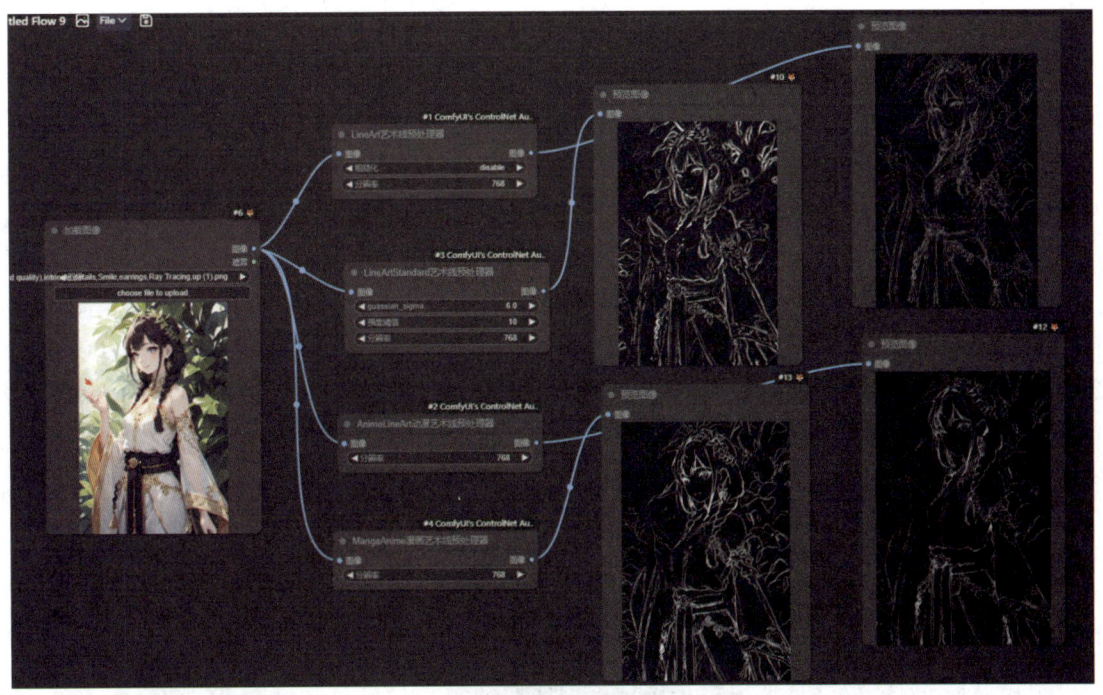

图8-51

8.6.2 搭建Lineart工作流

同样,Lineart的工作流与之前的ControlNet模型的工作流搭建方式相似,只需将预处理器节点替换为Lineart的相应节点即可。由于搭建和操作方法与前文的ControlNet模型类似,因此这里仅提供一个动漫人物换风格的案例完成图以供参考,如图8-52所示。

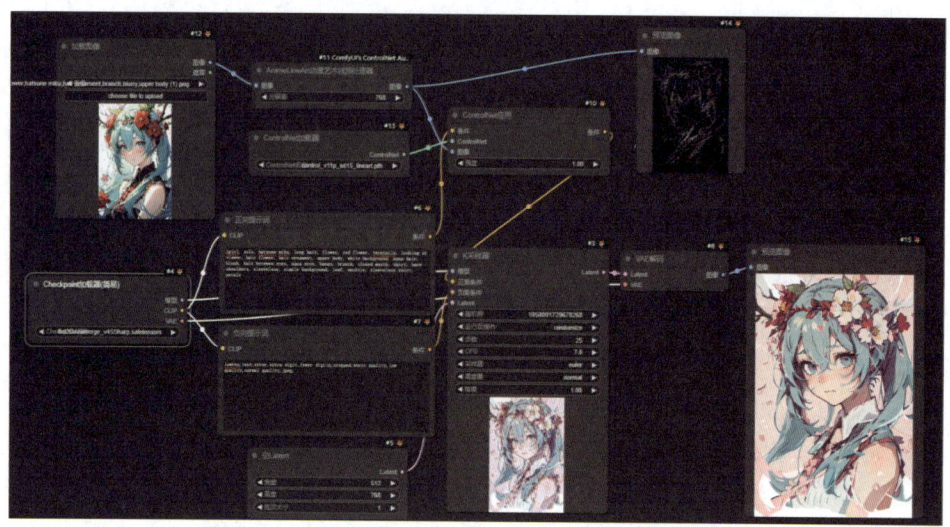

图 8-52

8.7 Depth（深度）

Depth 也是一种常用的控制模型，它依据参考图像生成深度图。深度图，也被称为"距离影像"，能够直观地展现画面中物体的三维深度关系。在深度图中，仅使用黑白两种颜色来表示距离：距离镜头越近的部分颜色越浅（趋向白色），而距离镜头越远的部分颜色越深（趋向黑色）。

Depth 模型通过提取图像中元素的前后景关系来生成深度图，并可以将这一深度信息应用于绘制新图像。因此，在画面中物体前后关系不够明确的情况下，可以借助 Depth 模型来提供辅助控制。图 8-53 为参考原图，图 8-54 为生成的深度图，图 8-55 则是基于该深度图绘制的新图像。可以观察到，通过深度图的应用，室内空间的景深关系得到了很好的还原。

图 8-53

图 8-54

图 8-55

8.7.1 Depth预处理器

Depth 的预处理器共有 3 个节点，分别是"LeReS 深度预处理器"节点、"MiDaS 深度预处理器"节点和"Zoe 深度预处理器"节点。在"LeReS 深度预处理器"节点中，"前景移除"和"背景移除"选项分别用于移除前景和背景的深度图，而"强化"选项则能在图像处理过程中更精确地识别和分离前景与背景，并更清晰地展现中距离物品的边缘细节。对于"MiDaS 深度预处理器"节点，调整"角度"参数可以优化预处理器对不同视角或拍摄方向下深度信息的处理能力，从而提升深度估计的准确性和稳定性；而"背景阈值"选项则主要用于区分图像的前景和背景部分，以便在深度信息估计时提供更精确的结果。

这 3 个节点在图像处理中各具特色。LeReS 深度预处理器倾向于更好地渲染背景，并使其距离物品的边缘成像更为清晰；MiDaS 深度预处理器作为经典的深度预处理器，是官方推荐的默认预处理器；而 Zoe 深度预处理器在细节提取上则介于 LeReS 和 MiDaS 之间。这 3 个节点在细节提取程度、应用场景、参数调整以及使用方式等方面存在差异，因此创作者可以根据具体需求和图像特点选择最合适的预处理器。为了直观展示这 3 个节点的效果差异，分别使用它们对同一张图像生成了深度图，具体效果对比如图8-56 所示。

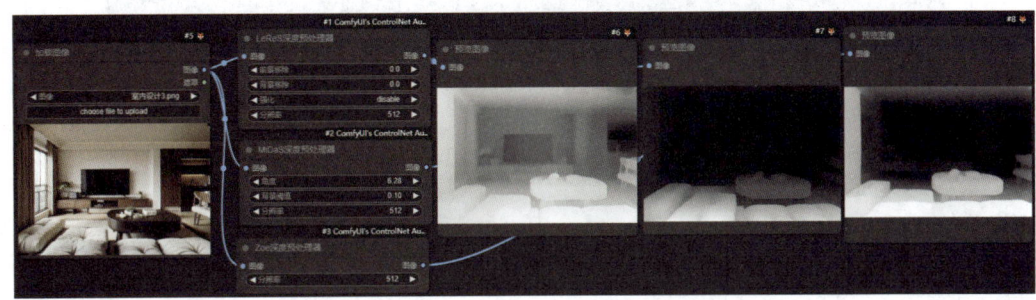

图8-56

8.7.2 实例操作

Depth 工作流的搭建与其他模型相似，只需替换预处理器和模型即可。接下来，将通过将文物改为建筑的修复案例来展示 Depth 的工作流，并详细讲解该案例的设置方法。

01 进入ComfyUI界面，加载文生图工作流，新建"Zoe深度预处理器"节点，并将其与"加载图像"节点和"预览图像"节点相连接。接着，在"加载图像"节点中，单击choose file to upload按钮，上传已准备好的青铜文物素材图，如图8-57所示。

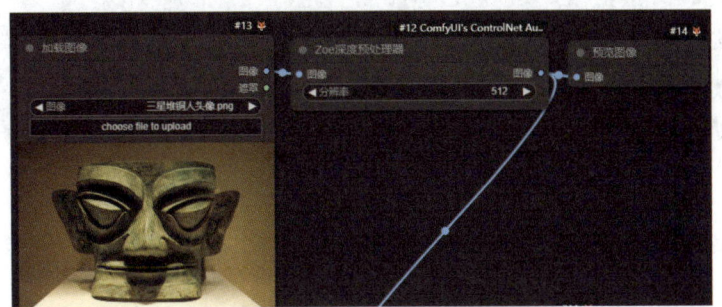

图8-57

02 新建"ControlNet应用"节点和"ControlNet加载器"节点,并将它们相互连接。在"ControlNet加载器"节点中选择control_v11f1p_sd15_depth.pth作为Depth模型。然后,将"ControlNet应用"节点的"图像"输入端口与"Zoe深度预处理器"节点的"图像"输出端口相连接,确保深度信息能够正确传递,如图8-58所示。

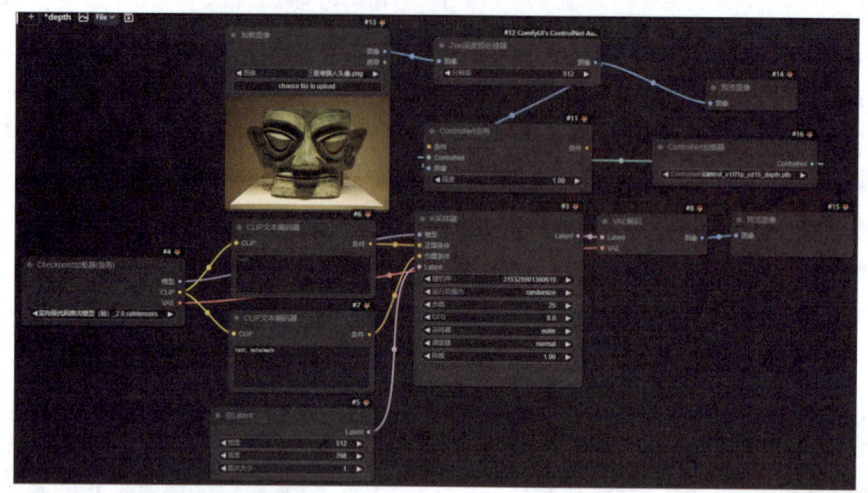

图8-58

03 在工作流中,"ControlNet应用"节点被用作正面条件来引导绘图过程。因此,需要将"ControlNet应用"节点的"条件"端口连接在"CLIP文本编码器"节点和"K采样器"节点之间,以确保深度信息能够作为绘图条件被正确应用。连接后的界面如图8-59所示。至此,Depth的工作流搭建已经完成,接下来将进行剩余参数的设置。

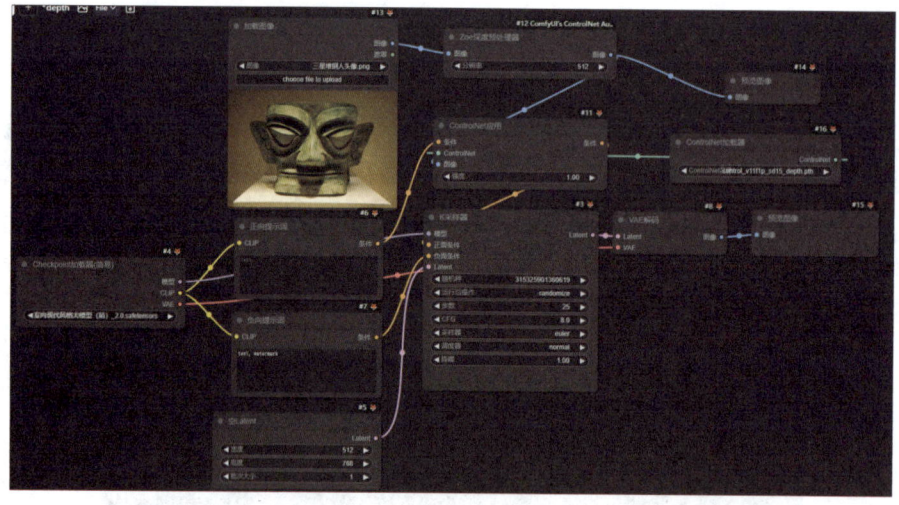

图8-59

04 由于目标是生成建筑图像,因此在Checkpoint模型中,选择了建筑风格模型"城市设计大模型_UrbanDesign_v7.safetensors"。同时,在LoRA模型中,选择了"鸟瞰_人视-建筑效果图_V1.0.safetensors",并将"模型强度"值设置为0.80,以确保生成的图像能够充分体现所选建筑风格和视角特点,如图8-60所示。

05 在"正向提示词"文本框中,输入对精装修建筑的描述:masterpiece, best quality, ultra-high resolution, realistic, 8k, insanely detailed, buildings, residential, building, outdoors, scenery, sky, tree, no humans, day, real world location, blue sky, road, cloud, city, lamppost, scenery, outdoors, real world location, tree。同时,在"负向提示词"文本框中,输入与不良画面质量相关的提示词,以避免生成低质量的图像。这些负向提示词包括:lowres, text, error, extra digit, fewer digits, cropped, worst quality, low quality, normal quality, jpeg,如图8-61所示。

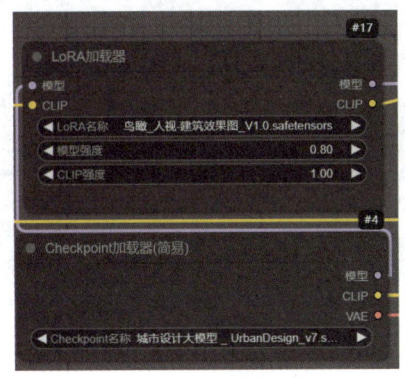
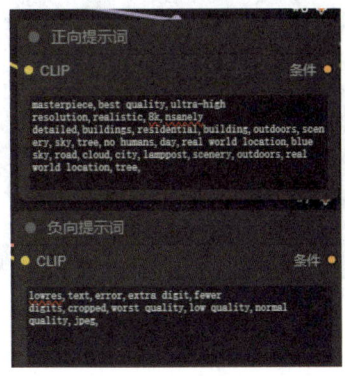

图8-60　　　　　　　　　　　　　　图8-61

06 在"Zoe深度预处理器"节点中,将"分辨率"设置为与上传图像的高度相匹配,此处为448。同时,在"ControlNet应用"节点中,将"强度"值调整为1.00,以确保深度信息的充分应用。接下来,在"空Latent"节点中设置生成图像的尺寸,这里选择的是624×448,并将生成图像的批次大小设置为1,如图8-62所示。

07 在"K采样器"节点中,进行以下设置:"随机种"值设置为0,以确保每次生成的图像具有一致性;"运行后操作"选择randomize,以便在生成过程中引入一定的随机性;"步数"值调整为30,表示生成图像所需的迭代次数;CFG值设置为7.0,用于控制生成图像与原始提示的符合程度;"采样器"选择dpmpp_2m,这是一种高效的采样方法;"调度器"设置为karras,用于管理生成过程的进度;"降噪"值设置为1.00,以帮助减少生成图像中的噪声,如图8-63所示。

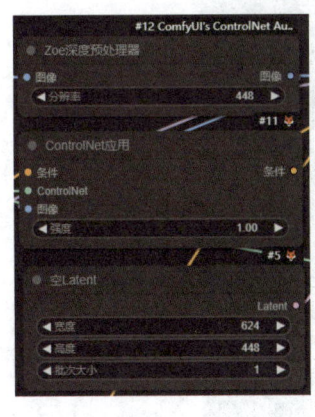
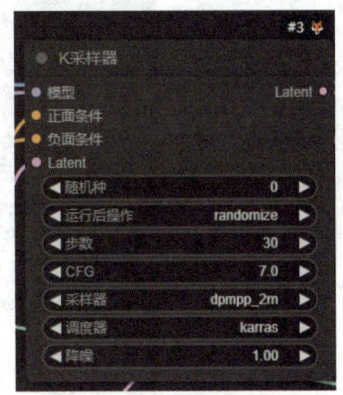

图8-62　　　　　　　　　　　　　　图8-63

08 单击"添加提示词队列"按钮后,系统开始生成铜人头像形状的建筑图像,最终效果如图8-64所示。这种方法不仅为建筑设计领域提供了新的创意方向,还极大地提高了建筑设计出图的效率。

图8-64

8.8 Openpose（姿态）

Openpose 是一个重要的用于控制人像姿势的模型。它能够检测到人体结构的关键点，例如头部、肩膀、手肘和膝盖等位置，同时忽略人物的服饰、发型和背景等细节元素。通过捕捉这些关键点在画面中的位置，Openpose 能够准确地还原人物的姿势和表情。如下面 3 幅图所示，图8-65 为原始人物图像，图8-66 展示了通过 Openpose 检测到的骨骼图，而图8-67 则是根据这个骨骼图生成的新图像。可以清楚地看到，通过骨骼图，人物的动作得到了很好的还原。

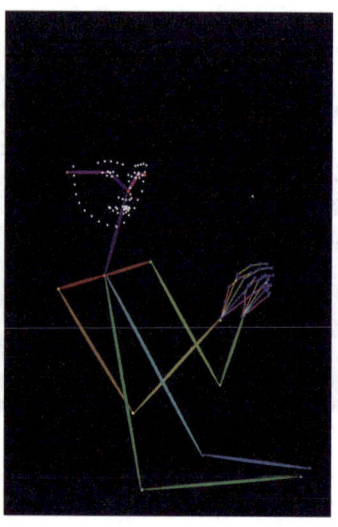

图8-65　　　　　　　　　图8-66　　　　　　　　　图8-67

8.8.1 Openpose预处理器

Openpose 的预处理器共有 5 个节点，分别是"Dense 姿态预处理器"节点、"DW 姿态预处理器"节点、"MediaPipe 面部网格预处理器"节点、"Openpose 姿态预处理器"节点以及"AnimalPose 动物姿态预处理器"节点。在"DW 姿态预处理器"节点和"Openpose 姿态预处理器"节点中，可以控制骨骼图所生成的身体部分。"Dense 姿态预处理器"与其他处理器不同，它通过不同颜色来区分人体部位，以此达到控制姿态的效果。"MediaPipe 面部网格预处理器"节点则能从输入的图像或视频中实时检测并跟踪人脸，进而生成一个包含 468 个关键点的密集网格。而"AnimalPose 动物姿态预处理器"节点专门用于检测动物身体结构的关键点，并生成相应的骨骼图；需要注意，若上传人像，则不会生成骨骼图。

这 5 个节点在功能、应用场景和特性上存在显著差异。Dense 和 DW 姿态预处理器更注重全身姿态的分析与识别，MediaPipe 面部网格预处理器则专注于面部特征的提取。Openpose 姿态预处理器提供全身姿态及关键点的检测功能，而"AnimalPose 动物姿态预处理器"节点仅限于动物。这些节点在细节提取程度、应用场景、参数调整及使用方式上各有不同，因此可以根据具体需求和图像特点选择恰当的预处理器。图8-68展示了使用这 4 个人物节点对同一张图像生成的骨骼图效果，以及使用"AnimalPose 动物姿态预处理器"节点对动物图像生成的骨骼图效果。

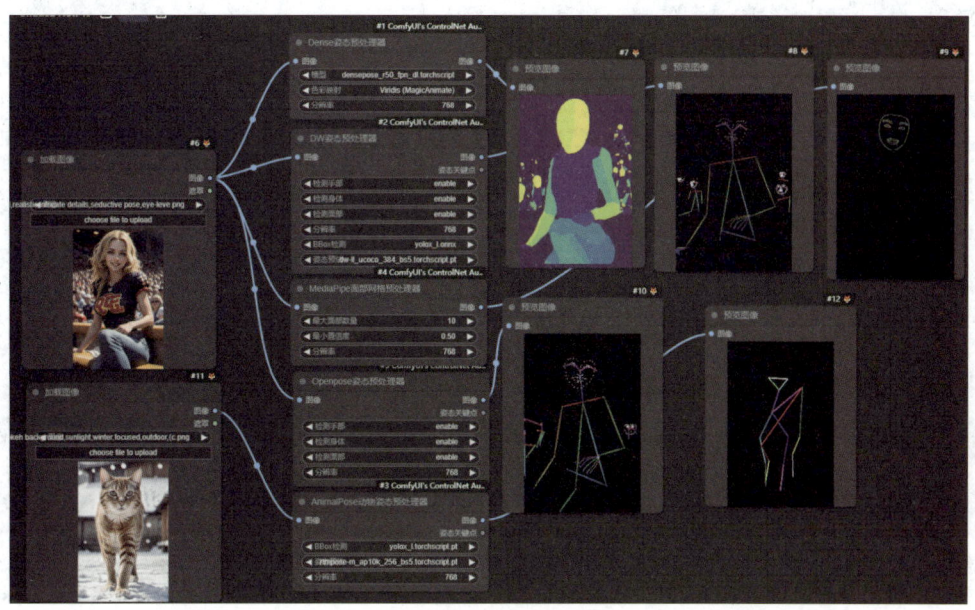

图8-68

8.8.2 实例操作

Openpose 工作流的搭建流程与其他模型相似，主要通过替换预处理器和模型来实现不同的功能。接下来，将通过一个定制 IP 形象动作的实操案例来详细演示 Openpose 的工作流，并对案例中的设置进行详尽讲解。

01 进入ComfyUI界面后，加载文生图工作流。接着，新建"DW姿态预处理器"节点，并将其与"加载图像"节点和"预览图像"节点进行连接。在"加载图像"节点中，单击choose file to upload按钮，上传已准备好的人物动作素材图，如图8-69所示。

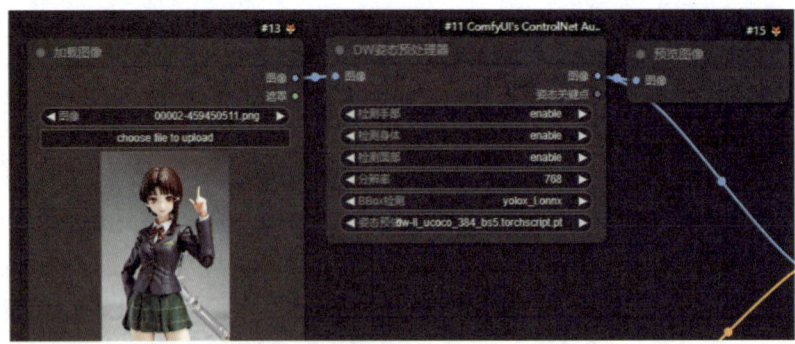

图8-69

02 新建"ControlNet应用"节点和"ControlNet加载器"节点,并将它们进行连接。在"ControlNet加载器"中选择control_v11p_sd15_openpose.pth这一Openpose模型。随后,将"ControlNet应用"节点的"图像"输入端口与"DW姿态预处理器"节点的"图像"输出端口相连接,如图8-70所示。

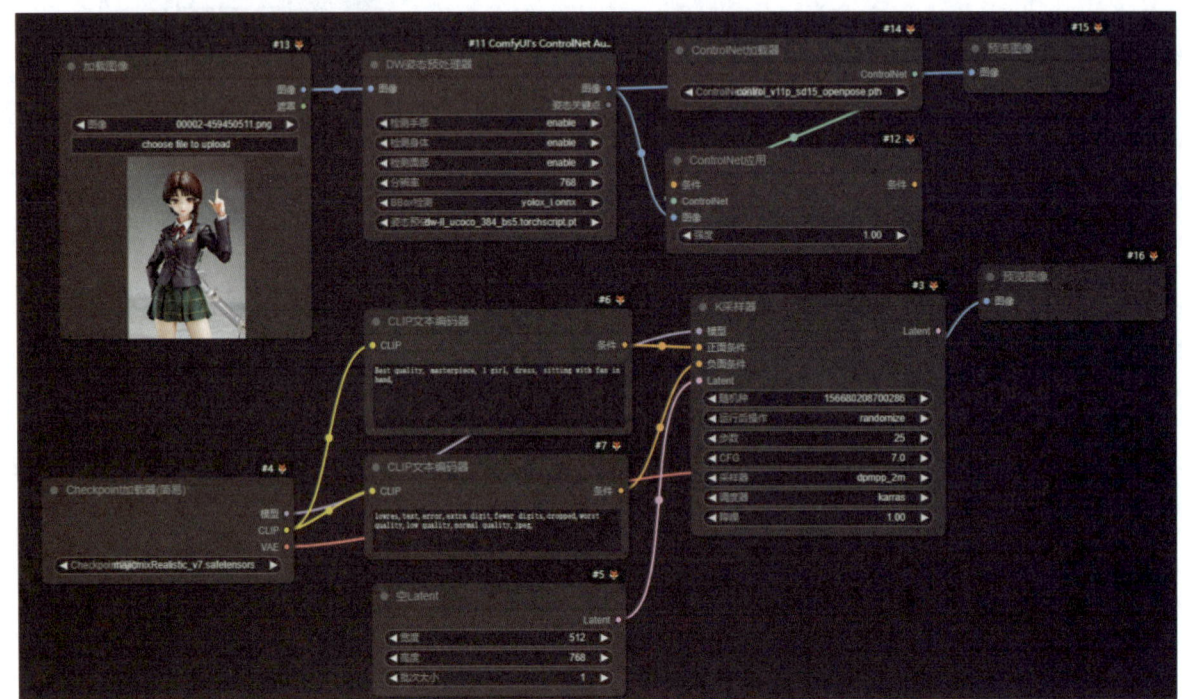

图8-70

03 在工作流中,"ControlNet应用"节点作为正面条件,用于引导绘图过程。因此,需要将"ControlNet应用"节点的"条件"端口串接在"CLIP文本编码器"节点与"K采样器"节点之间,以确保正确的引导流程,如图8-71所示。至此,Openpose的工作流搭建已全部完成,接下来将进行剩余参数的设置工作。

04 由于目标是生成IP形象图像,因此在Checkpoint模型中,选择了具有三维风格的"HUBG_IP丨3D可爱模型_v1.0.safetensors"模型,如图8-72所示。

05 在"正向提示词"文本框中,输入对精装修效果的描述:1girl, Sailor Moon, solo, earrings, upper body, portrait, looking at viewer。同时,在"负向提示词"文本框中,输入与不良画面质量相关的提示词,以避免生成低质量的图像。这些负向提示词包括lowres, text, error, extra digit, fewer digits, cropped, worst quality, low quality, normal quality, jpeg，如图8-73所示。

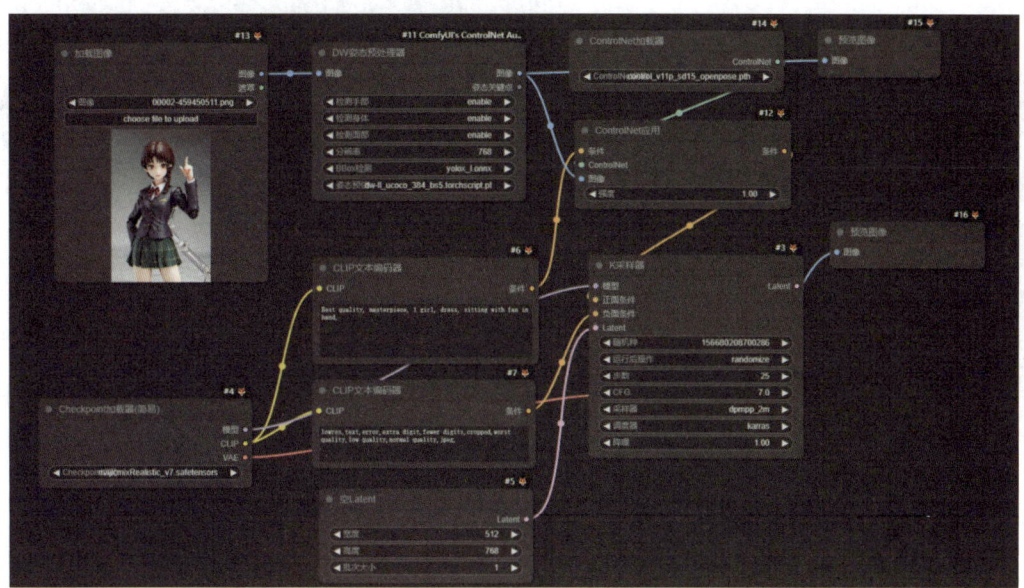

图8-71

图8-72　　　　　　　　　　图8-73

06 "DW姿态预处理器"节点的所有检测选项均应设置为enable，"分辨率"应设置为与上传图像的高度相匹配，此处为768。模型选择默认设置即可。对于"ControlNet应用"节点，将"强度"值调整为1。在"空Latent"节点中，需要设置生成图像的尺寸，本例中设定为512×768，并将生成图像的批次大小设置为1，如图8-74所示。

07 在"K采样器"节点中，将"随机种"值设置为0，"运行后操作"选择randomize，"步数"值调整为25，CFG值设定为7.0。此外，"采样器"选用dpmpp_2m，"调度器"设置为karras，并将"降噪"值设置为1.00，如图8-75所示。

08 单击"添加提示词队列"按钮后，系统将生成与上传图像动作相同的IP形象图像，如图8-76所示。通过这种方式，可以定制任意想要的动作的IP形象，从而极大地丰富了IP形象的种类和自由度。

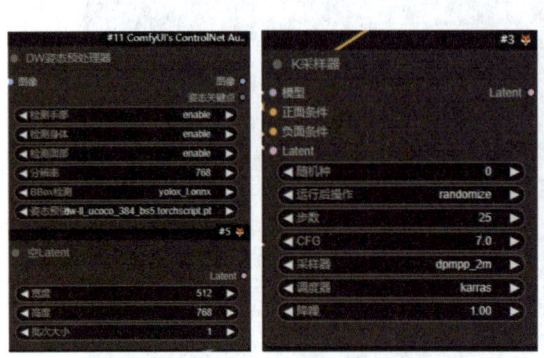

图 8-74　　　　　　　图 8-75　　　　　　　　　　　图 8-76

8.8.3　Openpose骨骼图

Openpose 预处理器节点不仅支持上传真实的人物图像，还允许上传仅包含人物动作的图像或直接上传已提取的人物骨骼图像。对于寻找人物动作图像的资源，网络上存在许多专门的网站供用户下载。作者为创作者推荐一个常用的网站：https://www.posemaniacs.com/zh-Hans。该网站提供了丰富的人物动作图像供用户下载，并且会定期更新动作图像，如图8-77 所示。

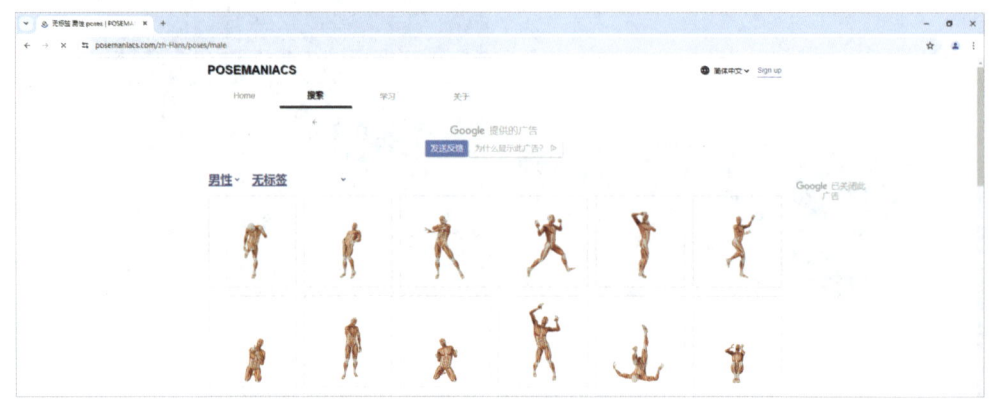

图 8-77

8.9　Inpaint（局部重绘）

Inpaint 的功能及使用方法与局部重绘技术颇为相似，但 Inpaint 在本质上相当于替换了原生图像局部重绘的算法。它运用深度学习模型，对图像中的缺失区域及其周边像素信息进行分析，智能地预测并填充与周边环境相融合的像素，从而达到图像自然修复的效果。下面是一组示例图：图8-78 为原始图像，图8-79 为涂抹处理后的蒙版图像，图8-80 则是基于该蒙版生成的新图像。通过对比可见，原本绿色的书包经过 Inpaint 的处理，已巧妙地转变为了粉红色并改变了样式。

图8-78　　　　　　　　　　　　图8-79　　　　　　　　　　　　图8-80

8.9.1　Inpaint工作流搭建

与其他 ControlNet 预处理器不同，Inpaint 仅包含一个预处理器且无须任何额外组件。同时，Inpaint 工作流的构建方式与其他模型存在显著差异。由于 Inpaint 需要图像作为参考，因此其工作流是基于图生图（image-to-image）的工作流程来搭建的。具体搭建步骤如下。

01　进入ComfyUI界面后，加载图生图工作流。接着，删除原有的"VAE编码"节点，并新建"VAE内部编码器"节点。随后，将"VAE内部编码器"节点的"Latent"输出端口与"K采样器"节点的"Latent"输入端口相连接。同时，将"Checkpoint加载器(简易)"节点的"VAE"输出端口连接到"VAE内部编码器"节点的"VAE"输入端口，如图8-81所示。

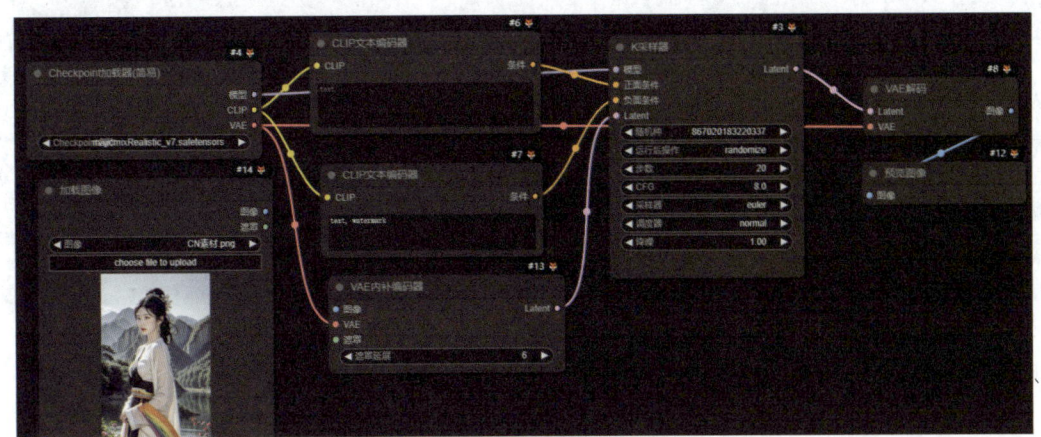

图8-81

02 新建"Inpaint内补预处理器"节点后,需要进行以下连接操作:首先,将"加载图像"节点的"图像"输出端口分别连接到"Inpaint内补预处理器"节点的"图像"输入端口以及"VAE内补编码器"节点的"图像"输入端口;其次,将"加载图像"节点的"遮罩"输出端口连接到"Inpaint内补预处理器"节点的"遮罩"输入端口和"VAE内补编码器"节点的"遮罩"输入端口,如图8-82所示。

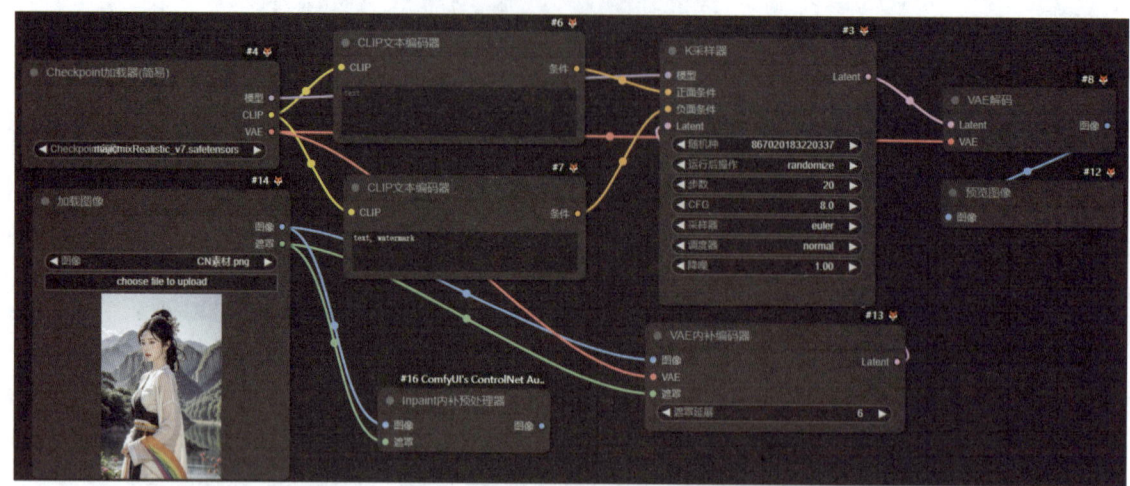

图8-82

03 新建"ControlNet应用"和"ControlNet加载器"节点,并进行相应的连接。在"ControlNet加载器"中,选择control_v11p_sd15_inpaint_fp16.safetensors作为Inpaint模型。随后,将"Inpaint内补预处理器"节点的"图像"输出端口连接到"ControlNet应用"节点的"图像"输入端口,如图8-83所示。

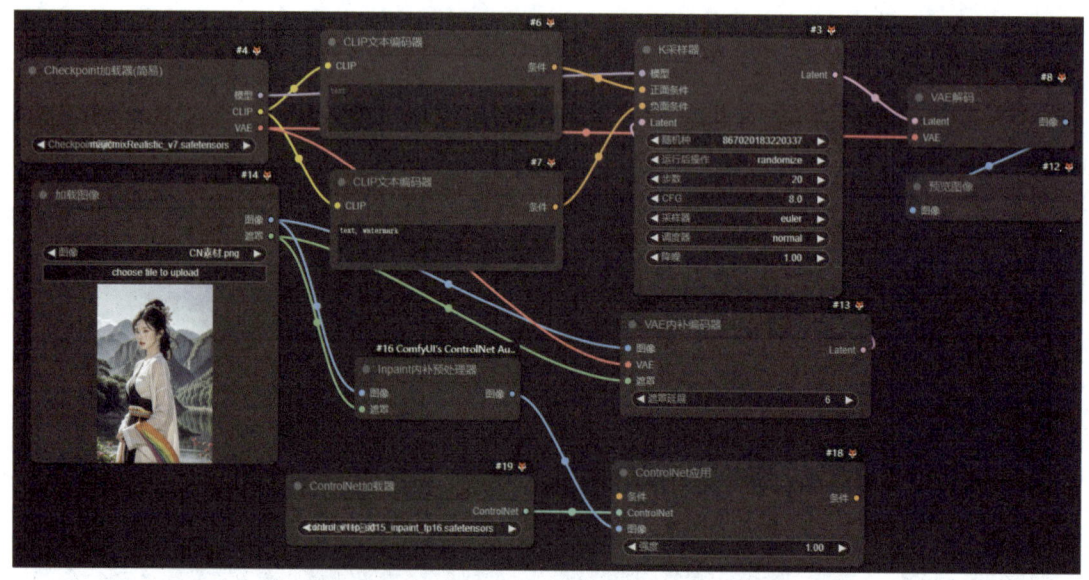

图8-83

04 在工作流中,"ControlNet应用"节点以正面条件的身份参与绘图引导过程中。因此,需要将"ControlNet应用"节点的"条件"端口串接在"CLIP文本编码器"节点和"K采样器"之间,具体连接方式如图8-84所示。完成这些步骤后,Inpaint工作流就搭建完毕了。

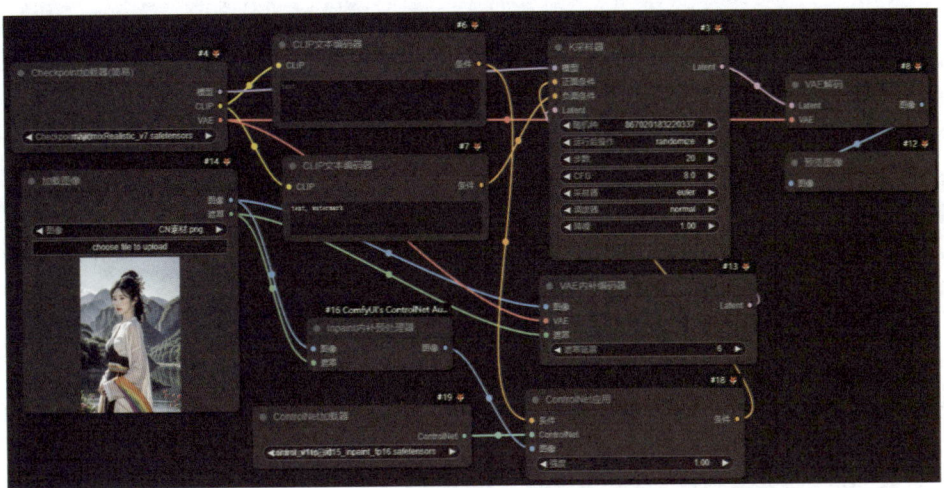

图8-84

8.9.2 实例操作

Inpaint 工作流已经搭建完成，但在实际使用中，还需要绘制蒙版图像。接下来，将通过产品换背景的案例来展示 Inpaint 工作流的搭建方法，并详细讲解案例中的各项设置。

01 进入ComfyUI界面后，在"加载图像"节点中单击choose file to upload按钮，以上传事先准备好的产品素材图片。接着，在"加载图像"节点上右击，并从弹出的快捷菜单中选择"在遮罩编辑器中打开"选项，从而打开遮罩编辑器窗口，如图8-85所示。

图8-85

02 在遮罩编辑器窗口中，使用画笔工具涂抹图像的白色部分，确保除香水瓶外的所有白色区域都被画笔完全涂抹覆盖。完成涂抹后，单击窗口右下角的Save to node按钮，遮罩处理后的图像将会在"加载图像"节点中显示出来，如图8-86所示。

03 由于需要进行局部重绘的图片属于写实电商风格，因此，在选择Checkpoint模型时，选用了写实风格模型majicmixRealistic_v7.safetensors。同时，LoRA模型则选择了"好机友电商模型PLUS.safetensors"。此外，"模型强度"值被设置为0.70，如图8-87所示。

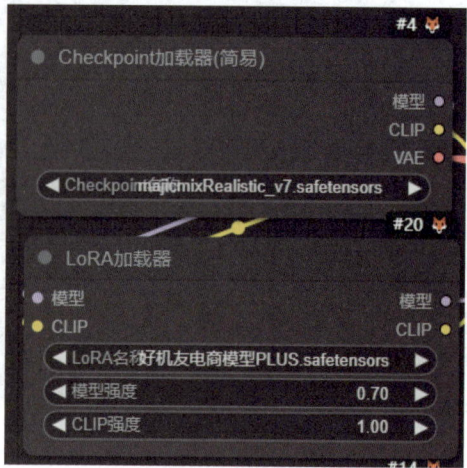

图8-86　　　　　　　　　　　图8-87

04　在"正向提示词"文本框中，输入对新背景的描述：still life, indoors, spot backdrop, pink flower, best quality, masterpiece, bottle, solo。同时，在"负向提示词"文本框中，输入用于排除不良画面质量的提示词：lowres, text, error, extra digit, fewer digits, cropped, worst quality, low quality, normal quality, jpeg。另外，"ControlNet应用"节点的"强度"值应设置为1，如图8-88所示。

05　在"K采样器"节点中，将"随机种"值设置为0，"运行后操作"设置为randomize，"步数"值设置为25，CFG值设置为7.0。此外，"采样器"应选择dpmpp_2m，"调度器"选择karras，并将"降噪"值设置为0.80，如图8-89所示。请注意，"降噪"值不应低于0.5，否则，重绘效果将会非常不明显。

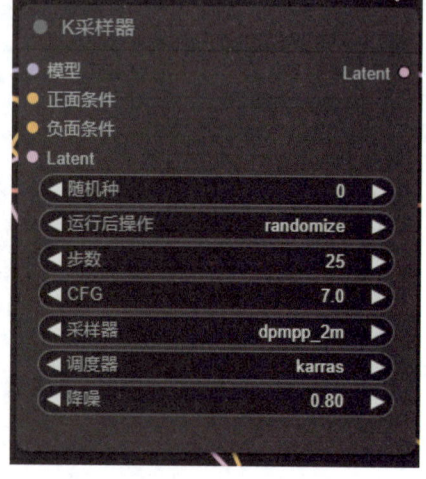

图8-88　　　　　　　　　　　图8-89

06　单击"添加提示词队列"按钮后，系统将会生成一张已更换背景的产品图像，如图8-90所示。在仔细观察生成的图片时，我们注意到产品包装上的英文部分发生了变化。因此，后续还需要在Photoshop等图像编辑软件中进行进一步的调整。由此可见，虽然Inpaint的局部重绘功能相较于其他方法效果更好，但它也并非完美无缺。在某些情况下，为了达到满意的效果，可能需要对图像进行多次处理。

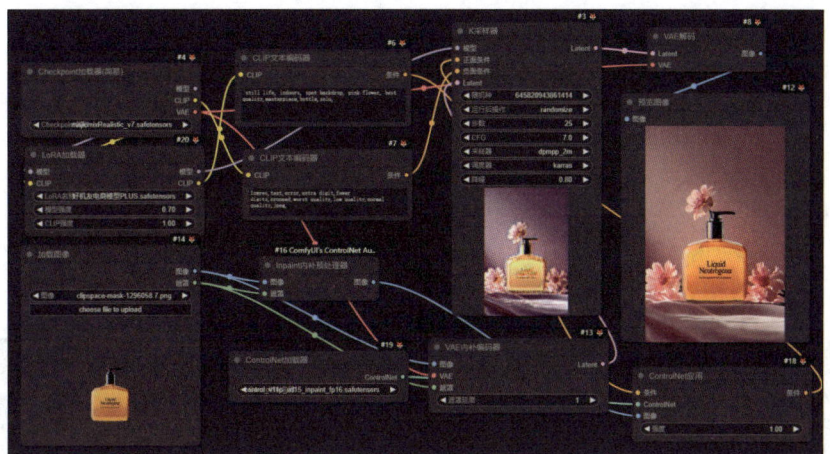

图8-90

8.10 Flux专用ControlNet概述

8.10.1 ControlNet V3

XLabs-AI 团队在先前发布的 ControlNet V1 和 V2 版本的基础上，继续深入研究和训练 Flux ControlNet 模型，最终成功推出了 V3 版本。相较于之前的版本，V3 在可控性和生成效果方面有了显著的提升。然而，目前 ControlNet V3 支持的模型尚不完善，暂时仅支持硬边缘（Canny）、深度（Depth）和线稿（HED）这 3 个模型。这些模型的功能与 SD1.5 版本相似，但所支持的具体模型有所不同。

在 ComfyUI 中使用 Flux 的 ControlNet 时，首先需要安装 x-flux-comfyui 节点。安装完成后，将模型文件放入根目录下的 models\xlabs\ControlNets 文件夹中。随后，搭建相应的工作流以便使用该功能。具体的工作流搭建步骤如下。

01 进入ComfyUI界面后，加载未整合CLIP和VAE模型的Flux工作流，如图8-91所示。

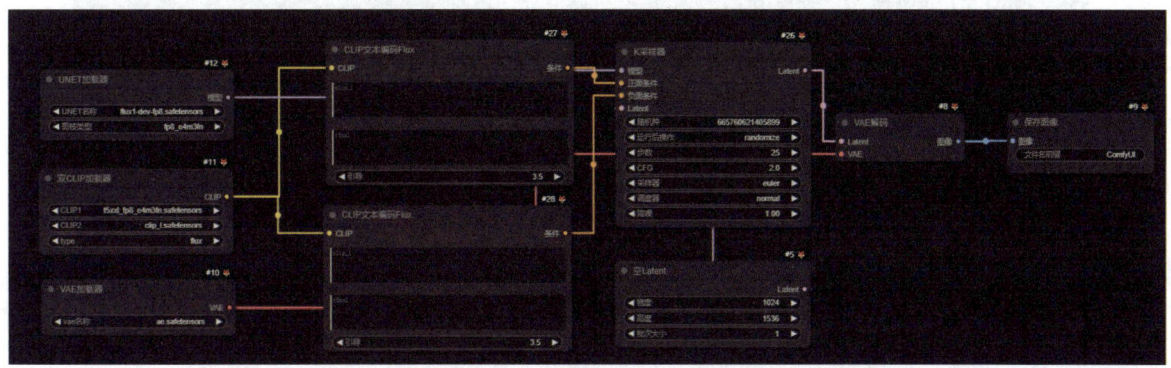

图8-91

02 在快捷菜单中，选择"新建节点"→"图像"→"加载图像"选项新建"加载图像"节点。然后，选择"新建节点"→"ControlNet预处理器"→"线条"→"Canny细致线预处理器"选项新建"Canny细致线预处理器"节点。接下来，选择"新建节点"→XLabsNodes→"Flux加载ControlNet"和"Flux应用ControlNet"选项，分别新建"Flux加载ControlNet"和"Flux应用ControlNet"节点。完成节点创建后，将"Flux加载ControlNet"节点的ControlNet输出端口连接到"Flux应用ControlNet"节点的ControlNet输入端口。同时，将"加载图像"节点的"图像"输出端口连接到"Canny细致线预处理器"节点的"图像"输入端口，再将"Canny细致线预处理器"节点的"图像"输出端口连接到"Flux应用ControlNet"节点的"图像"输入端口，如图8-92所示。

图8-92

03 至此，可能会发现这个流程与普通的ControlNet工作流搭建相似。然而，当尝试将"Flux应用ControlNet"节点的"ControlNet条件"输出端口连接到"K采样器"节点时，会发现没有合适的输入端口可供连接。这正是此流程与普通ControlNet工作流的最大区别所在。为了解决这个问题，需要在快捷菜单中选择"新建节点"→XLabsNodes→"XLabs采样器"选项，以新建"XLabs采样器"节点。随后，将"K采样器"节点的输入端口与输出端口连接到新创建的"XLabs采样器"节点的对应端口上，并删除原先的"K采样器"节点，如图8-93所示。

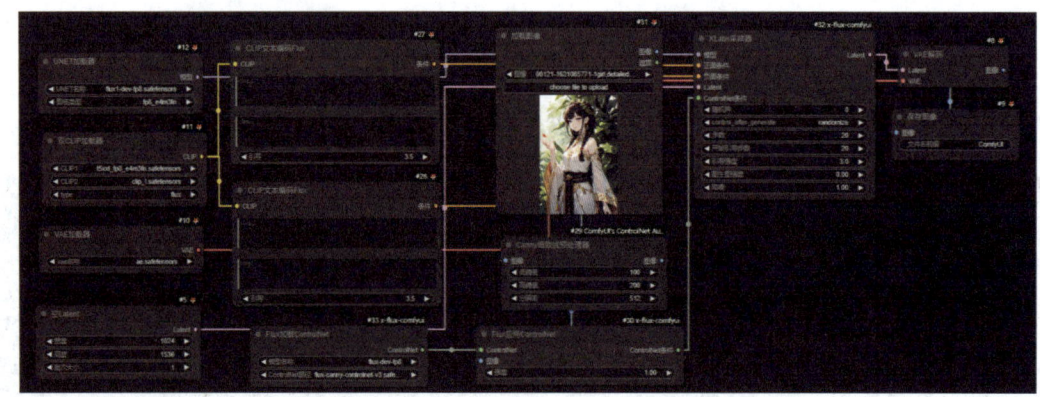

图8-93

04 至此，Flux的ControlNet V3工作流已经搭建完毕。其使用方法与普通的ControlNet工作流类似，都需要上传一张控制图像，并选择对应的ControlNet模型。其他参数则按照Flux模型的常规设置进行调整，即可生成图片。同样地，如果使用整合了CLIP和VAE模型的Flux工作流或NF4模型的Flux工作流，操作也基本一

178

致，只需添加 Flux 专用的 ControlNet 节点，并替换为"XLabs 采样器"节点即可。作者在此使用 NF4 模型的 Flux ControlNet V3 工作流，成功将一张写实风格的图片转换为了动漫风格的图片，如图 8-94 所示。

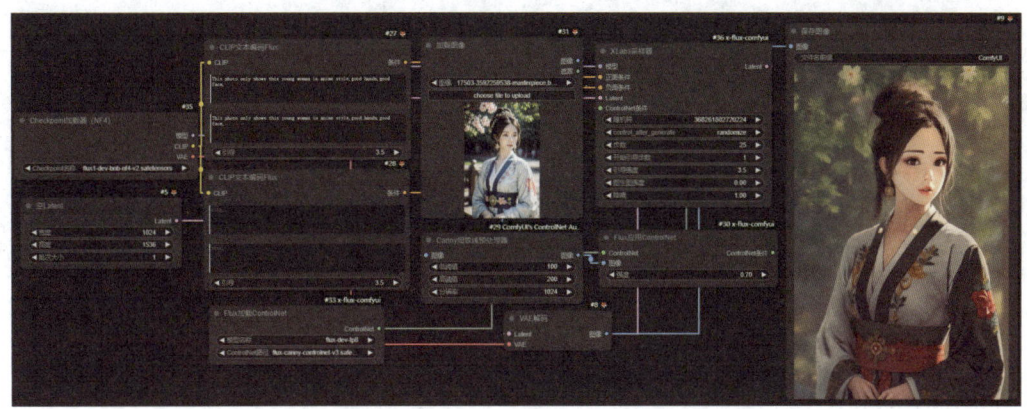

图 8-94

8.10.2 ControlNet-Union-Pro

在 XLabs-AI 团队发布 ControlNet V3 版本后，InstantX 团队与 Shakker Labs 的研究人员共同推出了 Flux.1-dev-ControlNet-Union-Pro 模型。此模型不仅涵盖了更多的控制模式，还在诸多功能上实现了显著优化。与 ControlNet V3 不同，Flux.1-dev-ControlNet-Union-Pro 模型支持多达 7 种控制模式，分别是：Canny 边缘检测模式、Tile 平铺模式、Depth 深度模式、Blur 模糊模式、Pose 姿态模式、Gray 灰度模式以及 Low Quality 低质量模式。在 ComfyUI 中使用 Flux 的 ControlNet 时，需要采用 ControlNet-Union-Pro 专用的 ControlNet 节点。该节点无须额外安装，只需将 ComfyUI 更新至最新版本即可使用。随后，将模型文件放入根目录下的 models\ControlNet 文件夹中，并搭建相应的工作流以便使用。具体的工作流搭建步骤如下。

01 进入 ComfyUI 界面后，加载未整合 CLIP 和 VAE 模型的 Flux 工作流，如图 8-95 所示。

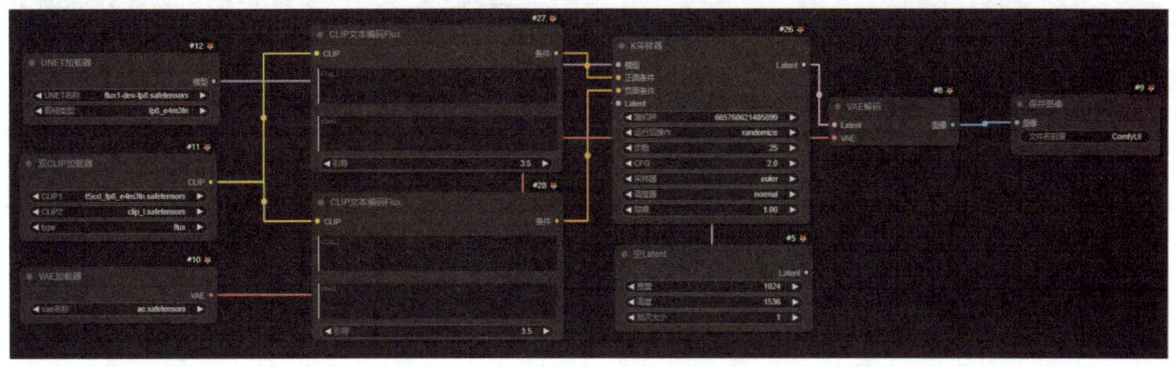

图 8-95

02 新建"加载图像""Zoe 深度预处理器"以及"ControlNet 应用 SD3/HunYuan"节点，随后将"加载图像"节点的"图像"输出端口连接到"Zoe 深度预处理器"节点的"图像"输入端口上，再将"Zoe 深度预处理器"节点的"深度图"输出端口连接到"ControlNet 应用 SD3/HunYuan"节点的"ControlNet 条件"输入端口，如图 8-96 所示。

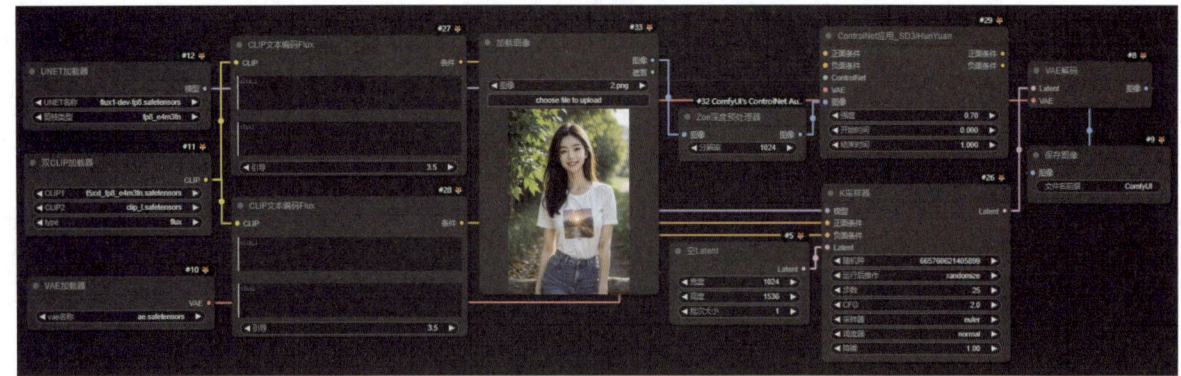

图8-96

03 新建"设置UnionControlNet类型"和"ControlNet加载器"节点,然后将"ControlNet加载器"节点的ControlNet输出端口连接到"设置UnionControlNet类型"节点的ControlNet输入端口,接着将"设置UnionControlNet类型"节点的"ControlNet"输出端口连接到"ControlNet应用 SD3/HunYuan"节点的"ControlNet条件"输入端口。在"ControlNet加载器"节点中,选择Flux.1-dev-ControlNet-Union-Pro模型,并在"设置UnionControlNet类型"节点中选择对应的ControlNet控制模式,如图8-97所示。

图8-97

04 将"正反向提示词"节点的"条件"输出端口分别连接到"ControlNet应用 SD3/HunYuan"节点的"正面条件"和"负面条件"输入端口,将"VAE加载器"节点的VAE输出端口连接到"ControlNet应用 SD3/HunYuan"节点的"VAE"输入端口,然后将"ControlNet应用 SD3/HunYuan"节点的"图像"输出端口连接到"K采样器"节点的"图像"输入端口,并确保"K采样器"节点的"正面条件"和"负面条件"输入端口已正确连接,如图8-98所示。

05 这样,Flux的ControlNet-Union-Pro工作流就已经搭建完毕。其使用方法与普通的ControlNet工作流相似,都需要上传一张控制图像,并选择相应的ControlNet控制模式。其他参数则按照Flux模型的常规设置进行调整,之后即可生成图片。类似地,如果使用整合了CLIP和VAE模型的Flux工作流或NF4模型的Flux工作流,操作步骤也大致相同。作者在此使用了NF4模型的ControlNet-Union-Pro工作流,成功将一张写实风格的图片转换为了插画风格的图片,如图8-99所示。

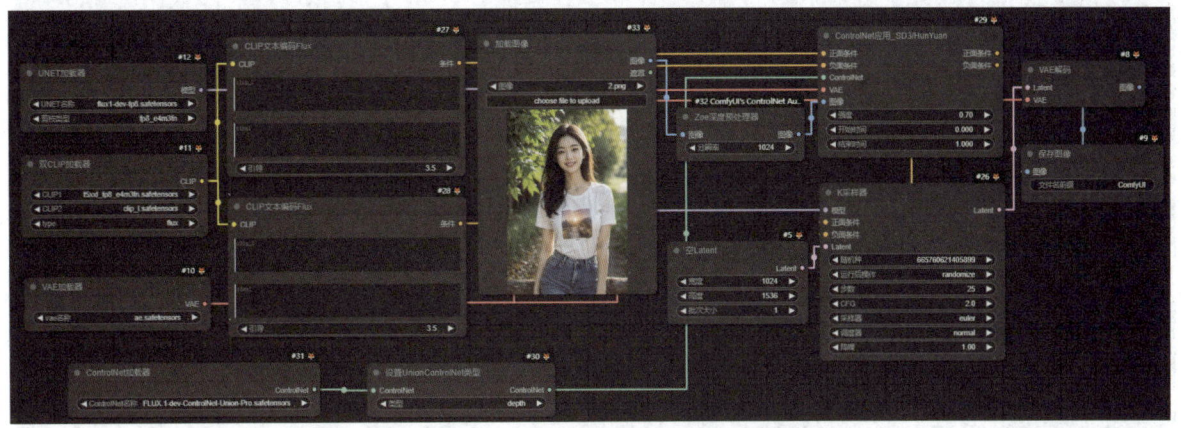

图8-98

图8-99

对比两个版本的ControlNet，即ControlNet V3 与 Flux.1-dev-ControlNet-Union-Pro，两者均展现了强大的图像控制能力。然而，Flux.1-dev-ControlNet-Union-Pro 在提供多种控制模式的同时，还进行了专业版的优化，从而为创作者带来了更丰富的选择和更高的灵活性。创作者可以根据自己的具体需求和硬件条件，选择最适合的模型进行使用。

第 9 章
ComfyUI 综合实战案例

9.1 生成相似图片工作流

创作者可利用生成相似图片工作流，制作出风格相似的图片，这些图片不仅适用于艺术创作、插画设计等领域，还可以用于生成趣味图片，供社交媒体分享、表情包制作等场合使用。关于此工作流，主要涉及第5章所阐述的反推提示词模块与局部重绘模块。将这两个模块加以整合，便能完成整个工作流的构建。具体的操作步骤如下。

01 进入ComfyUI界面后，新建生成相似图片工作流。首先，单击菜单界面的"清除"按钮，以删除界面中的所有节点。接着，从提示词处理工作流中复制"WD14反推提示词"模块，并将其粘贴到生成相似图片工作流中，如图9-1所示。

图9-1

02 在处理图像工作流中，复制局部重绘模块，并将其粘贴到生成相似图片工作流中，如图9-2所示。

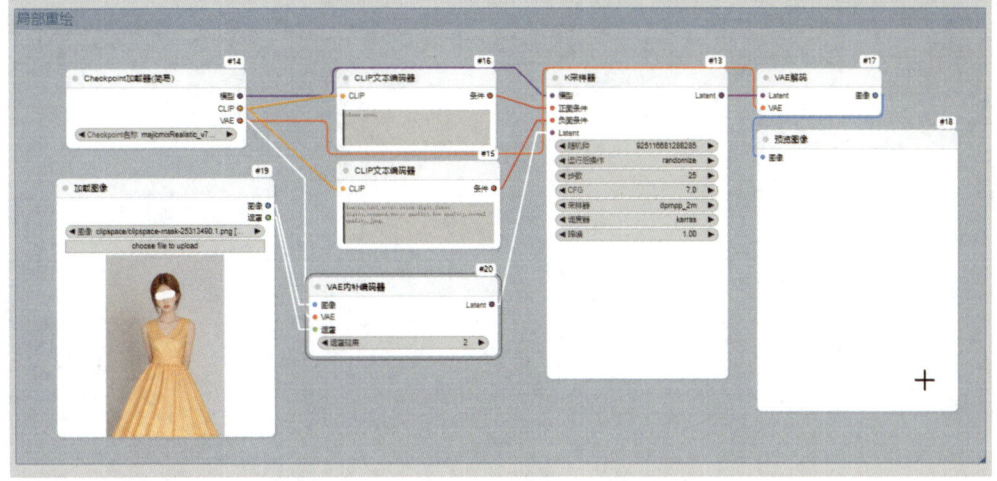

图9-2

03 将两个模块连接。首先，删除局部重绘模块中的"加载图像"节点；接着，将反推提示词模块的"加载图像"节点的"图像"和"遮罩"输出端口，分别连接到局部重绘模块的"VAE内部编码器"节点的对应"图像"和"遮罩"输入端口；然后，调整局部重绘模块中的正向提示词"CLIP文本编码器"节点，使其文本转换为输入状态；最后，将反推提示词模块的"WD14反推提示词"节点的"字符串"输出端口，连接到局部重绘模块的正向提示词"CLIP文本编码器"节点的"文本"输入端口，如图9-3所示。

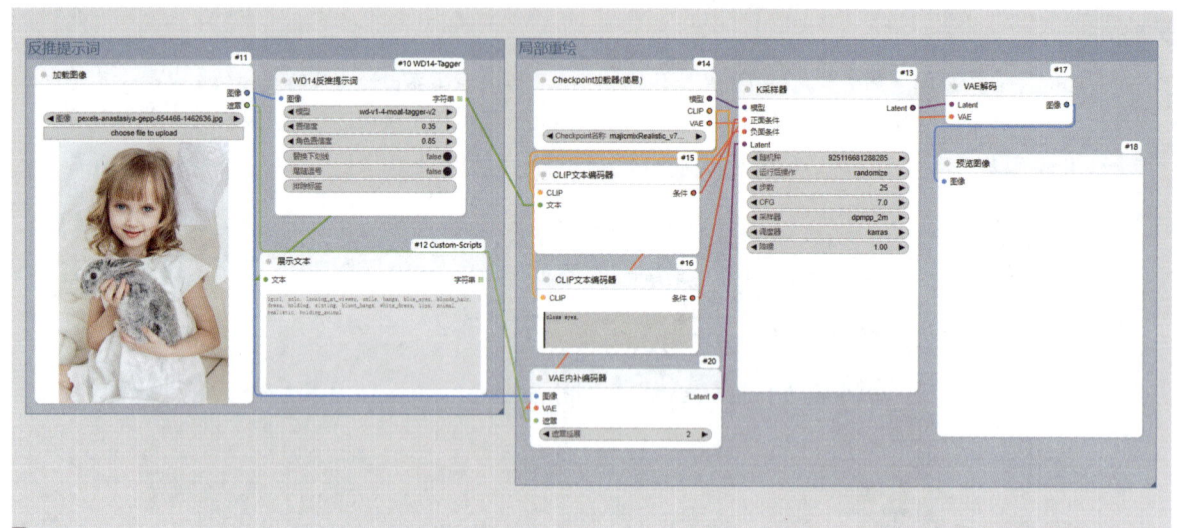

图9-3

04 至此，生成相似图片工作流的搭建已完成。为获得更佳的重绘效果，需要在"Checkpoint加载器（简易）"节点中选择flux1-dev-fp8-with_clip_vae.safetensors文件。同时，还需要将"VAE内部编码器"节点替换为"VAE编码"和"设置Latent噪波遮罩"两个节点，如图9-4所示。

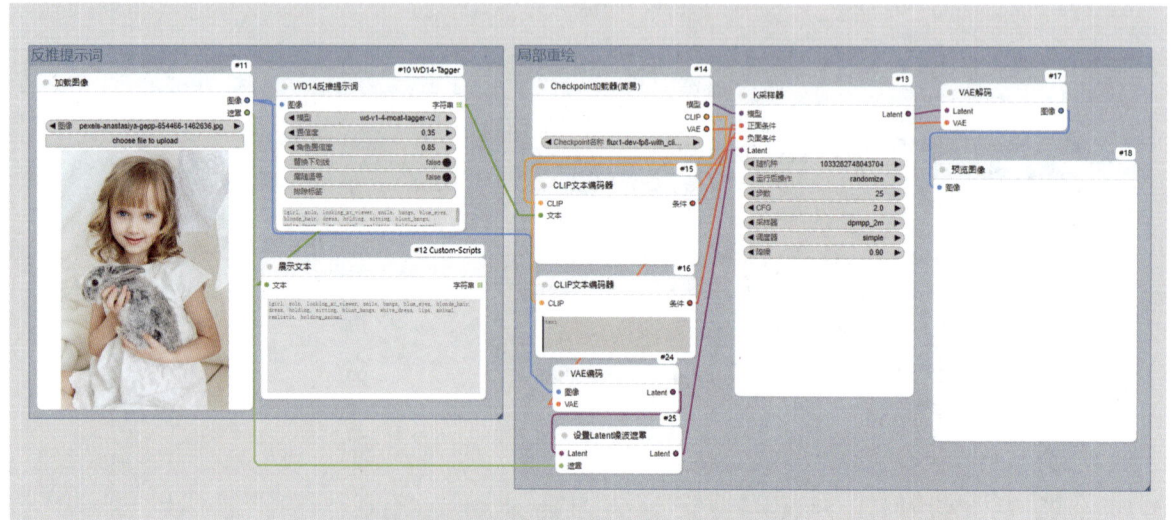

图9-4

05 在"加载图像"节点处上传所需的素材图像，并在遮罩编辑器中将其打开。随后，在遮罩编辑器窗口中，

图9-5

06 由于使用的是Flux大模型，因此在"K采样器"节点中，需要将"步数"值设定为20，CFG值设为2.0，并选择dpmpp_2m作为"采样器"以及karras作为"调度器"。因为是进行局部重绘，所以"降噪"值应设置为0.90，如图9-6所示。

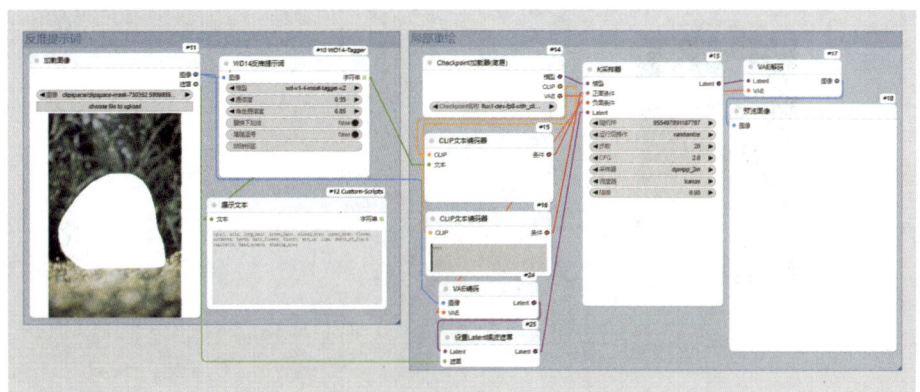

图9-6

07 单击"添加提示词队列"按钮后，即可生成相似图片，如图9-7所示。所生成的图片不仅与原图风格相似，而且变化显著却不显突兀，可以直接加以使用。

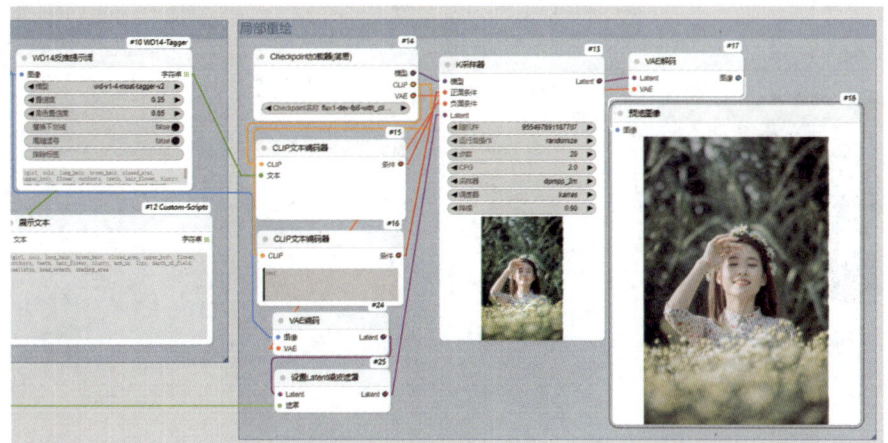

图9-7

9.2 生成动态图片工作流

动态图片相较于静态图片，具有更为强烈的视觉冲击力，因而能够吸引更多人的关注。通过ComfyUI生成的动态图片，可以创造出别具一格的视觉效果，从而提升作品的吸引力和感染力。关于此工作流，主要运用第5章介绍的缩放图像模块和图生视频模块。将这两个模块加以组合，便能完成整个工作流的构建，具体的操作步骤如下。

01 进入ComfyUI界面后，新建生成动态图片工作流。首先，单击菜单界面的"清除"按钮，删除界面中的所有节点。接着，在调整图像尺寸工作流中复制"图像缩放"模块，并将其粘贴到生成动态图片工作流中，如图9-8所示。

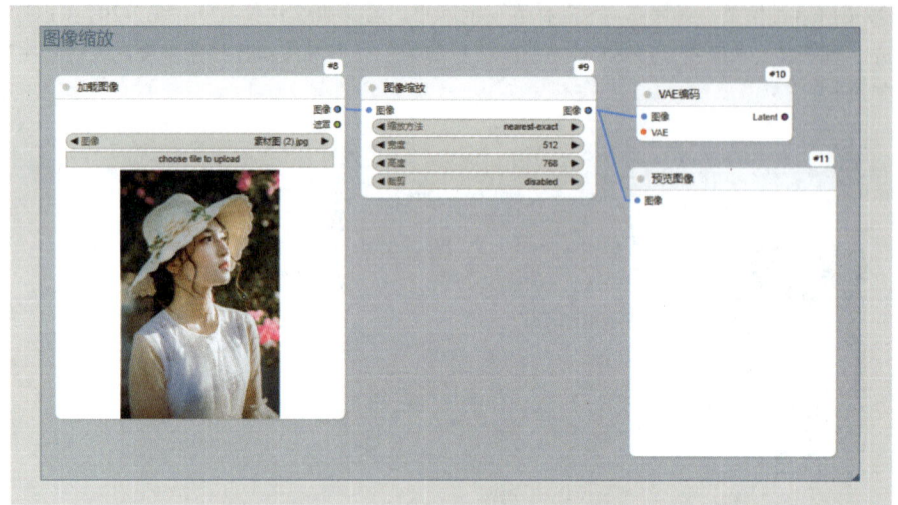

图9-8

02 在生成视频工作流中复制图生视频模块，然后将其粘贴到生成动态图片工作流中，如图9-9所示。

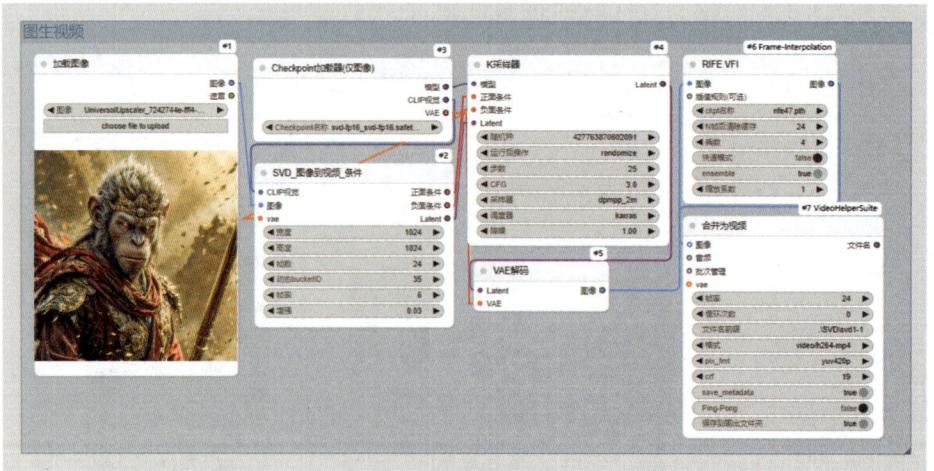

图9-9

03 将两个模块进行连接。首先,删除图像缩放模块中的"VAE编码"和"预览图像"节点;接着,删除图生视频模块中的"加载图像"节点;最后,将图像缩放模块的"图像缩放"节点的"图像"输出端口,连接到图生视频模块的"SVD_图像到视频_条件"节点的"图像"输入端口,如图9-10所示。

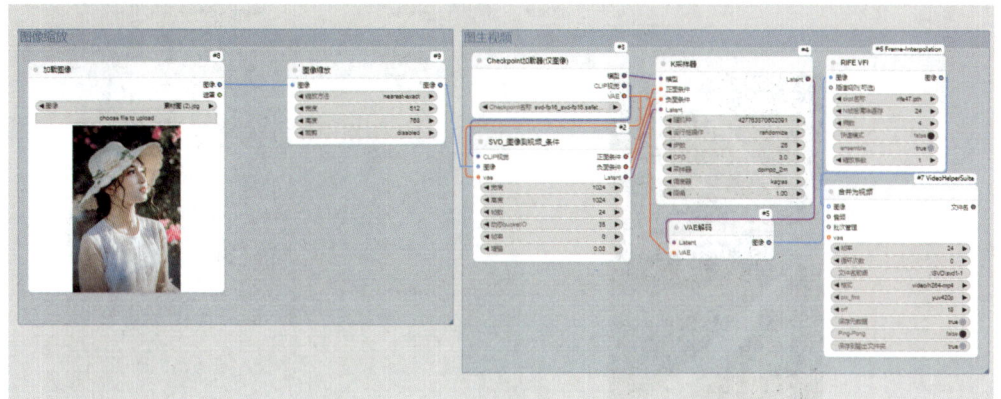

图9-10

04 为了使动态图片的效果更加丝滑流畅,需要在图生视频模块中加入"线性CFG引导"节点。该节点能够在生成图像的过程中动态调整提示词的权重,从而优化生成效果。这里的提示词特指通过"SVD_图像到视频_条件"节点将图像转换而成的提示词。接下来,将"线性CFG引导"节点连接在"Checkpoint加载器(仅图像)"节点与"K采样器"节点之间,如图9-11所示。

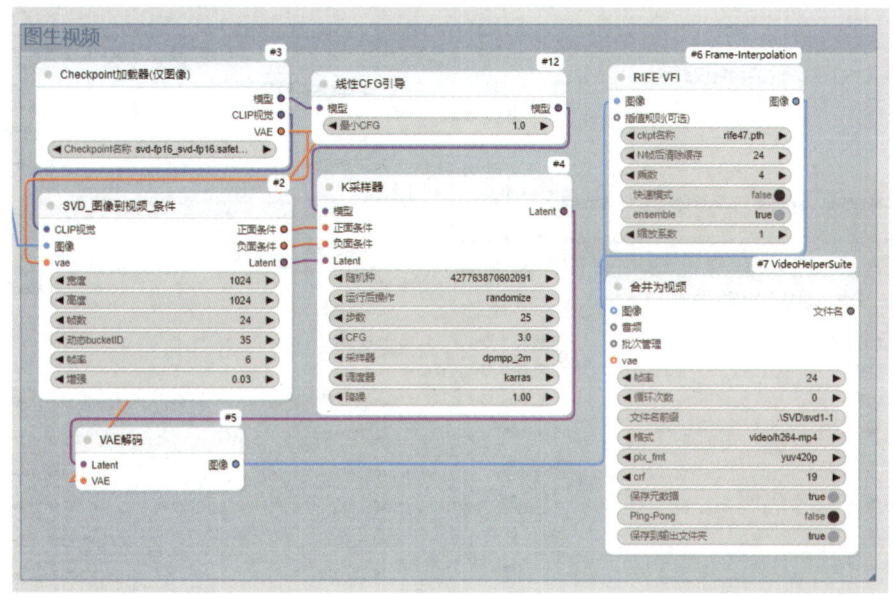

图9-11

05 上传一张图像素材。由于图生视频的最佳尺寸建议在1024像素×1024像素以下,以确保生成效果最佳,因此在"图像缩放"节点中,应将"宽度"值设置为512,"高度"值设置为768,如图9-12所示。

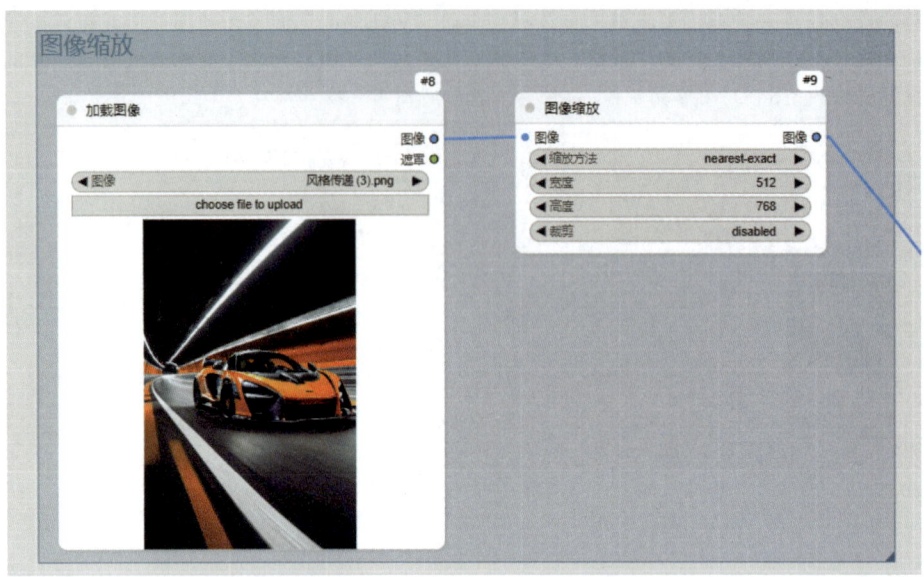

图9-12

06 在"Checkpoint加载器(仅图像)"节点中,选择SVD专用大模型。接着,在"SVD_图像到视频_条件"节点,将宽度和高度调整为与"图像缩放"节点中的宽度和高度相匹配,其他参数则保持默认设置。在"线性CFG引导"节点,将"最小CFG"值设为1.0。由于使用的是SVD模型,在"K采样器"节点中,应将CFG值设置为3.0,而其他参数则可根据实际情况进行适当调整,如图9-13所示。

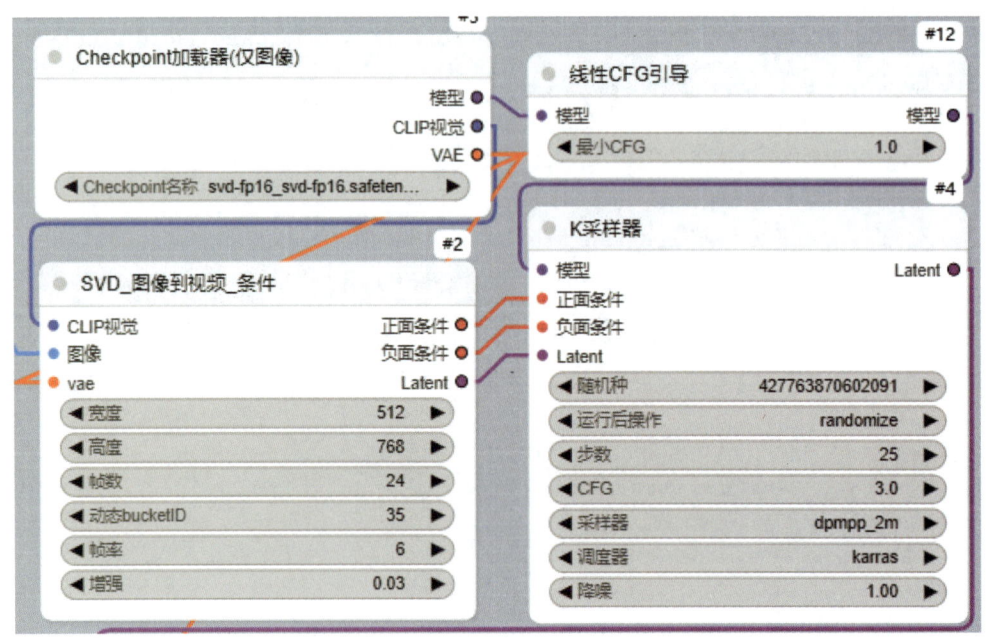

图9-13

07 在RIFE VFI节点中,主要需设置"乘数"参数。该参数设置为多少,生成的视频时长就会相应地扩大几倍。在"合成为视频"节点中,"帧率"设置需要与"SVD_图像到视频_条件"节点的"帧率"保持一致。由于目标是生成动态图片，因此"格式"应选择image/gif。其他参数则可以根据实际情况进行调整，如图9-14所示。

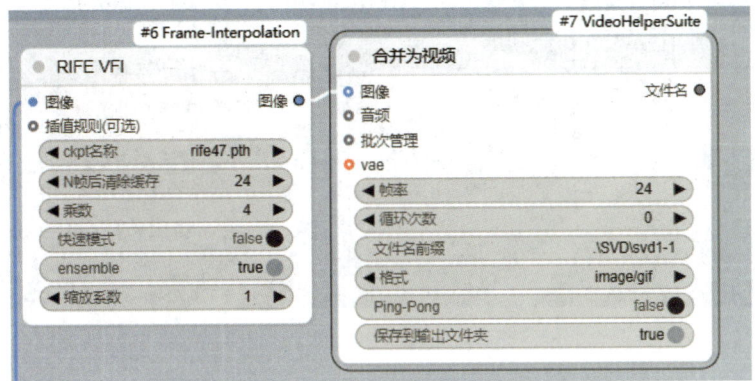

图9-14

08 单击"添加提示词队列"按钮，即可生成动态图片，如图9-15所示。

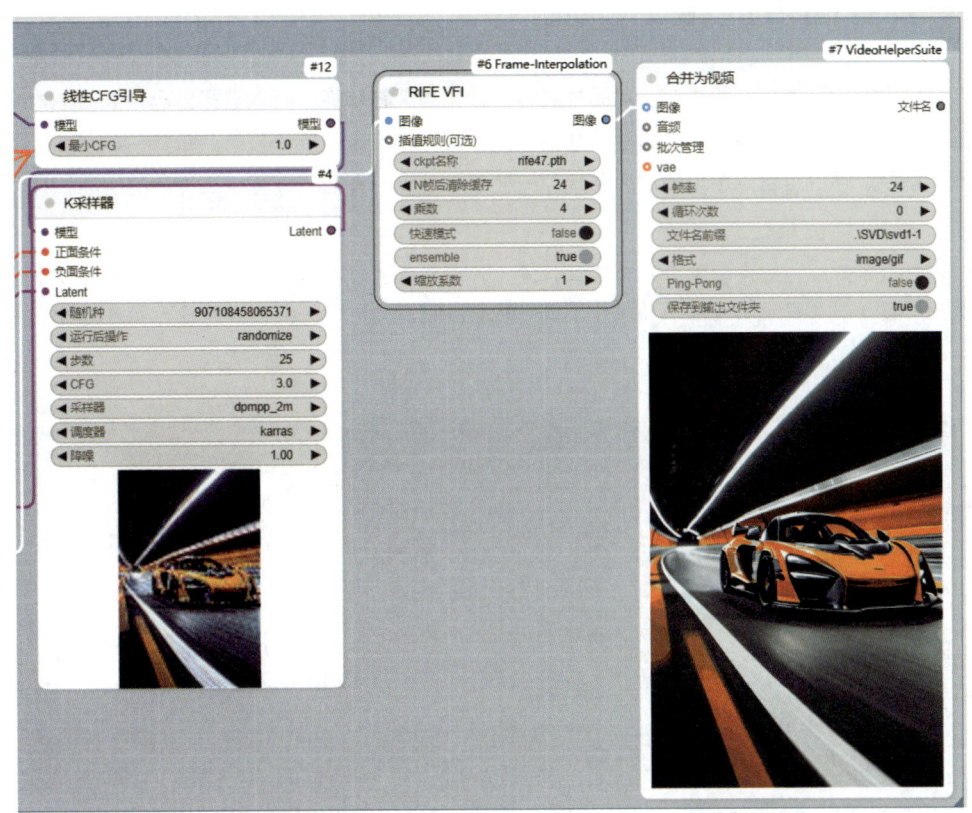

图9-15

09 由于书籍的静态特性，无法在其中展示动态效果。然而，在计算机上查看时，生成的动态效果实际上是非常显著的。为了提供一些直观的效果，这里连续截取了几张图片，尽管它们只能反映出轻微的变化，但依旧能够体现出动态的视觉效果，如图9-16所示。

189

图9-16

9.3 转变图片风格工作流

创作者可以根据自己的喜好和需求,对图片进行个性化的风格转换。可以选择自己钟爱的艺术风格,或者根据特定的创作需求,定制出独具个人特色的作品。关于此工作流,主要依赖第 5 章介绍的反推提示词模块和放大重绘图像模块。通过组合这两个模块,并增添一些基础节点,即可完成整个工作流的构建。具体的操作步骤如下。

01 进入ComfyUI界面后,新建转变图片风格工作流。首先,单击菜单界面的"清除"按钮,以删除界面中的所有节点。接着,在提示词处理工作流中复制"WD14反推提示词"模块,并将其粘贴到转变图片风格工作流中,如图9-17所示。

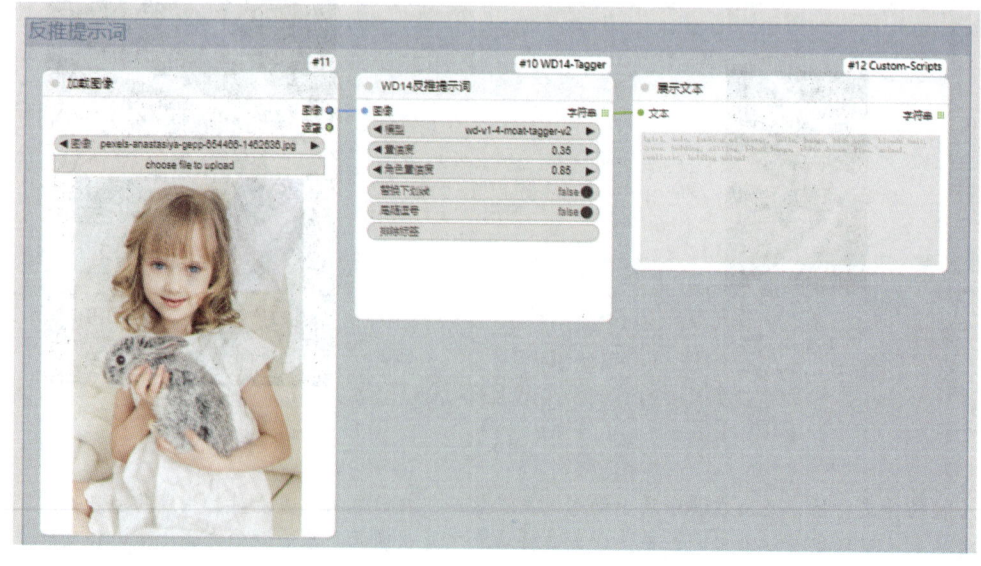

图9-17

02 在图像放大工作流中复制放大重绘图像模块，然后将其粘贴到转变图片风格工作流中，如图9-18所示。

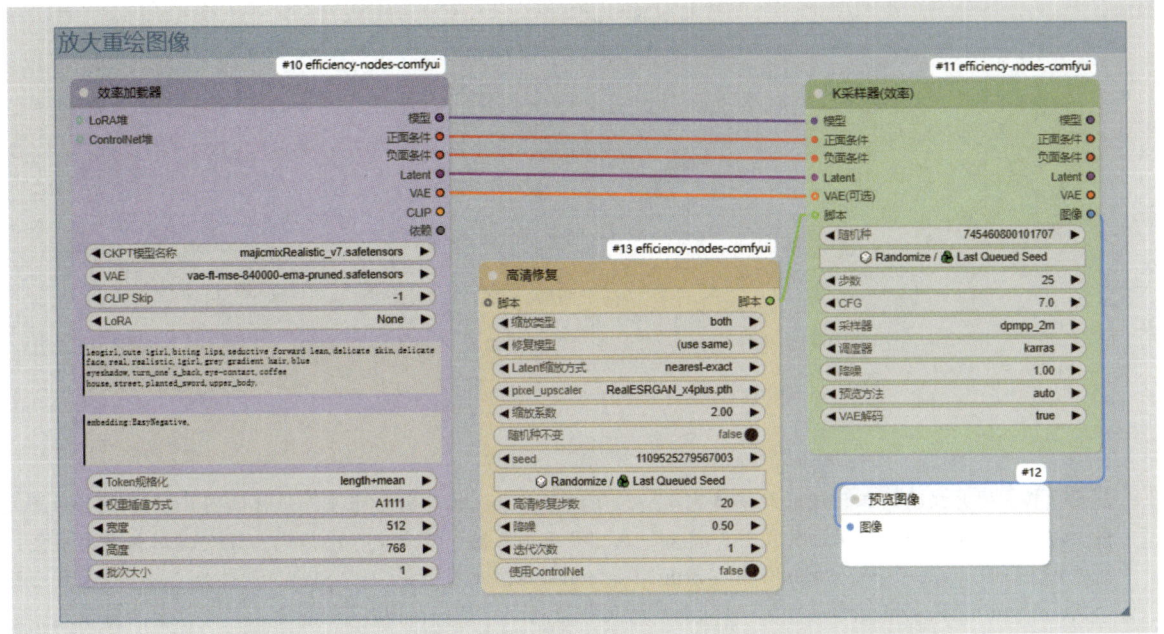

图9-18

03 将两个模块进行连接。为此，首先将"效率加载器"节点的"正面条件"设置为输入模式；然后，将"WD14反推提示词"节点的"字符串"输出端口连接到"效率加载器"节点的"正面条件"输入端口，如图9-19所示。

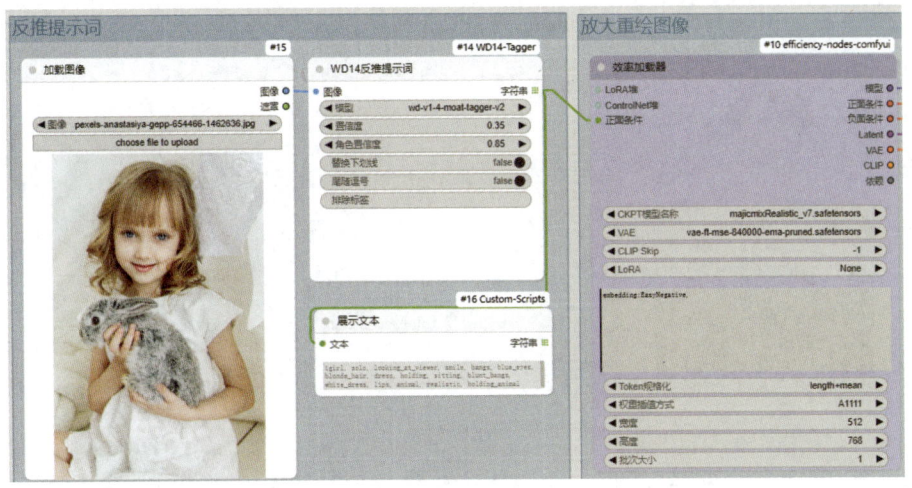

图9-19

04 由于需要转变图片风格，这一过程涉及图生图技术，因此必须创建"VAE编码"节点；接下来，将"加载图像"节点的"图像"输出端口连接到"VAE编码"节点的"图像"输入端口；同时，断开"效率加载器"节点的Latent输出端口，并将其VAE输出端口连接到"VAE编码"节点的VAE输入端口；最后，将"VAE编码"节点的Latent输出端口连接到"K采样器(效率)"节点的Latent输入端口，如图9-20所示。

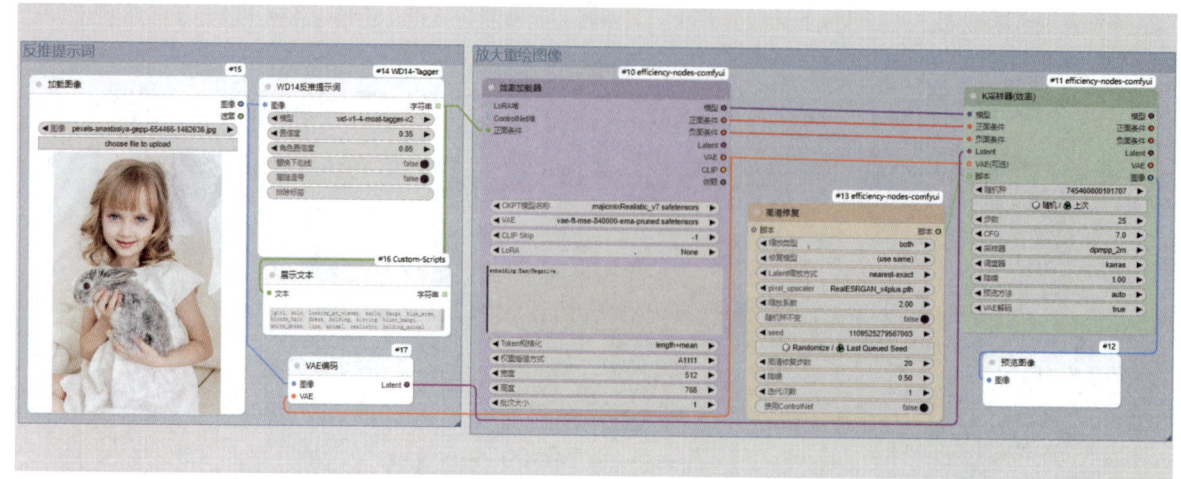

图9-20

05 至此，转变图片风格的工作流已经搭建完毕。为了演示效果，准备将一张真人风格的图片转换为3D动漫风格。首先，上传一张真人风格的图片；接着，在"效率加载器"节点中，选择代表3D可爱风格的大模型，并将VAE设置为vae-ft-mse-840000-ema-pruned.safetensors；此外，将CLIP Skip值调整为-2，并输入负面提示词embedding:EasyNegative。在"Token规格化"选项中，选择length+mean方式，"权重插值方式"选项设置为A1111。尺寸方面无须额外设置，因为系统将直接使用上传图片的尺寸。同样，"批次大小"也无须手动设置，如图9-21所示。

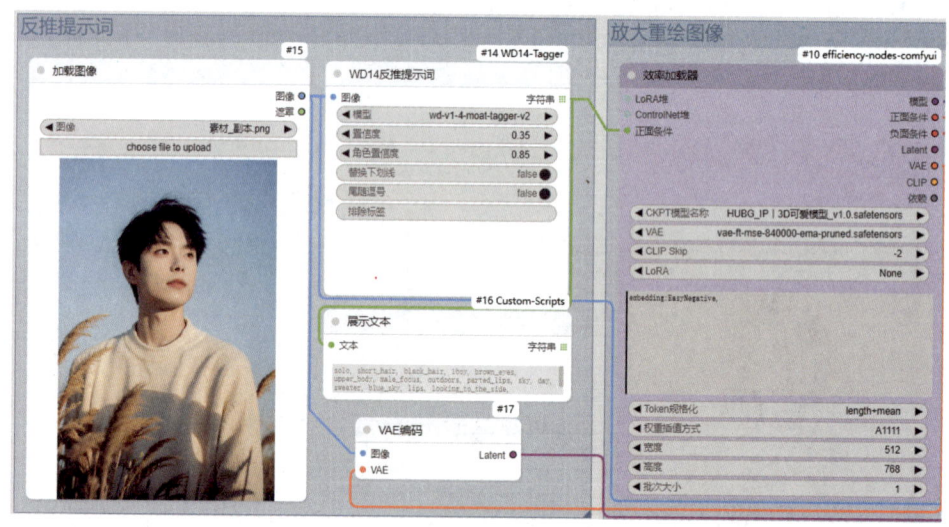

图9-21

06 在"K采样器"节点中，需要特别关注的设置是"降噪"参数。为确保良好的生成效果，建议其数值不低于0.7。而在"高清修复"节点中，"缩放类型"应选择both，"修复模型"则应选择（use same），即与用于生成图像的大模型保持一致，这样可获得最佳的重绘效果。放大模型方面，建议选择RealESRGAN_x4plus_anime_6B.pth，并将"缩放系数"值设置为2.00。同时，应关闭"随机种不变"选项，将"高清修复步数"值设置为20。对于"降噪"参数，建议设置在0.5~0.7。此外，"迭代次数"值应设为1，并关闭"使用ControlNet"功能，如图9-22所示。

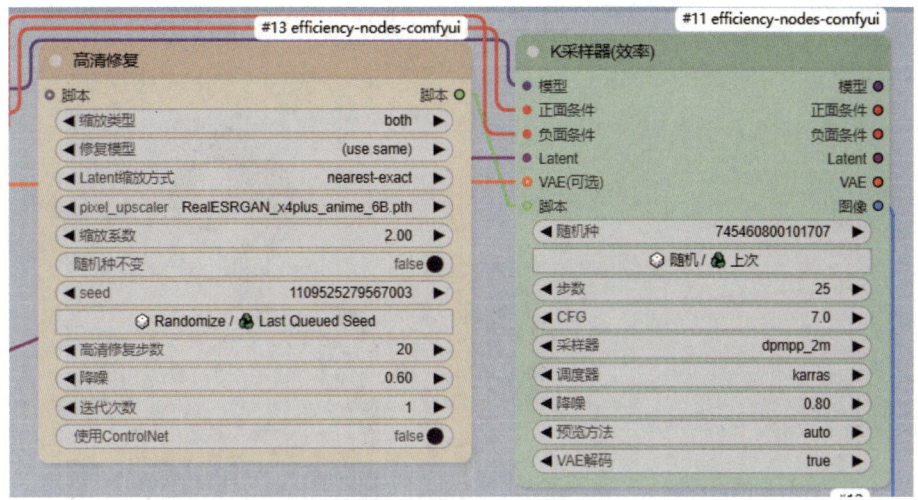

图9-22

07 单击"添加提示词队列"按钮后,即可生成经过风格转变的图片,如图9-23所示。从图中可以看出,生成的图像已成功转换为3D可爱风格,同时人物和场景的基本构成保持了一致,没有发生剧烈变化。然而,人物的动作和一些细节部分确实呈现了新的变化。如果希望保持原图中的这些元素不变,可以通过添加ControlNet节点来对生成的图像进行更精细的控制。

图9-23

08 为了确保人物动作和细节在风格转换过程中保持不变,引入ControlNet节点,并运用Canny模型对人物进行控制。最终生成的图像成功保留了原有人物的动作,同时将图片风格转变为3D动漫效果,如图9-24所示。

图9-24

9.4 产品更换模特工作流

创作者现在能够轻松一键替换商品图片中的模特,无须进行实际拍摄,便可即刻展现出多样化的穿搭风格和场景,从而极大地增强了产品的视觉吸引力。关于此工作流,主要依赖第5章介绍的生成遮罩模块、面部细化模块以及图像对比模块。通过巧妙组合这三个模块,并增添一些必要的节点,即可完成整个工作流的构建。接下来,详细介绍具体的操作步骤。

01 进入ComfyUI界面后,新建一个名为"产品更换模特"的工作流。接着,单击菜单界面的"清除"按钮,以删除界面中原有的所有节点。然后,在"处理图像"工作流中找到并复制"生成遮罩"模块,将其粘贴到新建的"产品更换模特"工作流中,如图9-25所示。

图9-25

02 在"细节调整"工作流中找到并复制"面部细化"模块,然后将其粘贴到"产品更换模特"工作流中,如图9-26所示。

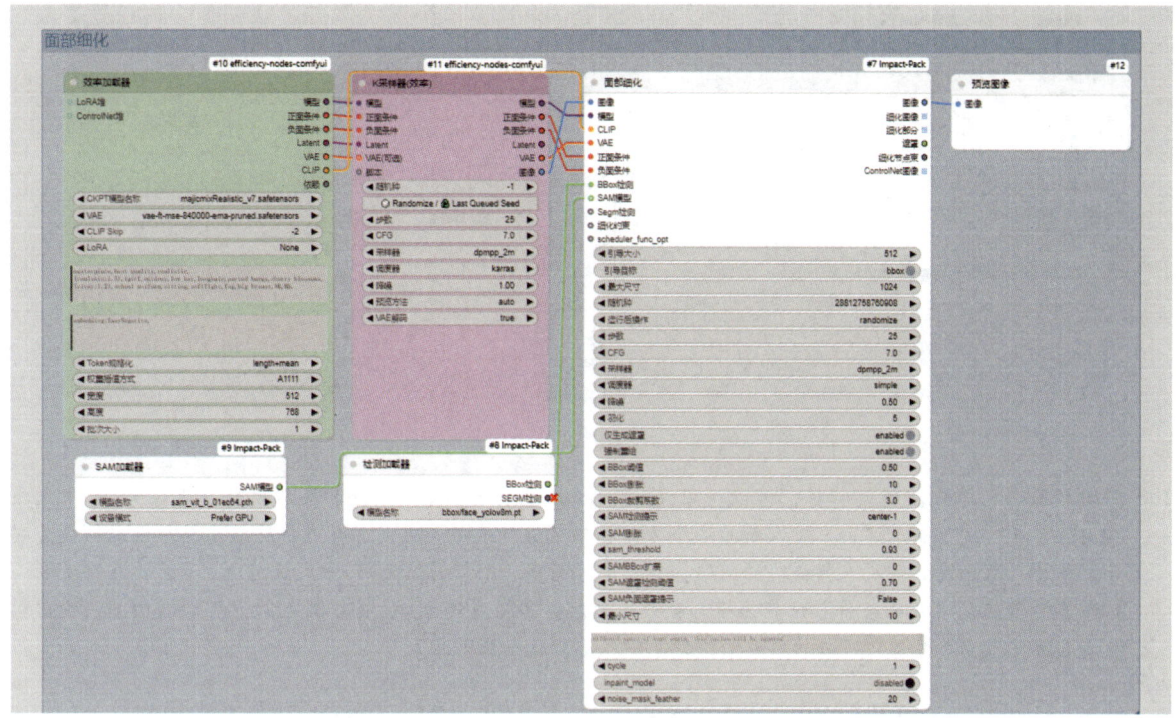

图9-26

03 在"图像对比"工作流中复制"滑块图像对比"模块,随后将其粘贴到"产品更换模特"工作流中,如图9-27所示。

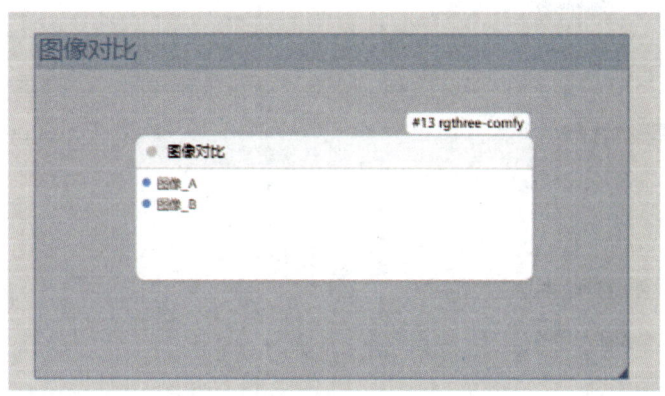

图9-27

04 将这三个模块连接起来。在生成遮罩模块中,为了更便于对产品生成遮罩,并在更换模特时实现遮罩的反转,需要先删除"遮罩到图像"节点和"预览图像"节点。接着,新建一个"遮罩反转"节点。此外,为了将遮罩信息传递到"K采样器(效率)"节点,还需要新建"VAE编码"节点和"设置Latent噪波遮罩"节点,并将这些节点按照逻辑顺序连接起来,如图9-28所示。

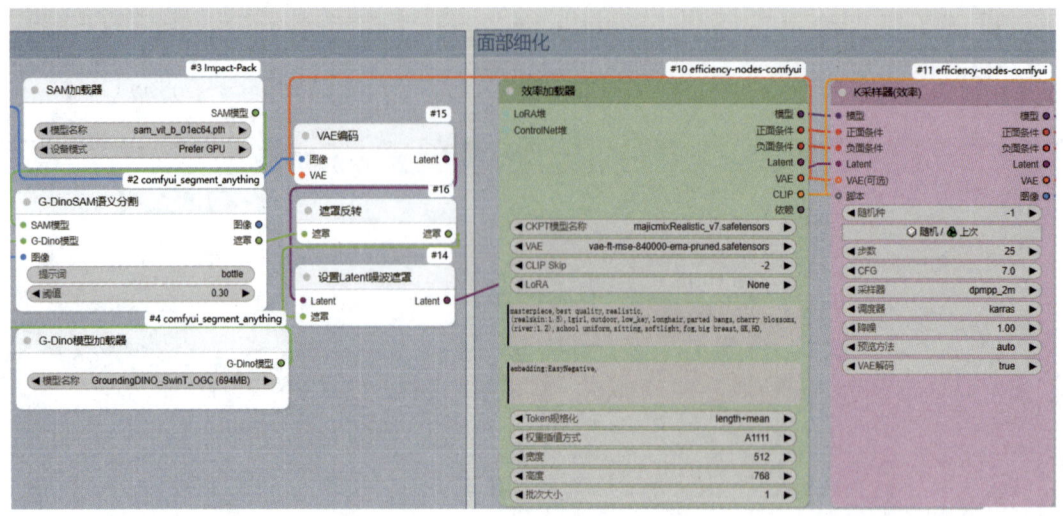

图9-28

05 若更换模特时难以描述其特征,可以使用comfyui-portrait-master-zh-cn扩展提供的"肖像大师_中文版_2.2"节点。该节点允许用户对人物的多个方面和细节进行选择和设定,并能将这些选择和设定转换为提示词输出,从而有效解决人物描述的问题。接下来,新建一个"肖像大师_中文版_2.2"节点,并将"效率加载器"节点的"正面条件"设置为输入模式。然后,将"肖像大师_中文版_2.2"节点的positive输出端口连接到"效率加载器"节点的"正面条件"输入端口,如图9-29所示。

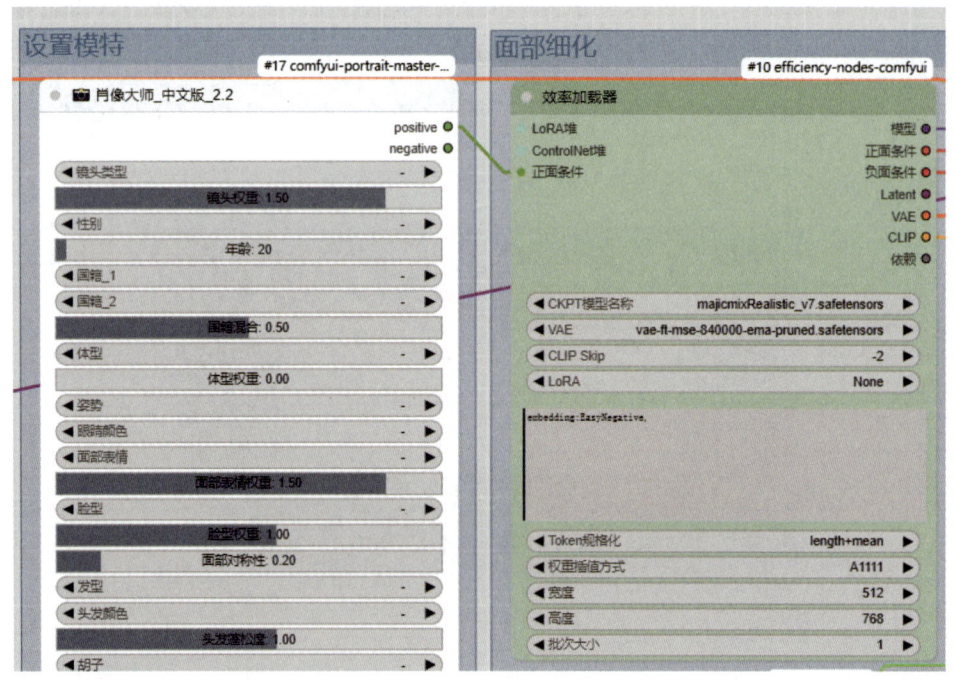

图9-29

06 在更换模特的过程中,产品的位置是保持不变的,因此模特的位置和动作也需要保持一致。为了实现这一点,需要使用ControlNet节点来控制模特的位置和动作。具体操作包括新建两个"ControlNet应用(旧版高级)"节点和一个"ControlNet加载器"节点。这里，计划使用dpth模型来控制人物的位置关系，并使用openpose来控制人物的动作。为此，还需要新建"MiDaS深度预处理器"节点和"DW姿态预处理器"节点，并将这些节点按照对应关系进行连接，如图9-30所示。

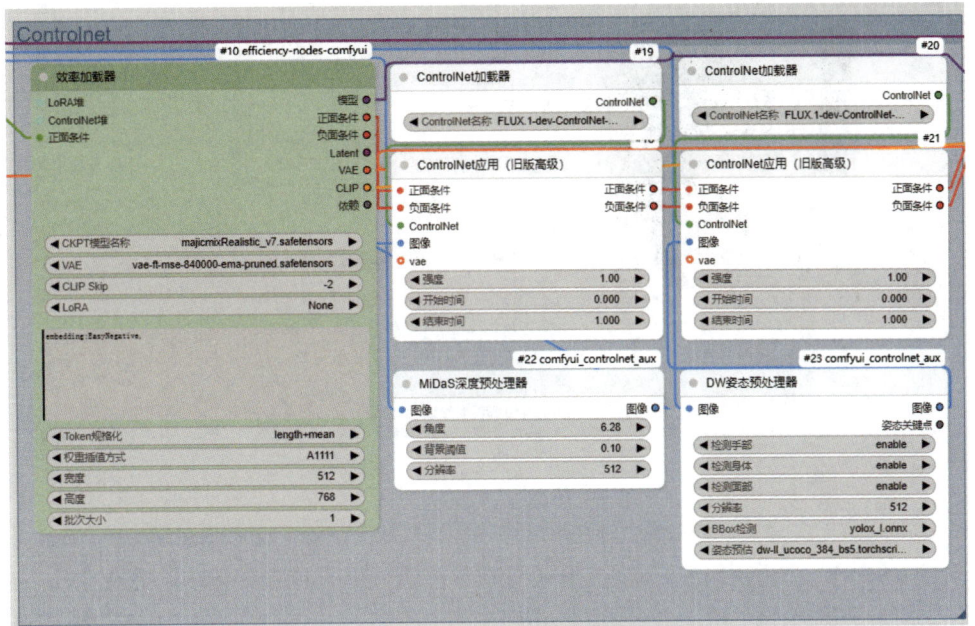

图9-30

07 删除面部细化模块中的"预览图像"节点，并分别将"加载图像"节点和"面部细化"节点的"图像"输出端口连接到"图像对比"节点的"图像_A"和"图像_B"输入端口，如图9-31所示。

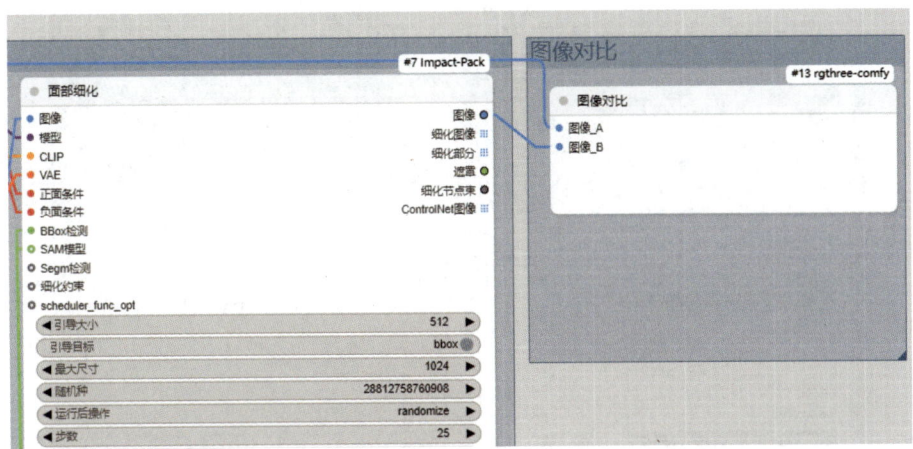

图9-31

08 至此，产品更换模特的工作流已经搭建完毕。接下来，上传一张包含产品模特的图像，并在"G-DinoSAM语义分割"节点的"提示词"文本框中输入bottle，同时将"阈值"设置为0.30。这一步的目的是为上传图像中的香水部分生成遮罩，随后通过"遮罩反转"节点，将除香水以外的部分也生成相应的遮罩，如图9-32所示。

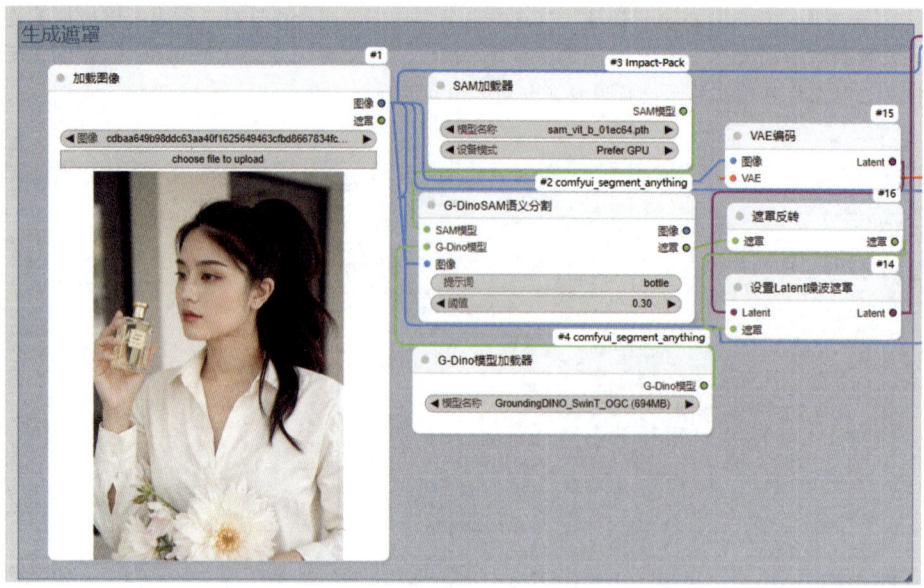

图9-32

09 在"肖像大师_中文版_2.2"节点中,调整出满意的模特参数。接着,在"效率加载器"节点选择一个写实类型的XL大模型,同时不使用VAE模型和LoRA模型。将CLIP Skip值设置为-2,而且无须填写负面提示词。在"Token规格化"选项中,选择length+mean方式。最后,"权重插值方式"选择A1111,如图9-33所示。

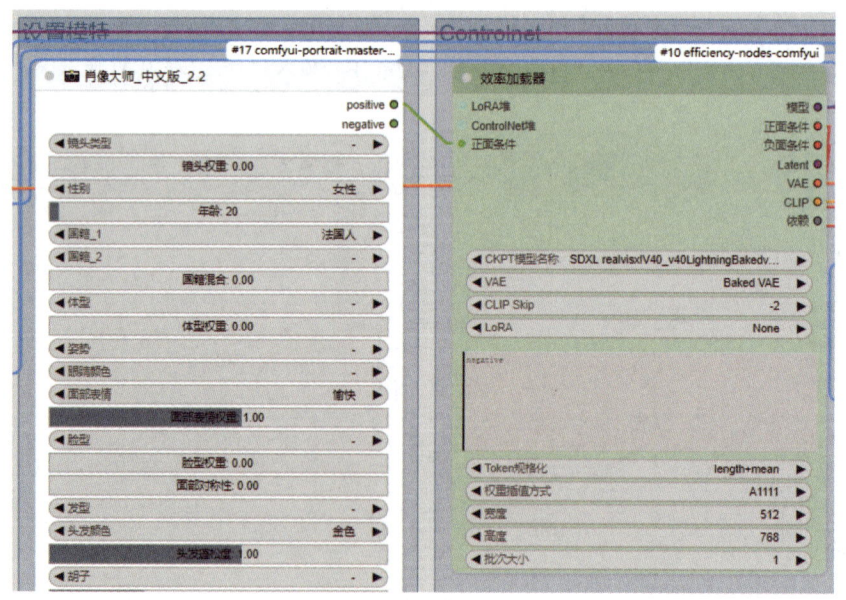

图9-33

10 在ControlNet部分,对于使用dpth模型的"ControlNet加载器"节点,应将"ControlNet名称"选择为sai_xl_depth_128lora.safetensors模型。同时,在"ControlNet应用(旧版高级)"节点中,将"强度"值设置为0.60。对于使用openpose模型的"ControlNet加载器"节点,应选择thibaud_xl_openpose_256lora

safetensors模型。此外，需要确保"MiDaS深度预处理器"节点和"DW姿态预处理器"节点的"分辨率"值都设置为1024，如图9-34所示。

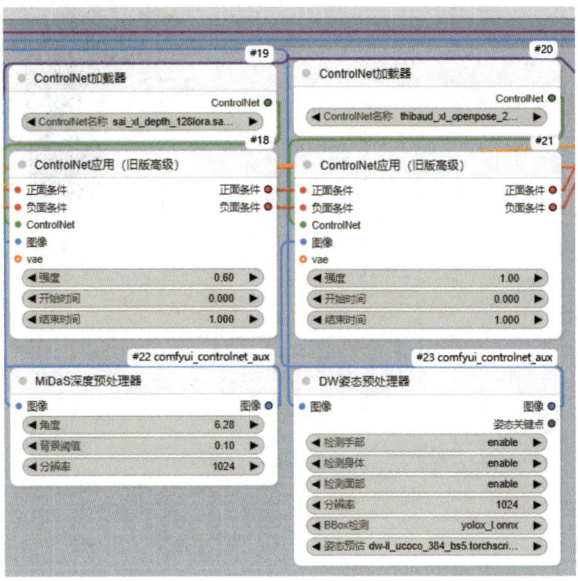

图9-34

11 在"K采样器（效率）"节点中，应将"步数"值设置为5，CFG值设置为2.0，"采样器"选择为dpmpp_2m，"调度器"选择为karras，并将"降噪"值设置为1.00。对于"面部细化"节点，除了"降噪"值设置为0.50，其他参数应与"K采样器（效率）"节点保持一致，如图9-35所示。

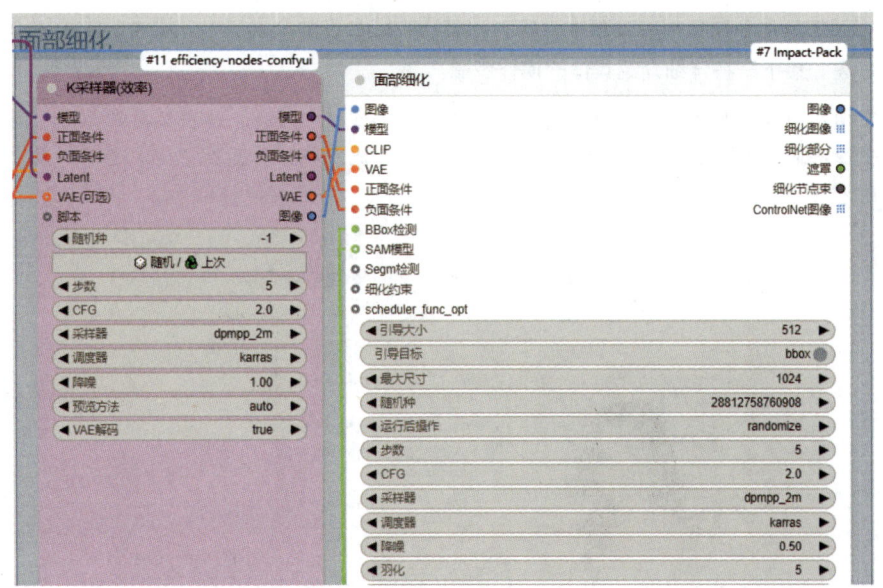

图9-35

12 单击"添加提示词队列"按钮后，即可生成更换模特后的产品图像，如图9-36所示。从图中可以看出，生成图像中模特的位置和动作都基本保持不变，但模特已经成功替换为外国模特。

图9-36

9.5 图片换背景工作流

图片换背景工作流借助智能化技术，显著提升了图像处理效率。创作者只需简单上传图片并选定背景区域，系统便能根据提示词迅速生成更换背景后的图像，从而快速完成背景替换任务。在构建此工作流时，主要运用了第5章所介绍的生成遮罩模块和修复重绘模块。通过巧妙结合这两个模块，并增添一些基础节点，即可轻松完成工作流的搭建。接下来将详细介绍具体的操作步骤。

01 进入ComfyUI界面后，新建一个名为"图片换背景"的工作流。接着，单击菜单界面的"清除"按钮，以删除界面中原有的所有节点。然后，在"处理图像"工作流中找到并复制"生成遮罩"模块，将其粘贴到新建的"图片换背景"工作流中，如图9-37所示。

图9-37

02 在"处理图像"工作流中找到并复制"修复重绘"模块,然后将其粘贴到"图片换背景"工作流中,如图9-38所示。

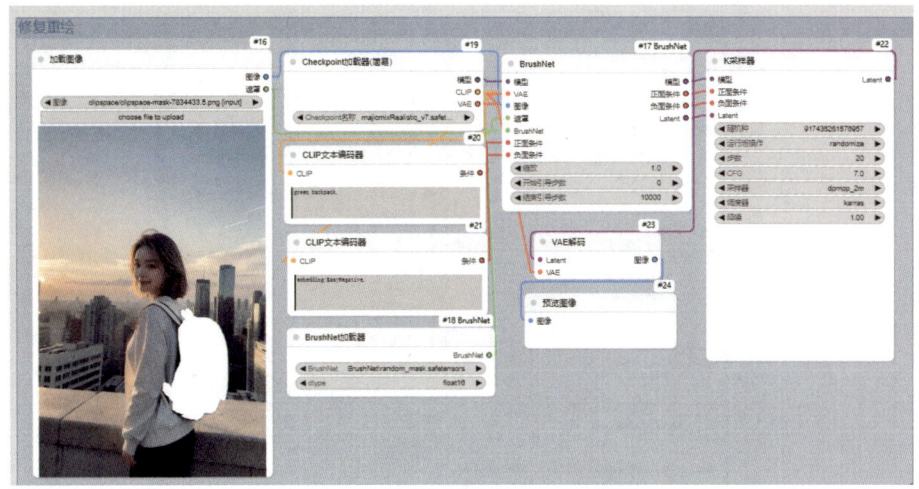

图9-38

03 将这两个模块连接起来。在生成遮罩模块中,首先需要为主体生成遮罩,然后通过遮罩反转功能为背景生成遮罩。为了实现这一步骤,需要删除"遮罩到图像"节点和"预览图像"节点,并新建一个"遮罩反转"节点。接着,将"遮罩反转"节点的"遮罩"输出端口连接到BrushNet节点的"遮罩"输入端口,这样,通过生成遮罩模块生成的背景遮罩就可以顺利传送到BrushNet节点进行重绘。同时,由于在生成遮罩模块中已经上传了图像并生成了相应的遮罩,因此修复重绘模块中的"上传图像"节点就不再需要,可以将其删除,如图9-39所示。

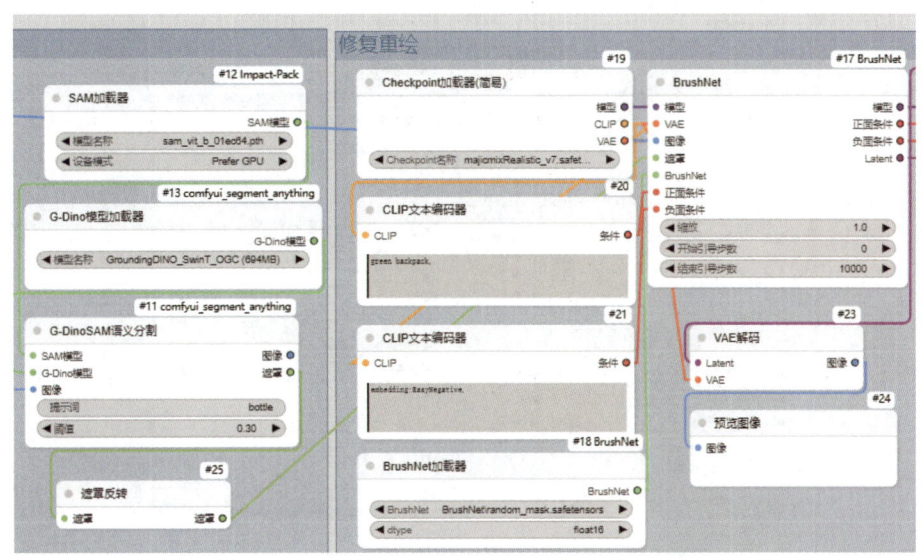

图9-39

04 对于更换背景这类操作,单纯依赖大模型往往难以满足各种场景下的背景图像生成需求。因此,需要引入针对上传图像的LoRA模型来辅助生成背景图,从而确保更换后的背景效果更加出色。具体操作是新建

"LoRA加载器"节点,并将其连接在"Checkpoint加载器(简易)"与BrushNet节点之间。这样,LoRA模型就能根据上传的图像信息,更精准地辅助生成背景图像,如图9-40所示。

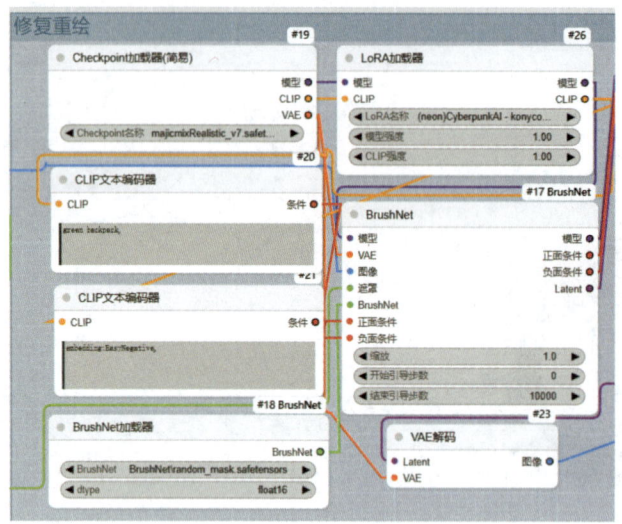

图9-40

05 同样,对于更换背景这种具有概率性的图像生成操作,单次生成的图像结果可能并不总是符合预期。因此,为了提高生成效率并确保获得满意的结果,可以采用批量生成的方式。具体做法是新建"Latent批次大小"节点,并将其连接在BrushNet节点与"K采样器"节点之间。这样,就可以自定义设置出图的批次大小,一次性生成多张图片以供挑选,如图9-41所示。

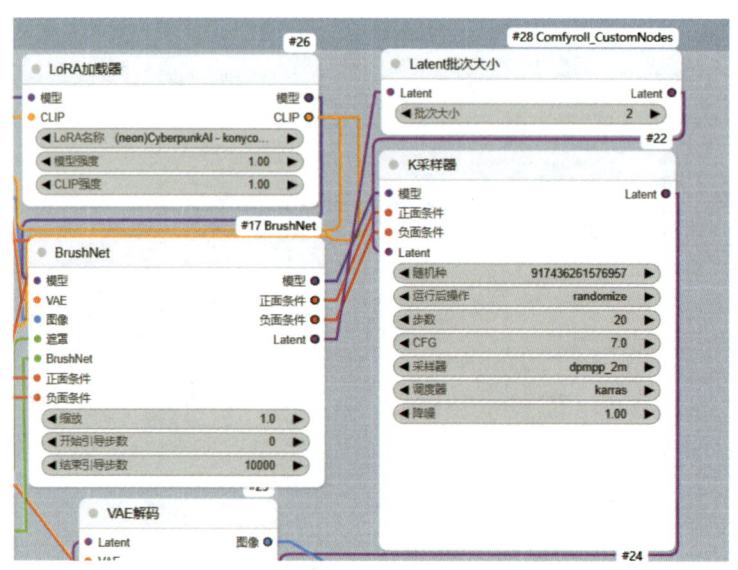

图9-41

06 至此,图片换背景工作流已搭建完毕。接下来,上传一张带有主体的白底图,本例中上传的是一张洗面奶的白底素材图。因此,在"G-DinoSAM语义分割"节点的"提示词"文本框中输入bottle,以便为洗面奶生成相应的遮罩,如图9-42所示。

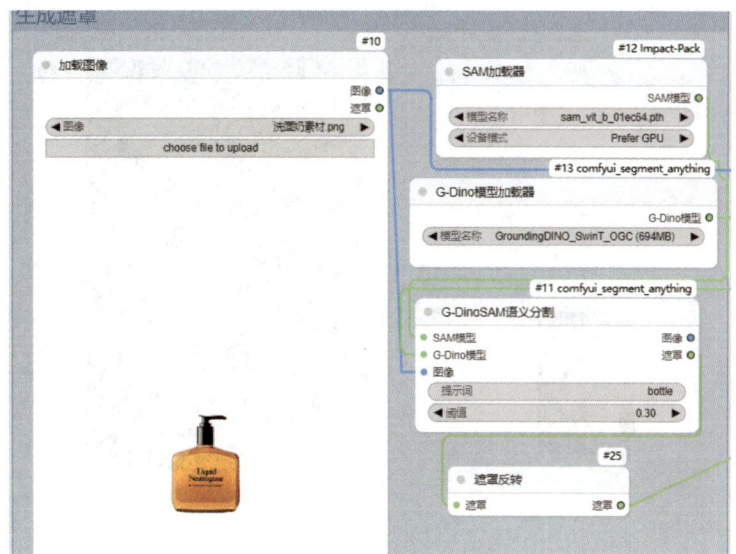

图9-42

07 由于需要生成写实风格的背景，因此应选择一个大模型，其类型应为写实风格。同时，还需要选取一个适用于生成电商背景的LoRA模型，并为其设定合适的模型强度。在"正向提示词"文本框中，应输入对期望背景的具体描述。此外，在BrushNet节点中，应将"缩放"值设置为1.2，以确保修复的程度达到预期。最后，需要对"K采样器"节点的参数进行相应设置，如图9-43所示。

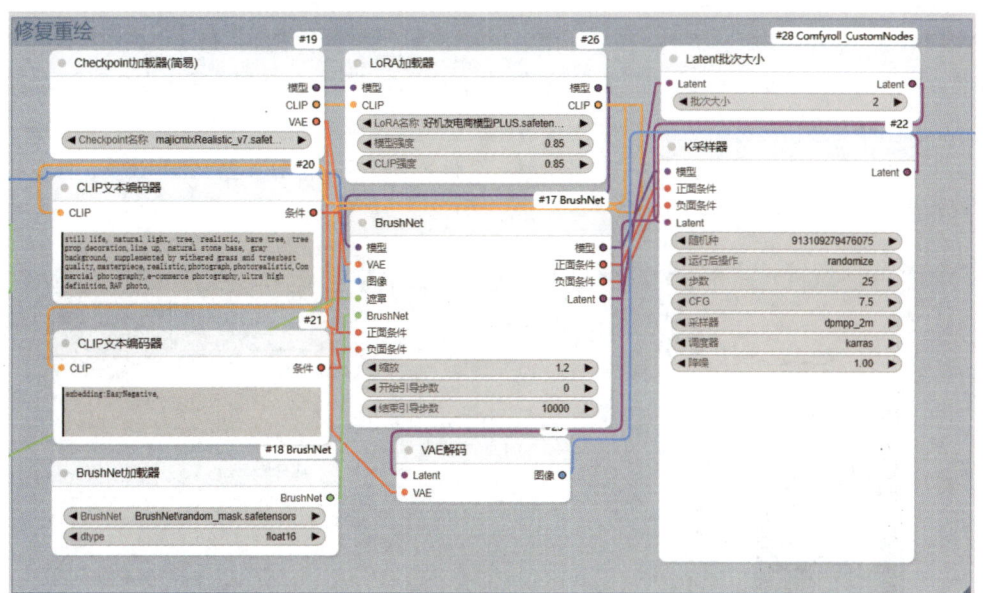

图9-43

08 单击"添加提示词队列"按钮后，即可生成更换背景后的产品图像，如图9-44所示。从图中可以看出，图片的背景已经被成功更换，且主体在图片中的位置也十分合理。不过，主体部分也略微发生了一些改变。此时，可以将生成的图片保存下来，再利用Photoshop等软件进行进一步的调整。尽管如此，相较于传统方法在Photoshop中直接更换背景，这种方式已经大大简化了操作流程。

图9-44

9.6 图片重打光工作流

通过ComfyUI的图片重打光工作流,创作者能够轻松对图像进行重新打光处理,进而显著提升图像的整体视觉效果和质量。在构建此工作流时,主要运用第5章介绍的重打光模块和风格迁移模块。只需将这两个模块巧妙结合,并添加一些必要的基础节点,即可顺利完成工作流的搭建。接下来,将详细介绍具体的操作步骤。

01 进入ComfyUI界面后,新建一个名为"图片重打光"的工作流。接着,单击菜单界面的"清除"按钮,删除界面中原有的所有节点。然后,在"细节调整"工作流中找到并复制"重打光"模块,将其粘贴到新建的"图片重打光"工作流中,如图9-45所示。

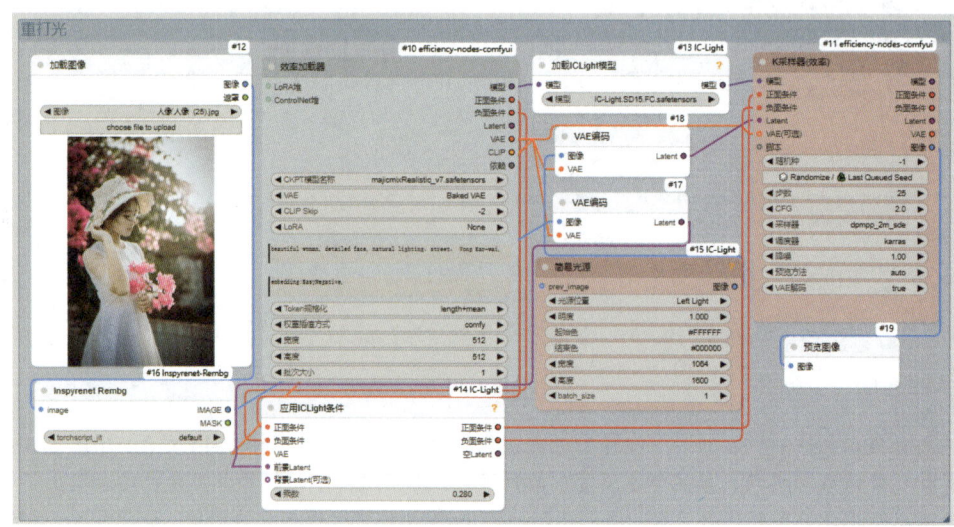

图9-45

02 在"细节调整"工作流中复制"风格迁移"模块,并将其粘贴到"图片重打光"工作流中,如图9-46所示。在此,使用"风格迁移"模块的目的并非改变图片的风格,而是为了确保图片在重打光处理后能够保持原有的内容和细节不变。

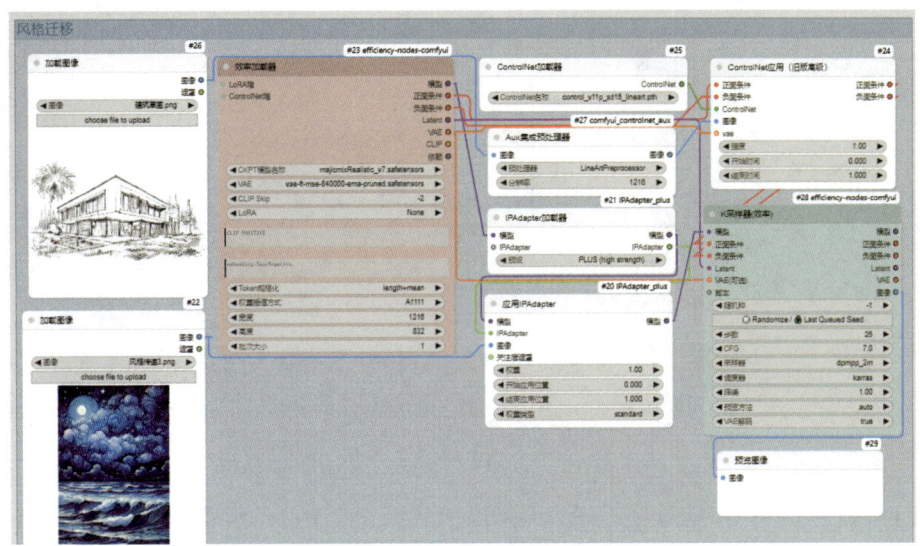

图9-46

03 由于已将两个模块都接入工作流,并且"图片重打光"工作流主要依赖的是"重打光"模块,因此可以将"风格迁移"模块中的"加载图像"节点、"效率加载器"节点、"K采样器(效率)"节点和"预览图像"节点删除,以简化工作流并提高处理效率,如图9-47所示。

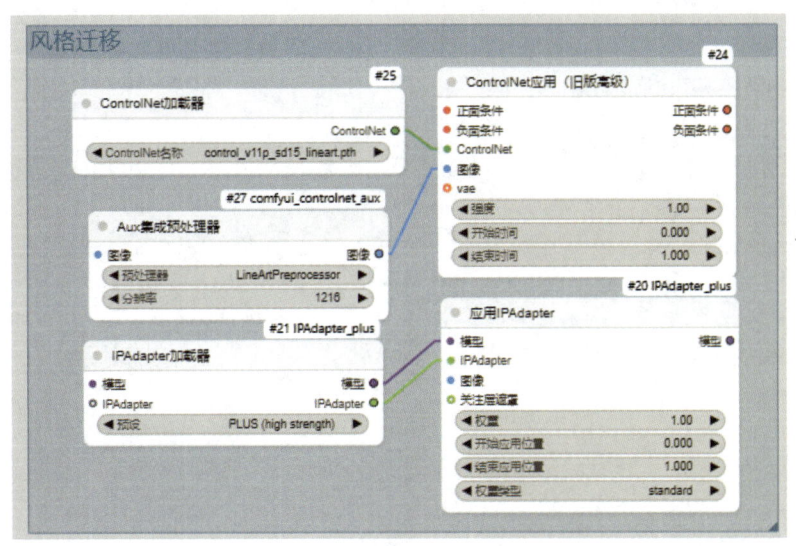

图9-47

04 将两个模块连接起来。在"重打光"模块中,为了保持图片内容不变,需要删除Inspyrenet Rembg节点。接着,将"IPAdapter加载器"节点和"应用IPAdapter"节点连接到"效率采样器"节点与"加载ICLight模型"节点之间。这样,图片就可以在保持内容不变的情况下进行重打光处理,如图9-48所示。

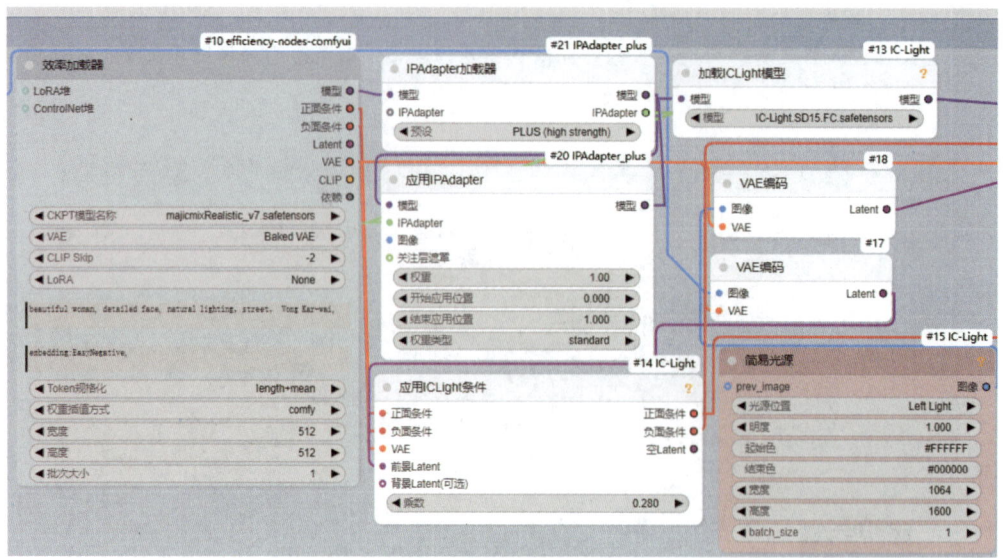

图9-48

05 保留"ControlNet应用(旧版高级)"节点是为了确保图片在重打光处理后内容保持不变。因此，将"ControlNet应用(旧版高级)"节点连接在"应用ICLight条件"节点与"K采样器（效率）"节点之间。这样，通过控制该节点，可以保持图片内容的稳定性，如图9-49所示。

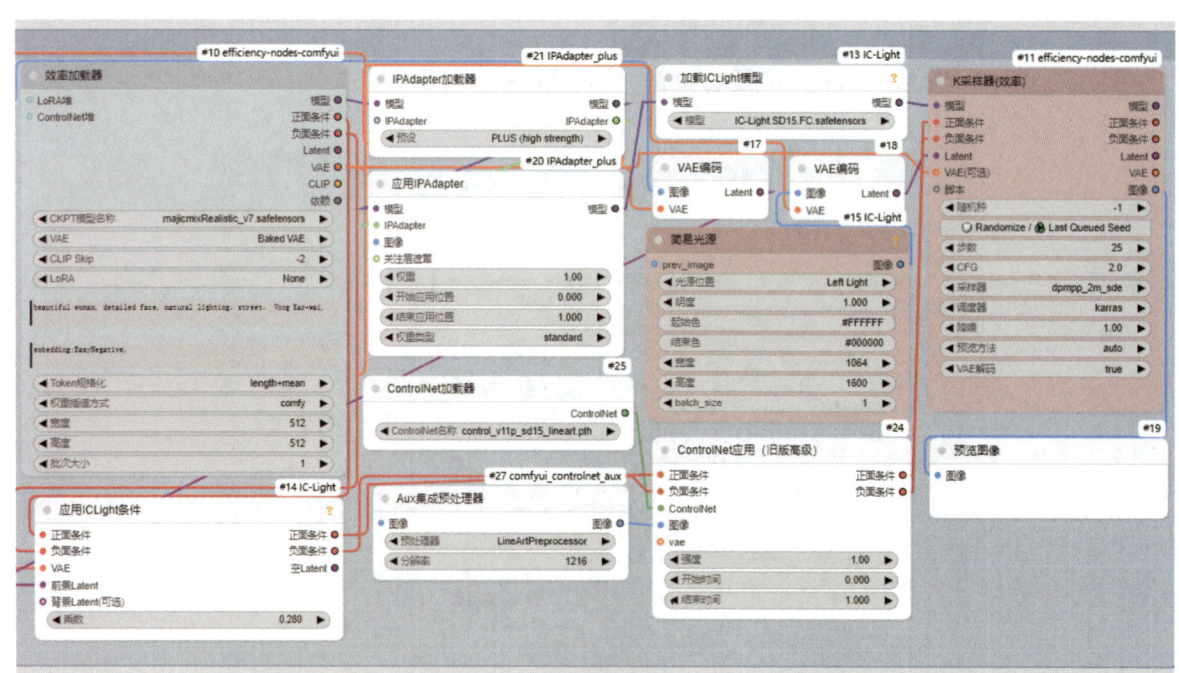

图9-49

06 为了实现对图像的有效控制，还需要将"加载图像"节点、"应用IPAdapter"节点以及"Aux集成预处理器"节点进行连接。完成这些连接后，图片重打光的工作流就搭建完毕了，如图9-50所示。通过这个工作流，可以在确保上传图片内容不发生任何变化的前提下，自由地调整打光的方向，从而满足不同的创作需求。

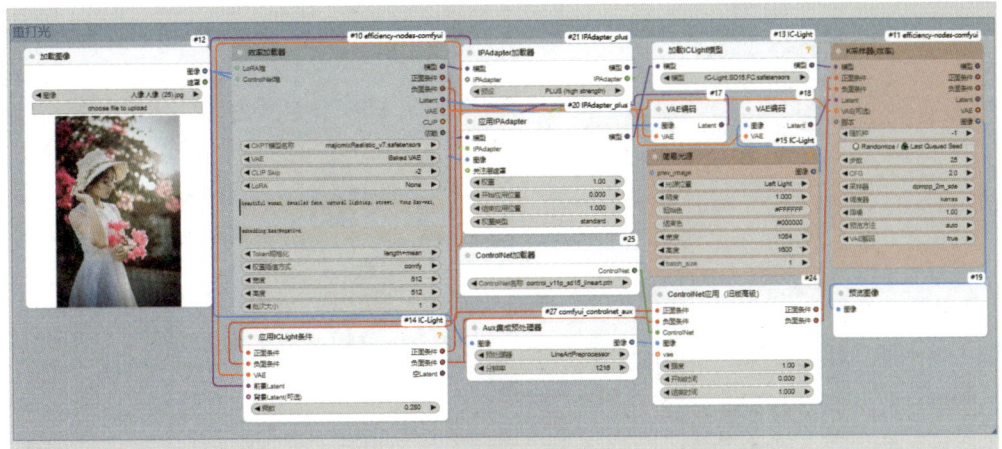

图9-50

07 上传一张需要重打光的素材图像，然后在"效率加载器"节点中选择一个写实风格的大模型。注意，此时不需要选择VAE模型和LoRA模型。将CLIP Skip值设置为-2，并在"正向提示词"文本框中输入图片的大体内容以及期望生成的光线类型。对于负面提示，可以使用embedding模型。在"Token规格化"选项中，选择length+mean，并将"权重插值方式"设置为comfy。尺寸方面，无须进行额外设置，直接使用上传图片的尺寸即可，如图9-51所示。

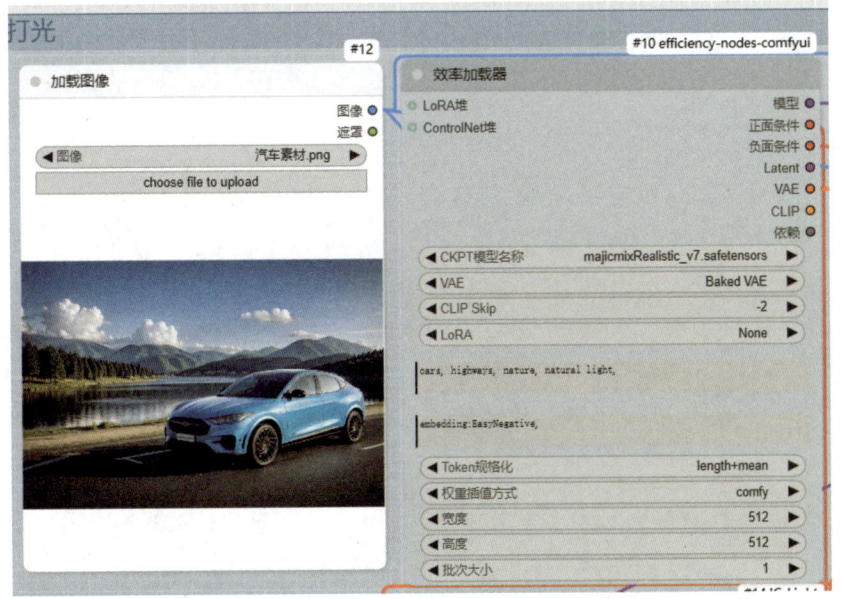

图9-51

08 在"IPAdapter加载器"节点的"预设"中，选择PLUS(high strength)。在"应用IPAdapter"节点，将"权重"值设置为1.00，并将"权重类型"选择为standard。对于"Aux集成预处理器"节点，在"预处理器"中选择PidiNetPreprocessor，并确保"分辨率"与上传图片的宽度相匹配，本例中为1536。由于使用了softedge的预处理器，因此在"ControlNet加载器"节点中，应选择control_v11p_sd15_softedge_fp16.safetensors作为"ControlNet名称"，如图9-52所示。

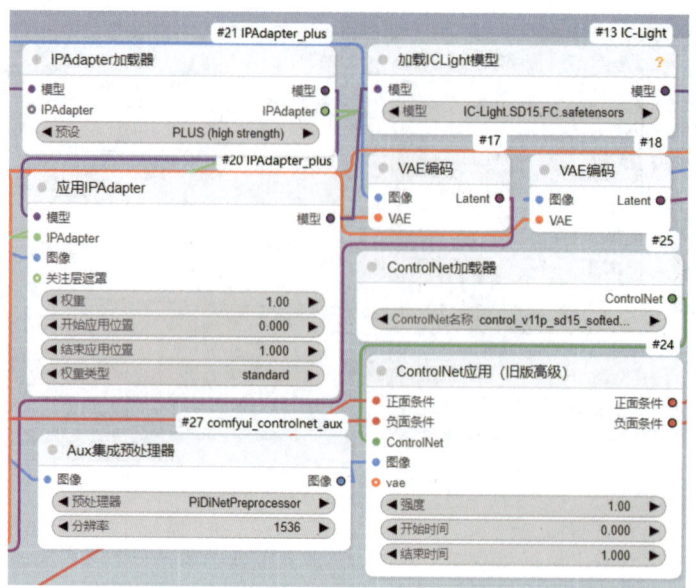

图9-52

09 在"简易光源"节点中,"光源位置"应选择Right Light,"明度"值应设置为1.000。同时,"起始色"和"结束色"保持默认值不变。对于"宽度"和"高度",应设置为与上传图像的宽高相匹配。在"K采样器(效率)"节点,"步数"值应设置为25。由于使用了IC-Light模型,因此CFG值应设置为2.0。此外,"采样器"应选择dpmpp_2m_sde,而"调度器"则应选择karras。其他参数设置保持默认值即可,如图9-53所示。

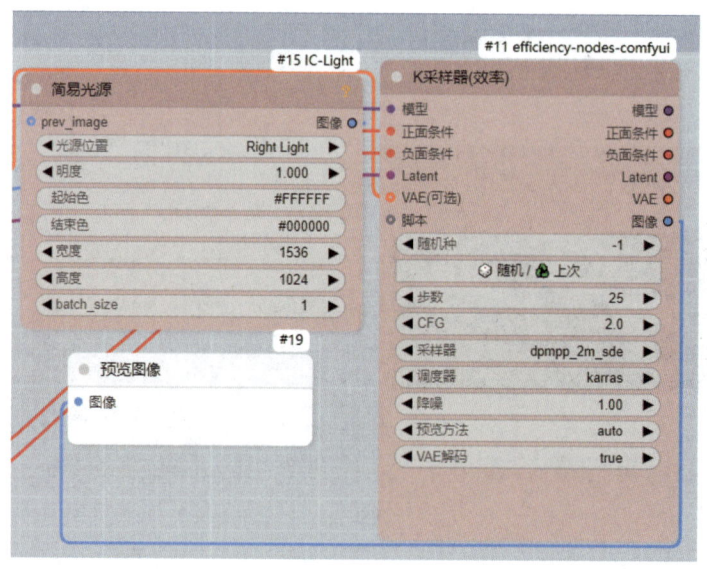

图9-53

10 单击"添加提示词队列"按钮后,便会生成经过重打光处理的图像,如图9-54所示。从图中可以清晰地看到,生成图像的内容与原图相比并未发生变化,但光照方向和光照类型却有了显著的改变,这无疑为图像增添了新的视觉效果,进一步提升了其整体表现。

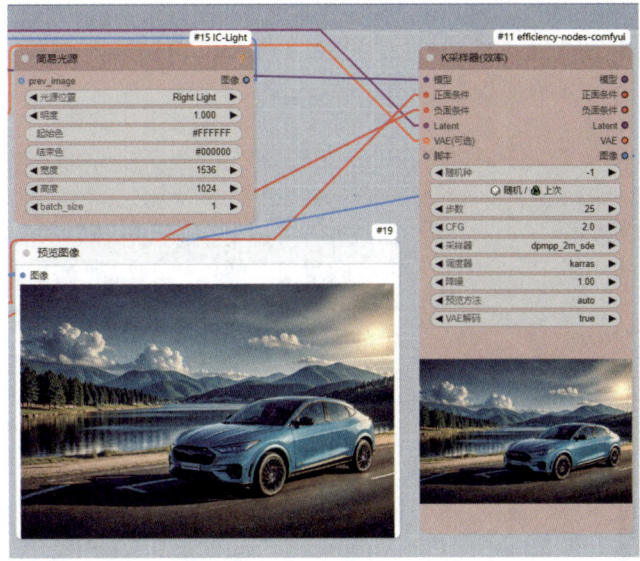

图9-54

9.7 扩展图像工作流

通过ComfyUI的图片扩展图像工作流，可以轻松扩展图像的边界，在保持原有图像内容的基础上，增添更多画面元素，从而让照片看起来更加完整、内容更加丰富。在构建此工作流时，主要利用第5章所介绍的反推提示词模块和风格迁移模块。通过将这两个模块巧妙结合，并辅以一些基础节点，便可顺利完成工作流的搭建。接下来，将详细介绍具体的操作步骤。

01 进入ComfyUI界面后，新建一个名为"扩展图像"的工作流。接着，单击菜单界面的"清除"按钮，以删除界面中原有的所有节点。然后，在"提示词处理"工作流中找到并复制"反推提示词"模块，将其粘贴到新建的"扩展图像"工作流中，如图9-55所示。

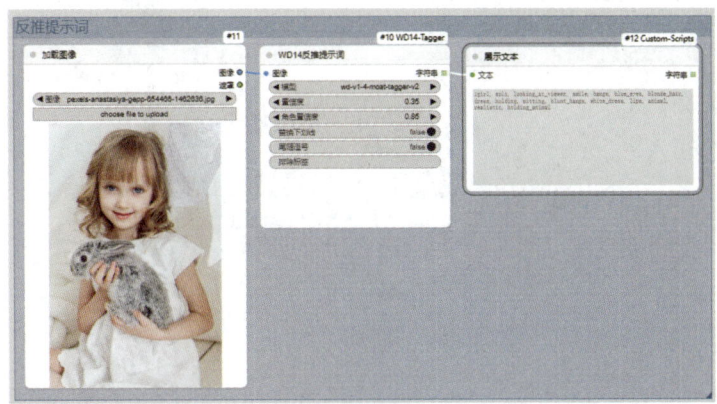

图9-55

02 在"细节调整"工作流中复制"风格迁移"模块，然后将其粘贴到"扩展图像"工作流中，如图9-56所示。在此，使用"风格迁移"模块的目的并非改变图片的风格，而是为了确保扩展后的图像能够保持与原图一致的风格，从而实现内容的连贯性和视觉上的统一性。

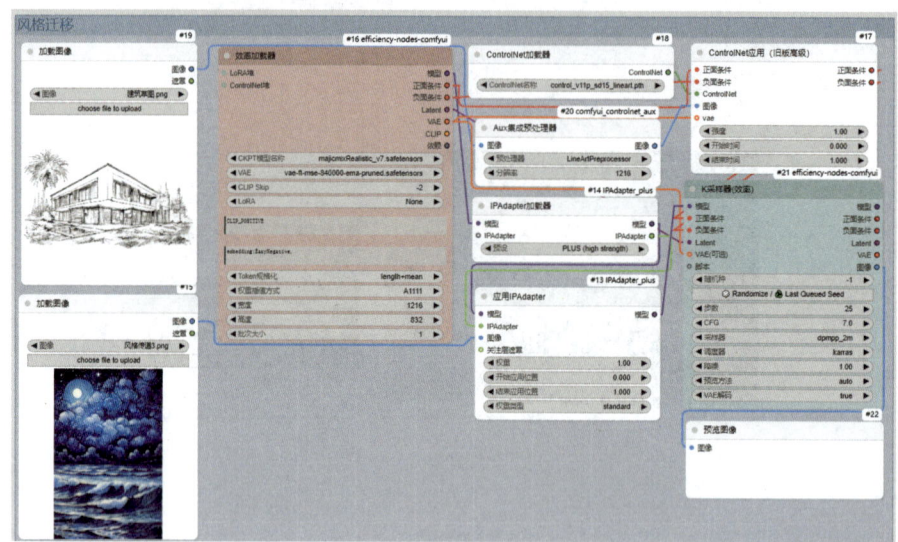

图9-56

03 在"风格迁移"模块中，需要删除"加载图像"节点、"ControlNet加载器"节点、"ControlNet应用(旧版高级)"节点以及"Aux集成预处理器"节点。同时，由于"应用IPAdapter"节点无法实现参考原图的效果，因此需要将其替换为更高级的"应用IPAdapter（高级）"节点。这样，就可以确保扩展后的图像能够更好地保持与原图的一致性，如图9-57所示。

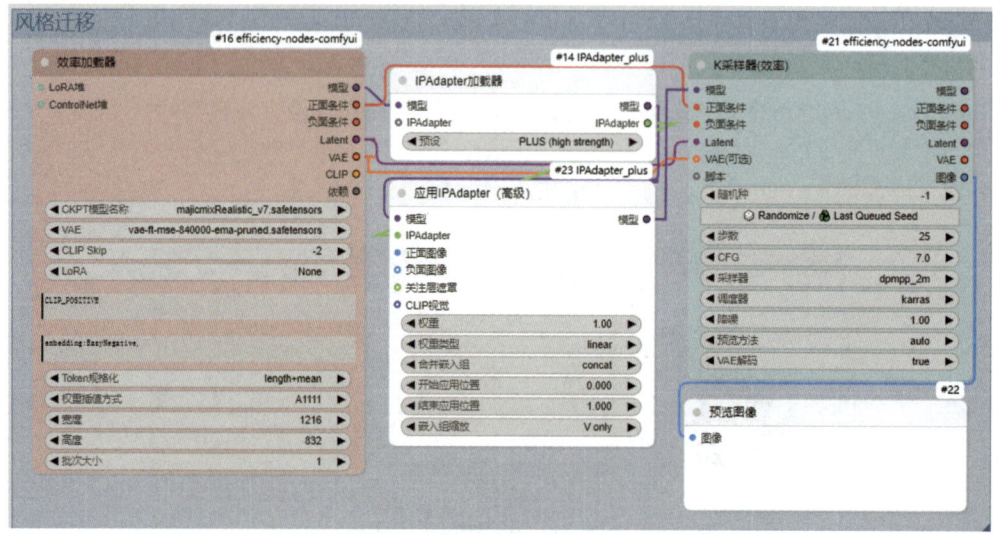

图9-57

04 由于现在"应用IPAdapter（高级）"节点的主要功能已转变为参考图像，而非风格迁移，因此需要将对应的"IPAdapter加载器"节点替换为"IPAdapter模型加载器"。同时，为了确保该节点能够正常运行，还需要新建一个"CLIP视觉加载器"节点，以提供CLIP模型来识别图像。这样就能更好地利用原图中的信息，实现高质量的图像扩展，如图9-58所示。

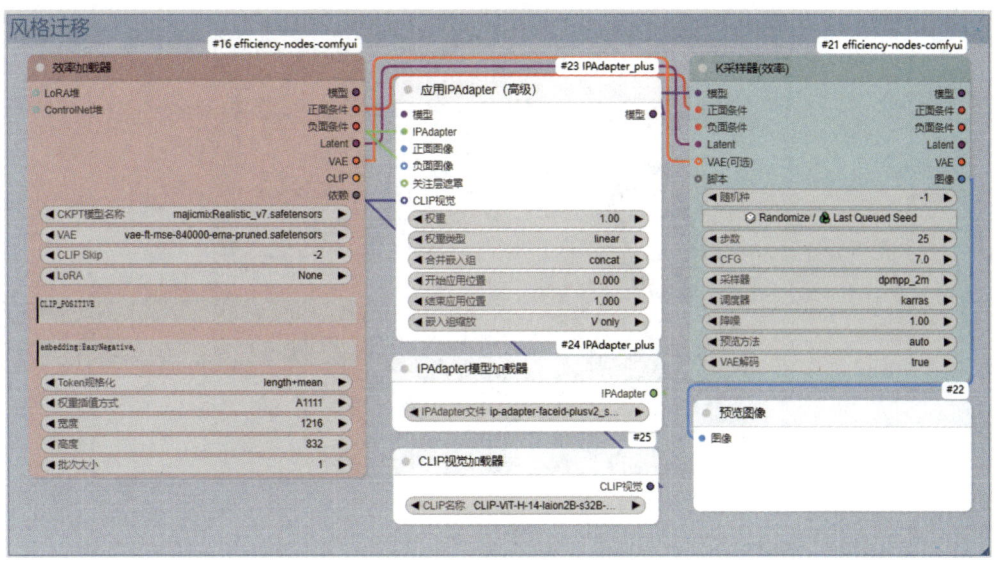

图9-58

05 将两个模块进行连接。具体操作为：将"效率加载器"节点的"正面条件"设置为输入端口，然后将"WD14反推提示词"节点的"字符串"输出端口连接到"效率加载器"节点的"正面条件"输入端口。这样，就可以通过反推提示词来控制图像的加载条件，从而实现更精确的图像扩展，如图9-59所示。

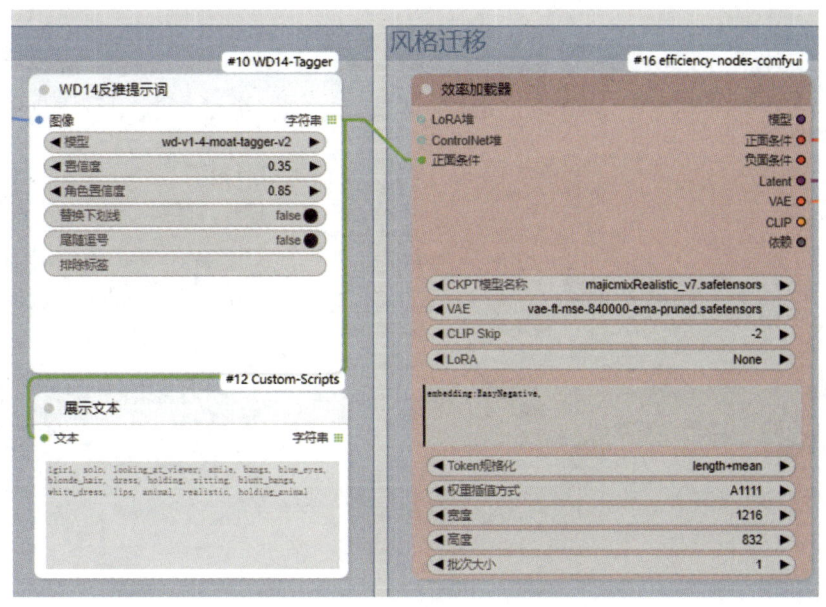

图9-59

06 要实现扩图效果，仅靠目前这两个模块是不够的，还需要添加一些辅助节点。由于扩图操作涉及画板尺寸的增大，因此需要新建一个"外补画板"节点。同时，为了将图像的遮罩编码传递给采样器，还需要新建一个"VAE内部编码器"节点。这两个新节点应被连接在"加载图像"节点与"K采样器(效率)"节点之间,以确保扩图过程的顺利进行,如图9-60所示。

图9-60

07 对于扩大的画板部分,需要通过局部重绘来确保其与原图风格的一致性。因此,新建"应用Fooocus局部重绘"节点是必要的。选择"应用Fooocus局部重绘"节点而非其他重绘节点,主要是因为它在扩充图像的重绘效果上表现最佳。同时,为了保证该节点的正常运行,还需要新建"加载Fooocus局部重绘"节点,以加载重绘所需的组件。这些组件的放置位置与BrushNet节点的模型放置位置相同。最后,将"应用Fooocus局部重绘"节点连接在"应用IPAdapter(高级)"节点与"K采样器(效率)"节点之间,以确保整个扩图流程的顺畅进行,如图9-61所示。

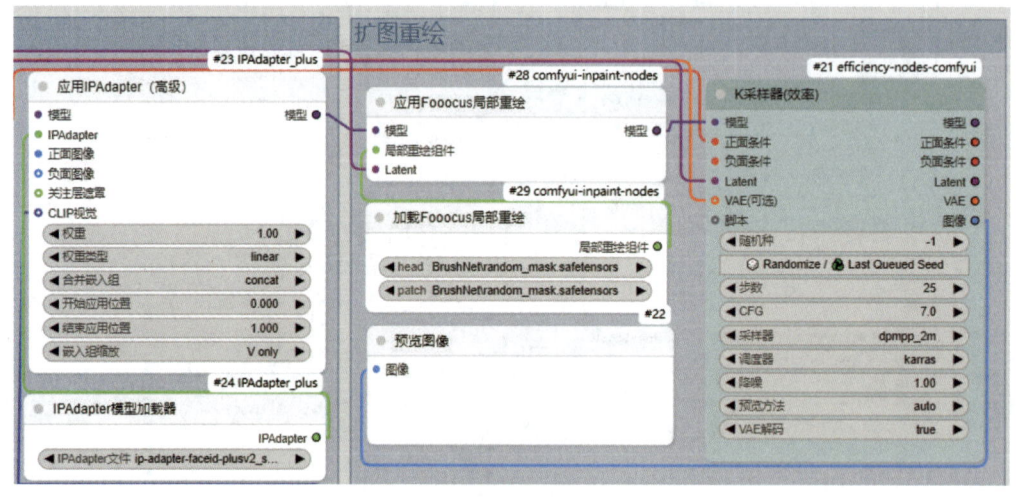

图9-61

08 扩展图像工作流的搭建现已完成。接下来,上传一张需要扩展的素材图片。为确保扩图后的风格一致性,建议逐步增加画板的尺寸。例如,此处上传的图像原始尺寸为1214像素×1600像素,目标是将其扩展至1600像素×1600像素。为实现这一目标,每次扩展200像素即可。因此,在"外补画板"节点中,应将"左"和"右"值均设置为104,以确保左右两侧各扩展104像素,从而达到总共扩展208像素的效果。同时,需要将

"VAE内部编码器"节点的"遮罩延展"值设置为20,以确保遮罩的适当延展,如图9-62所示。

图9-62

09 在"效率加载器"节点中,为确保重绘部分与原图风格一致,需要选择一个XL类型的写实大模型,而VAE模型和LoRA模型则无须选择。将CLIP Skip值设置为-2,并在负面提示词文本框中输入watermark, text, (person:1.3), (human, people:1.3), object, wallpaper, frame。同时,"Token规格化"应选择length+mean,"权重插值方式"选择A1111,而尺寸则无须设置。由于使用的是XL类型的大模型,因此在"IPAdapter模型加载器"节点中,"IPAdapter文件"应选择ip-adapter_sdxl_vit-h.safetensors。相应地,在"CLIP视觉加载器"节点中,"CLIP名称"也应选择专为XL模型设计的模型,如图9-63所示。

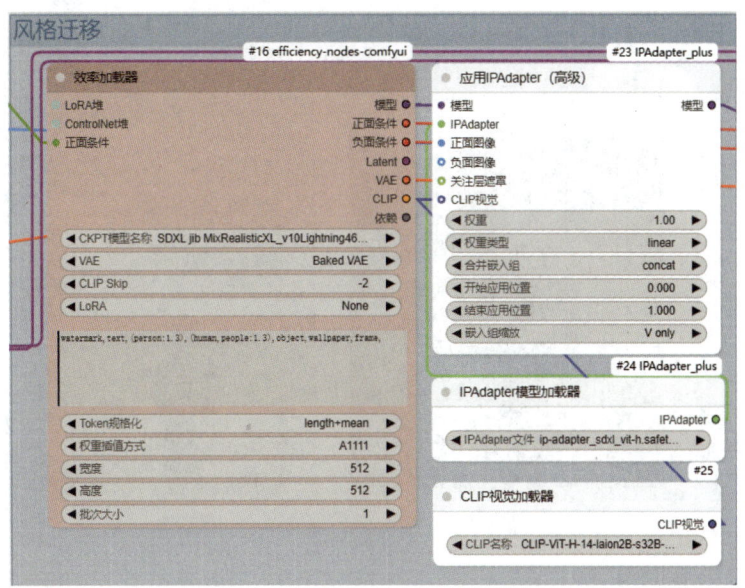

图9-63

10 在"加载Fooocus局部重绘"节点中，应选择相应的重绘组件。对于"K采样器（效率）"节点，由于使用了XL的Lightning大模型，因此"步数"值应设置为6，CFG值设置为2.0。同时，"采样器"应选择dpmpp_2m_sde，而"调度器"则应选择karras。其他参数设置保持默认即可，如图9-64所示。

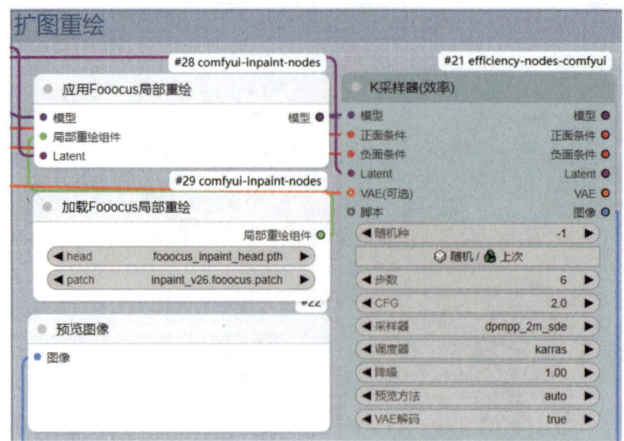

图9-64

11 单击"添加提示词队列"按钮后，便会生成第一次扩展的图像，如图9-65所示。从图中可以明显看出，扩展的部分与原图风格高度一致，几乎无法察觉扩展的痕迹。

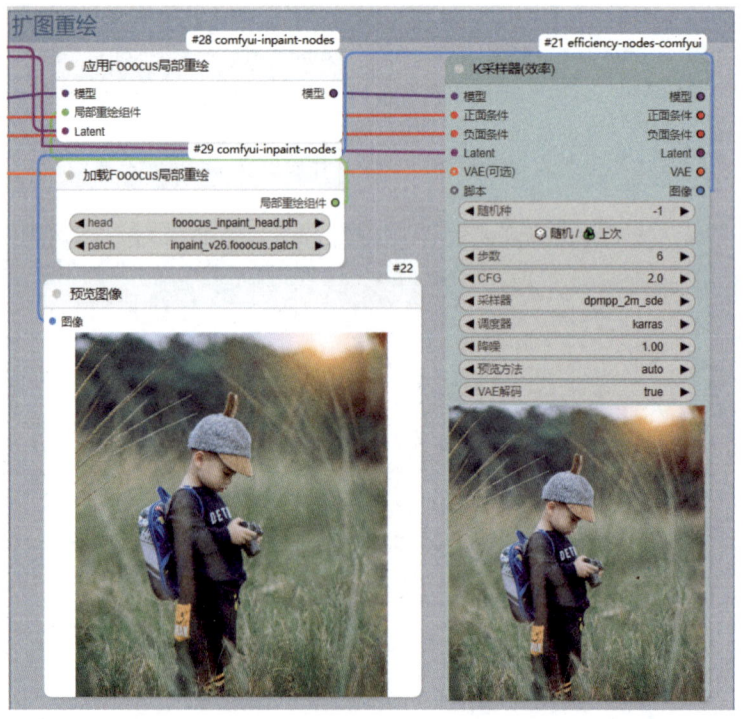

图9-65

12 将第一次扩展后的图像保存到本地。保存完成后，再次上传该图像，并确保所有参数都保持不变。接着，单击"添加提示词队列"按钮，便可生成进一步扩展的图像，如图9-66所示。

图9-66

9.8 生成证件照工作流

ComfyUI 利用其智能化的图像处理和生成功能，为创作者打造了一个高效且便捷的证件照制作流程。这种自动化流程显著地节省了创作者的时间和精力，从而提升了证件照制作的效率。对于该工作流，主要运用了第 5 章所讲解的反推提示词模块以及 InstantID 换脸模块。通过巧妙地将这两个模块结合，并添加一些基础节点，即可完成整个工作流的搭建。具体的操作步骤如下。

01 进入ComfyUI界面后，首先新建一个用于生成证件照的工作流。接着，单击菜单界面的"清除"按钮，以删除界面中的所有节点。然后，从提示词处理工作流中复制反推提示词模块，并将其粘贴到新建的生成证件照工作流中，如图9-67所示。

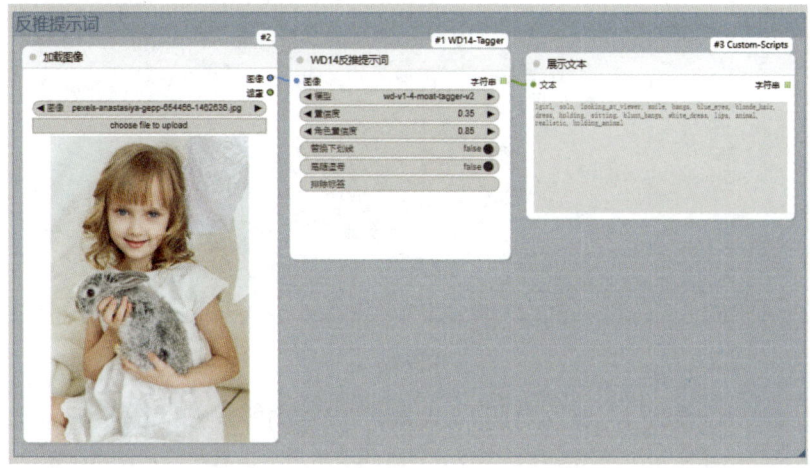

图9-67

02 在人像换脸工作流中复制InstantID换脸模块，然后将其粘贴到生成证件照的工作流中，如图9-68所示。

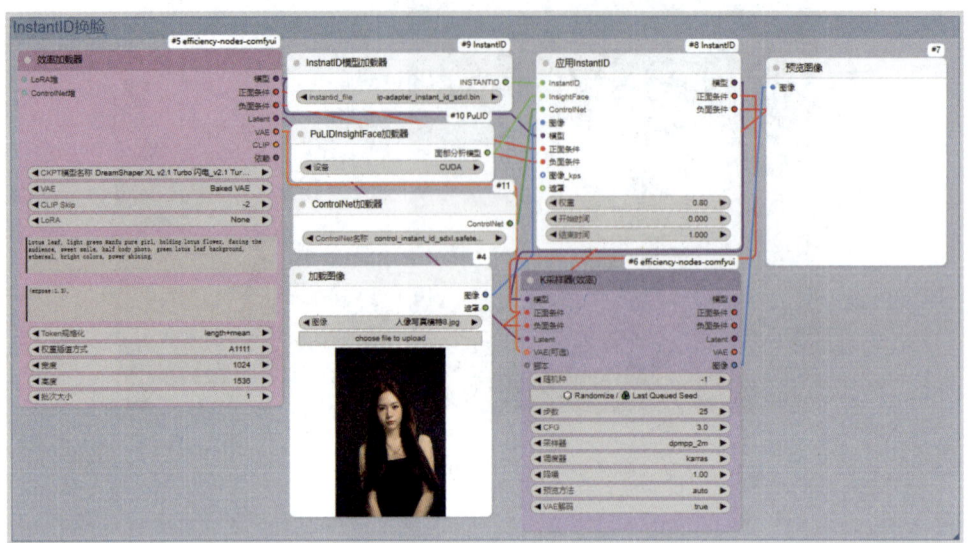

图9-68

03 将这两个模块进行连接。具体操作是，在"效率加载器"节点中，将"正面条件"设置为输入。然后，将"WD14反推提示词"节点的"字符串"输出端口连接到"效率加载器"节点的"正面条件"输入端口。这样，就可以通过反推提示词来控制加载的图像，以满足证件照的制作需求，如图9-69所示。

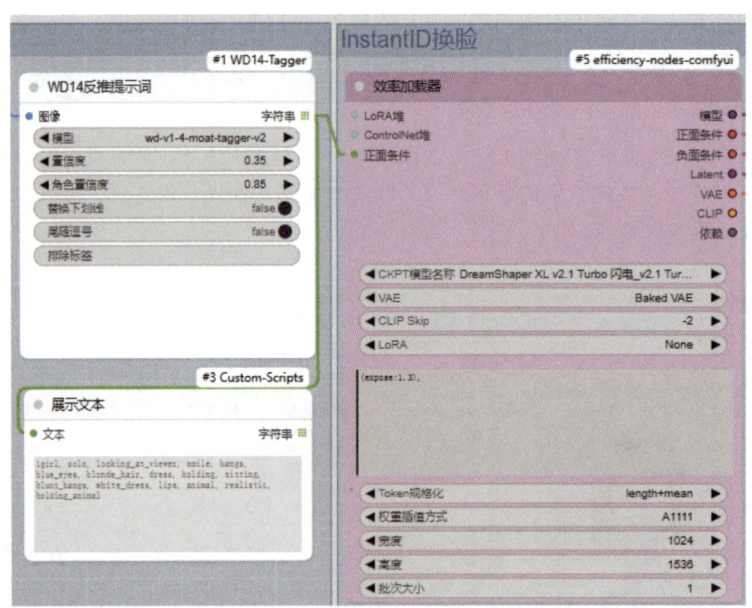

图9-69

04 为了使生成的证件照更加清晰、效果更佳，需要新建一个"高清修复"节点，并将其连接到"K采样器（效率）"节点上。这样就可以通过反推上传的证件照参考图来生成新的证件照图像，再经过换脸和高清修复处理，最终生成高质量的证件照效果，如图9-70所示。

第 9 章 ComfyUI 综合实战案例

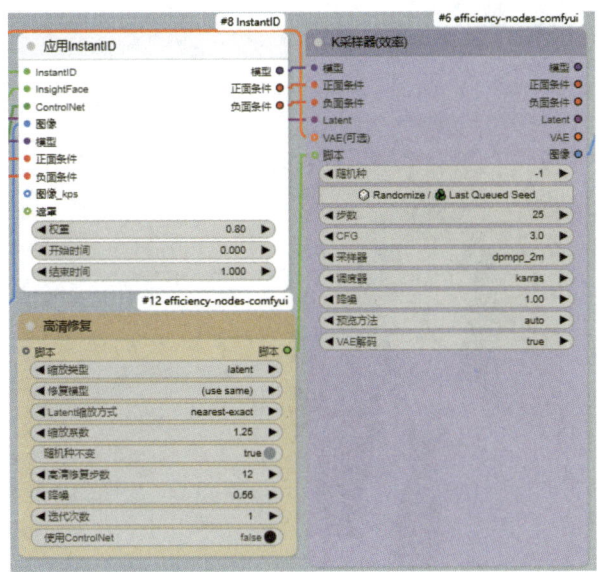

图9-70

05 为确保生成的图像与上传的证件照尺寸一致，需要在反推提示词模块中新建一个"VAE编码"节点，以便将上传的图像编码传送给采样器。此外，如果用户希望调整生成的证件照尺寸，可以在"加载图像"节点与"VAE编码"节点之间添加一个"图像缩放"节点，通过该节点来调整生成图像的尺寸，如图9-71所示。

图9-71

06 至此，生成证件照的工作流已经搭建完毕。在反推提示词模块的"加载图像"节点中，需要上传一张作为参考的证件照样式图。请注意，由于此处上传的图像尺寸即为我们希望生成的证件照尺寸，因此"图像缩放"节点在此情况下可以忽略。接下来，在"WD14反推提示词"节点中，将"置信度"值设置为0.30，如图9-72所示。

217

图9-72

07 在"效率加载器"节点中,由于证件照通常采用写实风格,因此需要选择一个XL类型的写实大模型。此时,VAE模型和LoRA模型无须选择。将CLIP Skip值设置为-2,并在"负面提示词"文本框中输入watermark, text, frame, 3d render, anime, signature, deformed, smooth, plastic, blurry, grainy, anime, open mouth。同时,"Token规格化"应选择length+mean,"权重插值方式"选择A1111,而尺寸则无须设置。由于使用了XL类型的大模型,在"InstantID模型加载器"节点中,应将instantid_file设置为ip-adapter_instant_id_sdxl.bin。此外,在"ControlNet加载器"节点的"ControlNet名称"中,应选择control_instant_id_sdxl.safetensors。最后,在InstantID换脸模块的"加载图像"节点中,需要上传用于换脸的源图像,如图9-73所示。

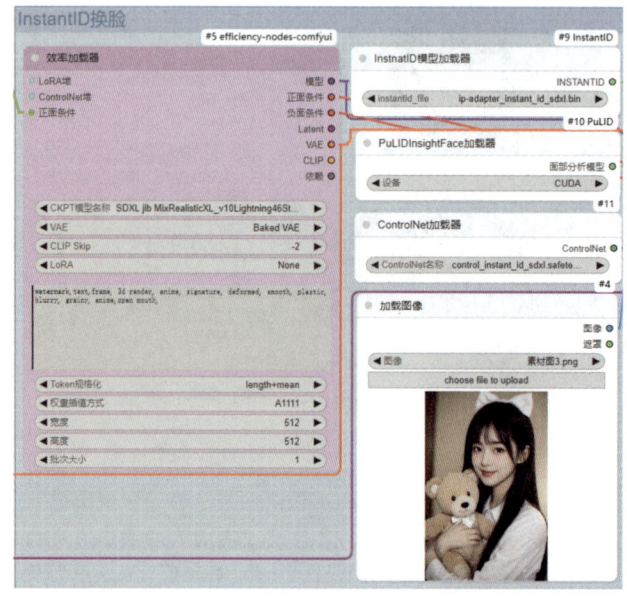

图9-73

08 在"应用InstantID"节点，所有参数保持默认设置即可。接下来，在"高清修复"节点中，需要进行一系列设置以确保修复效果最佳："缩放类型"选择both，"修复模型"选择（use same），即与生成图像的大模型保持一致，这样可以获得最佳的重绘效果。此外，"放大模型"选择RealESRGAN_x4plus.pth，"缩放系数"值设置为1.50。确保关闭"随机种不变"选项，并将"高清修复步数"值设置为6。对于"降噪"参数，建议设置在0.5~0.7。同时，"迭代次数"值设置为1，并关闭"使用ControlNet"选项。

09 在"K采样器（效率）"节点中，由于使用了XL的Lightning大模型，因此需要进行相应的参数配置："步数"值设置为6，CFG值设置为2.0，"采样器"选择dpmpp_2m，"调度器"选择karras，并将"降噪"值设置为0.70。其他参数保持默认设置即可，如图9-74所示。

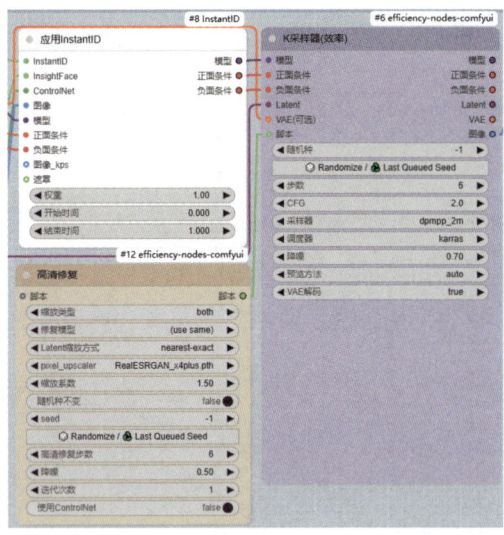

图9-74

10 单击"添加提示词队列"按钮后，系统将根据指定的样式和上传的人像生成相应的证件照图像，如图9-75所示。从图中可以明显看出，生成的证件照样式保持不变，但人物的面部已经成功替换为上传的人像。此时，只需保存该图像即可直接使用。

图9-75

9.9 批量生成写真照工作流

批量生成换脸写真照能够显著提升制作效率，特别是在需要大量个性化图片的场景中，其作用更为突出。无论是用于社交媒体分享、个人形象展示，还是商业广告，个性化的写真照都能更有效地吸引关注，增强独特性。针对这一工作流，主要运用了第 5 章介绍的批量输入提示词模块、面部细化模块以及 reactor 换脸模块。通过巧妙组合这 3 个模块，并辅以一些基础节点，即可完成整个工作流的构建。具体的操作步骤如下。

01 进入 ComfyUI 界面后，新建一个用于批量生成写真照的工作流。接着，单击菜单界面的"清除"按钮，以删除界面中的所有节点。然后，在提示词处理工作流中复制批量输入提示词模块，并将其粘贴到新创建的批量生成写真照工作流中，如图 9-76 所示。

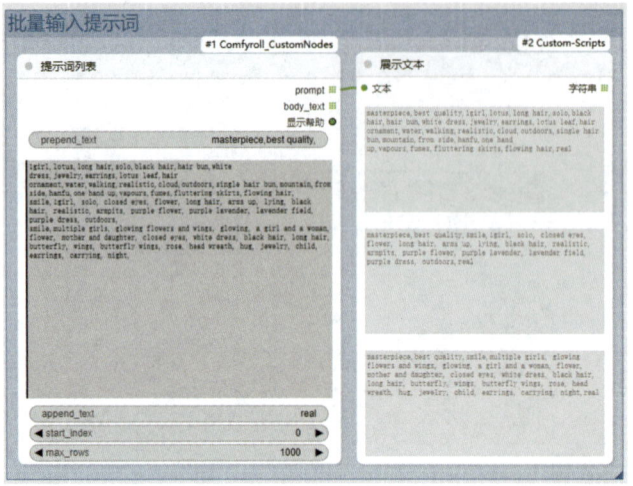

图 9-76

02 在细节调整工作流中复制面部细化模块，然后将该模块粘贴到批量生成写真照的工作流中，如图 9-77 所示。

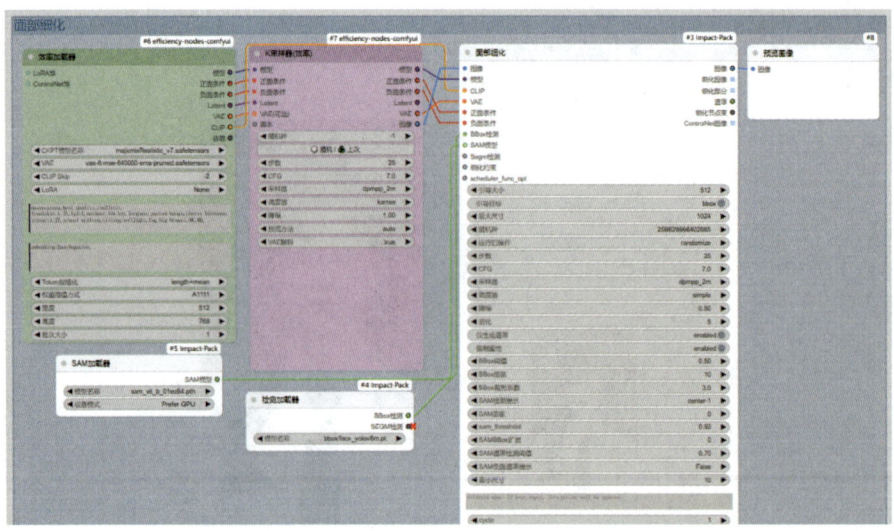

图 9-77

03 在人像换脸工作流中复制reactor换脸模块，随后将reactor换脸模块粘贴到批量生成写真照的工作流中，如图9-78所示。

图9-78

04 将这三个模块进行连接。首先，在"效率加载器"节点中，将"正面条件"设置为输入。接着，在批量输入提示词模块中，删除"展示文本"节点，并将"提示词列表"节点的prompt输出端口连接到"效率加载器"节点的"正面条件"输入端口，如图9-79所示。

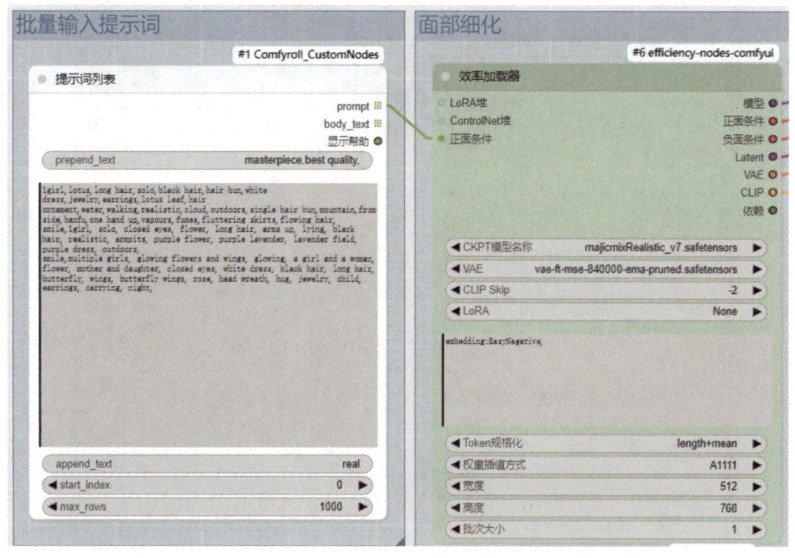

图9-79

05 在Reactor换脸模块中，需要删除连接到"目标图像"输入端口的"加载图像"节点。因为需要使用生成的图像作为目标图像，所以在面部细化模块中，应删除"预览图像"节点，并将"面部细化"节点的"图像"输出端口连接到"Reactor换脸"节点的"目标图像"输入端口，如图9-80所示。

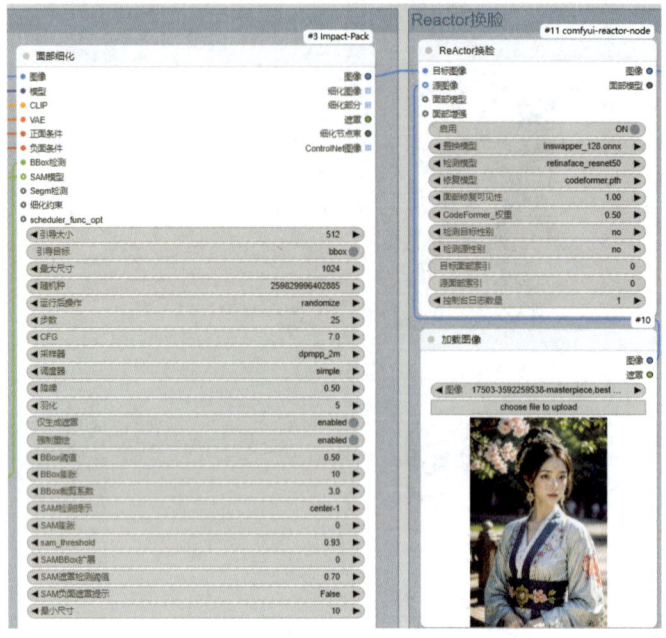

图9-80

06 这样，3个模块的连接就完成了。为了进一步提升生成的写真照效果，需要新建一个"高清修复"节点，并将其连接到"K采样器（效率）"节点上，如图9-81所示。这样，系统将通过批量输入的提示词生成图像，然后进行高清修复，接着对生成的图像进行面部细化，最后进行换脸操作，从而生成最终的写真照。

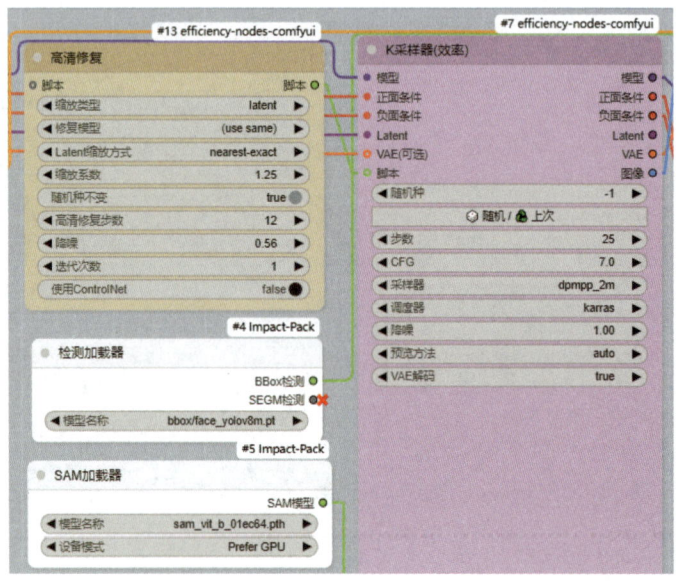

图9-81

07 至此，生成证件照的工作流已经搭建完毕。在"提示词列表"节点中，需要在prepend_text文本框内输入如masterpiece，best quality等质量提示词，并在提示词文本框中输入预先准备好的批量提示词，其他参数则保持默认设置。接下来，在"效率加载器"节点，需要选择一个写实类型的大模型，将VAE设置为vae-ft-mse-840000-ema-pruned.safetensors，CLIP Skip值设置为-2。此外，为了专门生成写真图像，选择使用hjy dream girl--000013.safetensors作为LoRA模型，并将"LoRA模型强度"值设置为0.75。在负面提示词方面，使用嵌入式负面提示词即可。同时，"Token规格化"应选择length+mean，"权重插值方式"选择A1111，输出尺寸设置为512×768，并将"批次大小"值设置为1，如图9-82所示。

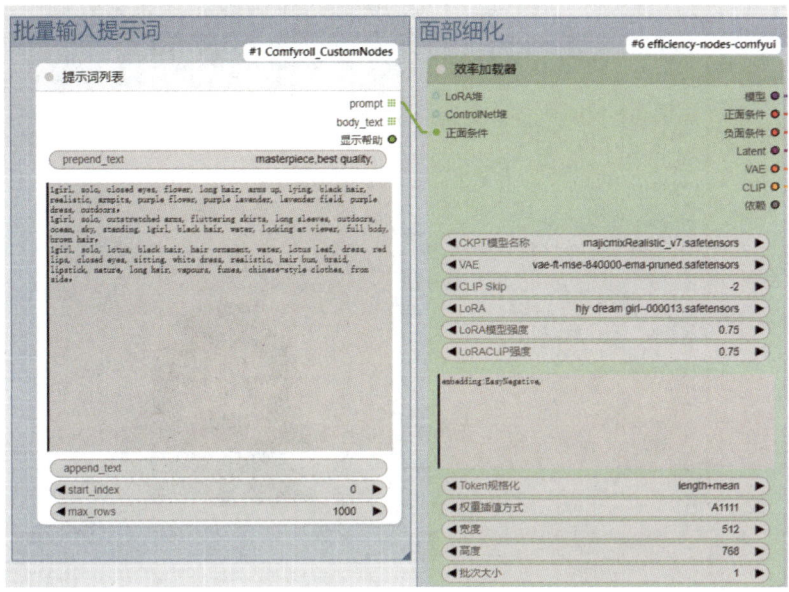

图9-82

08 在"K采样器（效率）"节点中，将"步数"值设置为25，CFG值设置为7.0，并选择dpmpp_2m作为"采样器"，同时选择karras作为"调度器"。此外，"降噪"值设置为1.00，其他参数则保持默认设置。接下来，在"高清修复"节点中，"缩放类型"选择both，而"修复模型"则选择（use same），即与原始图像的大模型保持一致，以确保最佳的重绘效果。pixel_upscaler选择RealESRGAN_x4plus.pth，并将"缩放系数"值设置为2.00。确保关闭"随机种不变"选项，并将"高清修复步数"值设置为20。对于"降噪"参数，建议设置在0.5~0.7之间，同时将"迭代次数"值设置为1，并关闭"使用ControlNet"选项，如图9-83所示。

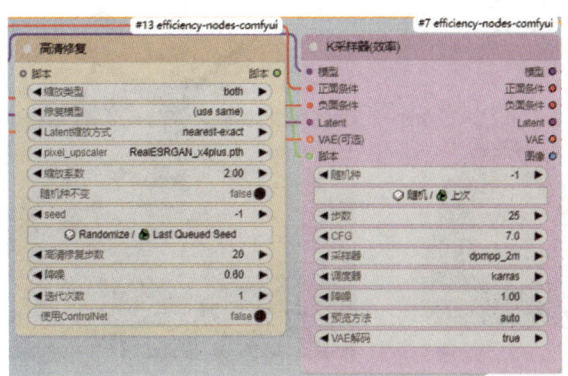

图9-83

09 在"面部细化"节点中,需要将"降噪"值设置为0.50,而其他与"K采样器"相同的参数则保持一致,剩余参数保持默认设置即可。接着,在"Reactor换脸"节点,应将"面部修复可见性"值设置为1.00,并将"CodeFormer_权重"值设置为0.50,其余参数则维持默认状态。最后,在"加载图像"节点中,需要上传用于换脸的源图像,如图9-84所示。

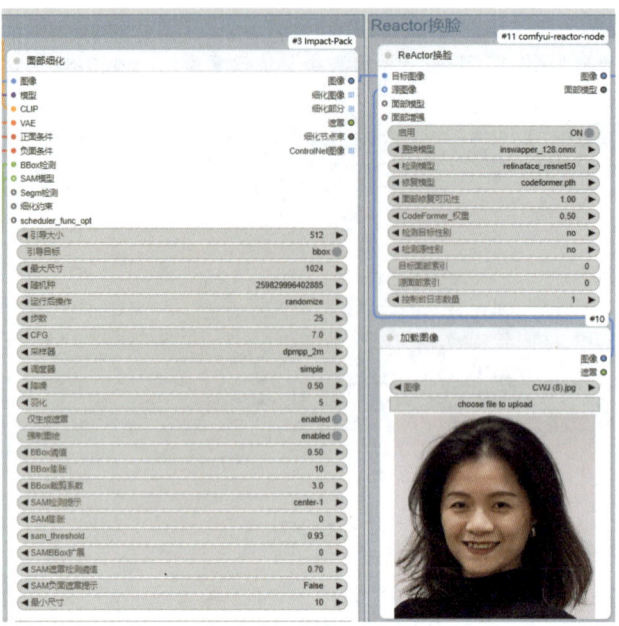

图9-84

10 单击"添加提示词队列"按钮后,写真照即可实现批量生成,如图9-85所示。

图9-85

11 经过调整提示词，成功批量生成一些全新的写真照，如图9-86所示。

图9-86

9.10 一键产品精修工作流

ComfyUI 具备针对产品图像中的细节进行精准优化的能力，例如修复瑕疵、增强色彩以及调整光影等。通过这些优化操作，产品图像将呈现出更加清晰、亮丽的效果。经过 ComfyUI 的精修处理，产品图像不仅更加精美、生动，还能有效吸引用户的注意力，从而激发用户的购买欲望。下面，以精修刮皮刀图像为例，来详细介绍具体的操作步骤。

01 进入ComfyUI界面后，将已下载至本地的"一键产品精修"工作流拖至界面内，即可打开该工作流，如图9-87所示。接下来，将对工作流的4个部分进行详细讲解。

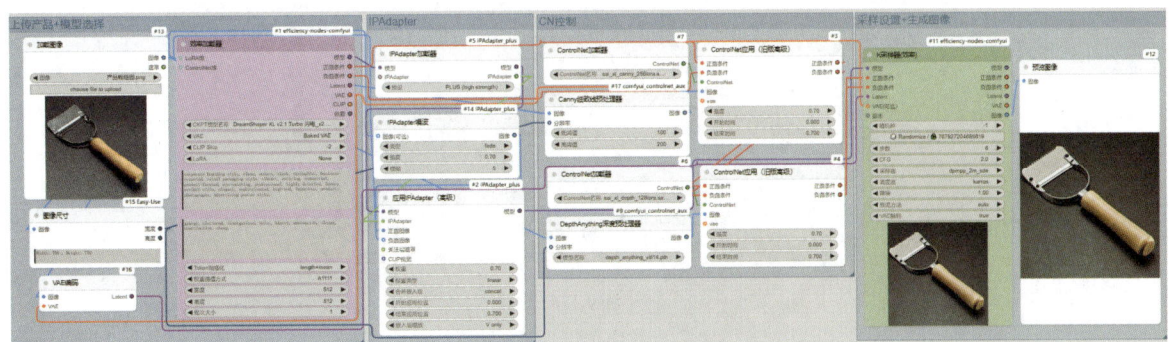

图9-87

02 在"上传产品+模型选择"部分，首先需要在"加载图像"节点上传待精修的产品图像。接着，在"效率加载器"节点中进行相关设置以确保精修效果达到最佳。具体来说，应选择一个XL级别的大模型，此处推荐选用DreamShaper XLv2.1 Turbo 闪电_v2.1 Turbo.safetensors。注意，VAE和LoRA在此处无须选择。同时，将CLIP Skip值设置为-2，并在"正向提示词"文本框中输入期望产品精修后所具备的材质、外观等描述性词语。在"负面提示词"文本框中则可输入通用的描述，以避免不希望出现的效果。"Token规格化"应选择length+mean，"权重插值方式"选择A1111。其余参数则保持默认设置即可，如图9-88所示。

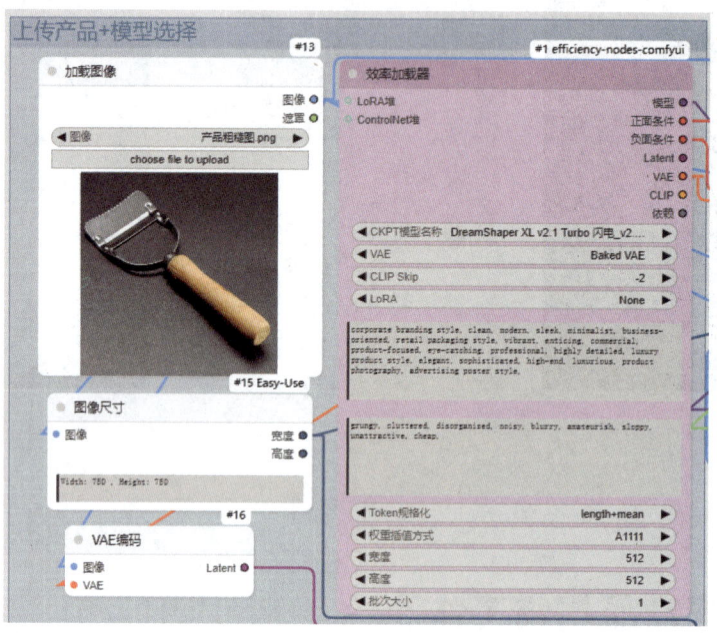

图9-88

03 在IPAdapter部分，首先需要在"IPAdapter加载器"节点的"预设"中选择"PLUS(high strength)"。接着，在"IPAdapter噪波"节点中，将"类型"设置为fade，"强度"值调整为0.70，并将"模糊"值设置为5。最后，在"应用IPAdapter(高级)"节点中，将"权重"值设置为0.70，同时"结束应用位置"值也设置为0.700，如图9-89所示。

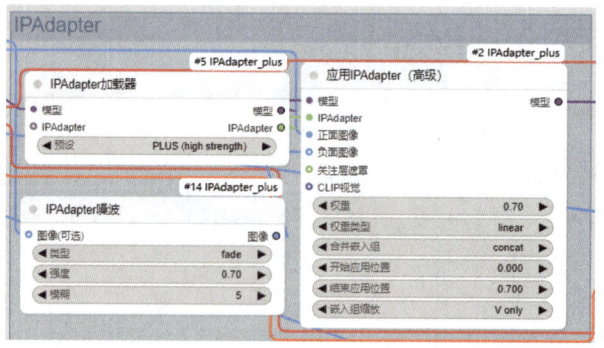

图9-89

04 在"CN控制"部分，为了获得更佳的精修效果，采用了两种ControlNet类型进行控制，分别是canny和depth。由于使用了XL级别的大模型，因此在canny和depth对应的"ControlNet加载器"节点中，ControlNet名称也需选择XL级别的模型。具体而言，选用了sai_xl_canny_256lora.safetensors和sai_xl_depth_128lora.safetensors。同时，在两个"ControlNet应用(旧版高级)"节点中，将"强度"值设置为

0.70，并将"结束时间"值也设定为0.700，如图9-90所示。

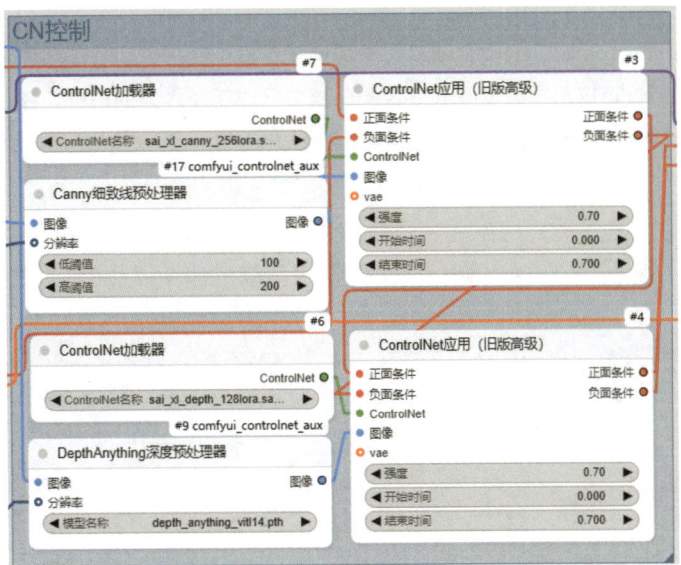

图9-90

05 在"采样设置+生成图像"部分的"K采样器（效率）"节点，由于采用了XL的Turbo大模型，因此将"步数"值设定为6，CFG值设定为2.0，"采样器"选取dpmpp_2m_sde，"调度器"选用karras，"降噪"值设置为1.00，其余参数则保持默认状态。单击"添加提示词队列"按钮后，系统便能生成经过精细调整的产品图片，如图9-91所示。

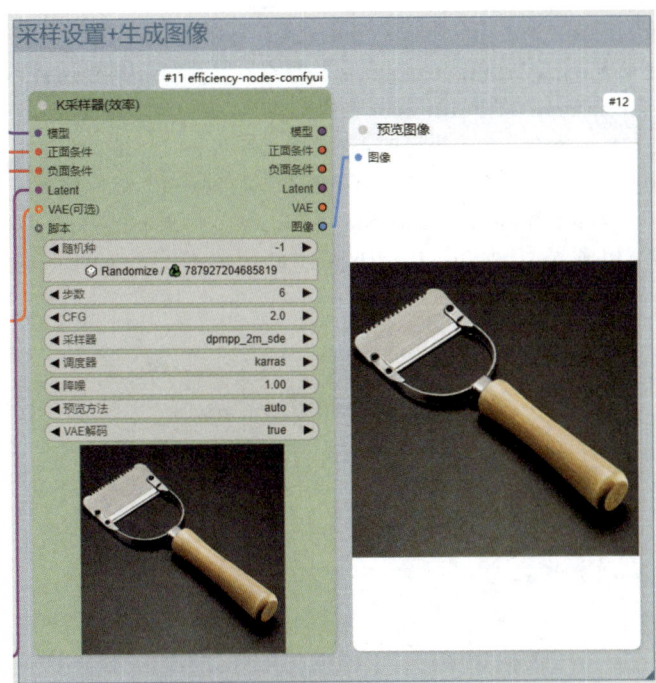

图9-91

9.11 一键生成人像手办工作流

卡通手办模型作为一种广受欢迎的文化商品，常被用来彰显个性、作为收藏品或馈赠他人的礼品。将真人照片转换成卡通模型，不仅可以用新颖的方式保留和分享自己或所爱之人的形象，还能通过卡通化处理增添乐趣和艺术性。过去，自制个性化卡通模型几乎是不可能完成的任务，但现在，借助ComfyUI，将真人照片轻松转换成卡通模型已成为现实，具体的操作方法如下。

01 进入ComfyUI界面，将已下载至本地的"一键生成人像手办"工作流文件拖入界面，即可载入"一键生成人像手办"工作流，如图9-92所示。接下来，将对工作流的3个部分进行详细讲解。

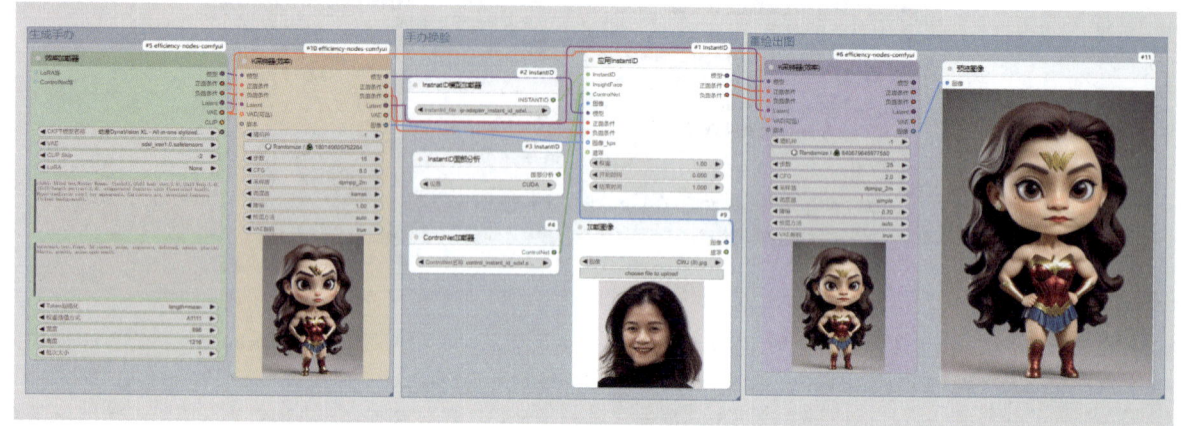

图9-92

02 在"生成手办"部分的"效率加载器"节点，为了生成手办造型的图片，需要选择一个适合手办类型的大模型。这里选用的是动漫DynaVision XL.safetensors模型。相应地，VAE也应选择XL的模型，因此这里选取的是sdxl_vae1.0.safetensors，并将CLIP Skip值设置为-2。由于所选的大模型已能满足生成手办的效果需求，LoRA模型在此可暂不选用。若希望生成其他风格的手办，可以根据具体需求进行选择。正面提示词十分关键，需要全面描述手办的特征，以确保生成符合预期的手办效果。这里输入的提示词包括：chibi，blind box，Wonder Woman，((solo))，(full body shot:1.4)，(full body:1.4)，(full-length portrait:1.4)，exaggerated features with ((oversized head))，Hyper-realistic vinyl toy appearance，Cartoon art，oversized features，((clear background))，如图9-93所示。

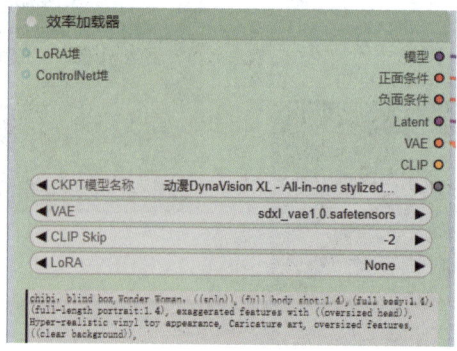

图9-93

03 负面提示词为text, watermark，"Token规格化"选择length+mean，"权重插值方式"选择A1111。由于使用了XL模型，并且考虑到手办通常具有较长的形状，因此将尺寸设置为896×1216，"批次大小"设置为1，如图9-94所示。

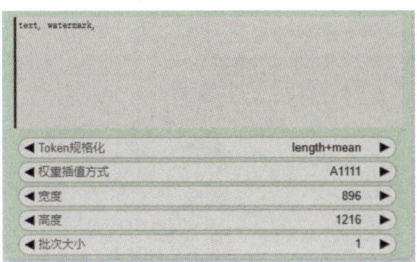

图9-94

04 在"K采样器（效率）"节点中，"步数"值应设置为15，CFG值设置为8.0，"采样器"选项选择dpmpp_2m，"调度器"选择karras，"降噪"值设置为1.00，其余参数保持默认设置即可，如图9-95所示。

图9-95

05 在"手办换脸"部分，在"InstnatID模型加载器"节点instantid_file选择ip-adapter_instant_id_sdxl.bin；在"InstantID面部分析"节点设备选择CUDA；在"ControlNet加载器"节点的"ControlNet名称"选择control_instant_id_sdxl.safetensors；在InstantID换脸模块的"加载图像"节点，上传换脸源图像；在"应用InstantID"节点根据换脸的效果调整"权重"，一般为1即可，如图9-96所示。

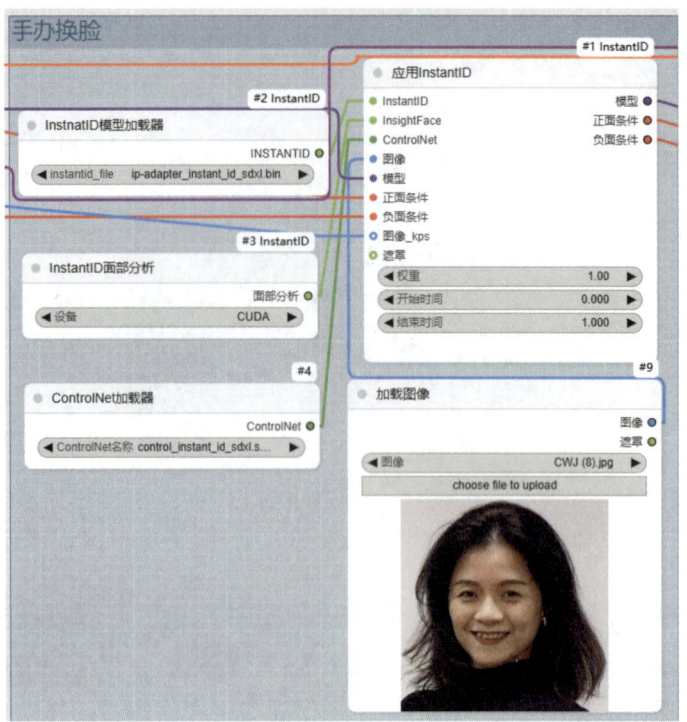

图9-96

06 在"手办换脸"部分,进行如下设置:在"InstantD模型加载器"节点,选择instantid_file为ip-adapter_instant_id_sdxl.bin;在"InstantD面部分析"节点,设备选择CUDA;在"ControlNet加载器"节点,将"ControlNet名称"设置为control_instant_id_sdxl.safetensors;在InstantID换脸模块的"加载图像"节点,上传用于换脸的图片;在"应用InstantD"节点,根据换脸效果调整"权重",通常设置为1即可,如图9-97所示。

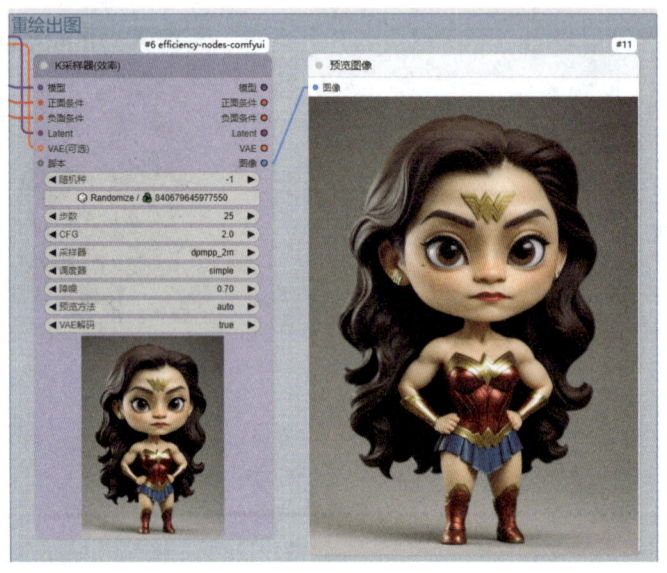

图9-97

通过最终的出图可以看到，生成的手办整体造型没有太大变化，只有面部根据上传的人物面部图像进行了调整。值得注意的是，它并非直接将人物的面部简单移动到手办上，而是根据手办的材质特点，将人物的面部特征进行了巧妙的融合与替换。

9.12　一键生成艺术字工作流

艺术字具备创意表达、品牌形象塑造、艺术审美享受、个性化定制、新颖设计呈现、高效创作流程、跨文化沟通交流以及技术融合应用等多重优势，为设计师和品牌提供了丰富的可能性，满足了多样化的需求和目标。因此，艺术字体的生成在众多行业中都显得极为重要。下面，以生成机械文字为例，介绍具体的操作步骤。

01　进入ComfyUI界面，将已下载至本地的"一键生成艺术字"工作流文件拖入界面内，即可载入并打开"一键生成艺术字"工作流，如图9-98所示。接下来，将对工作流的3个部分进行逐一讲解。

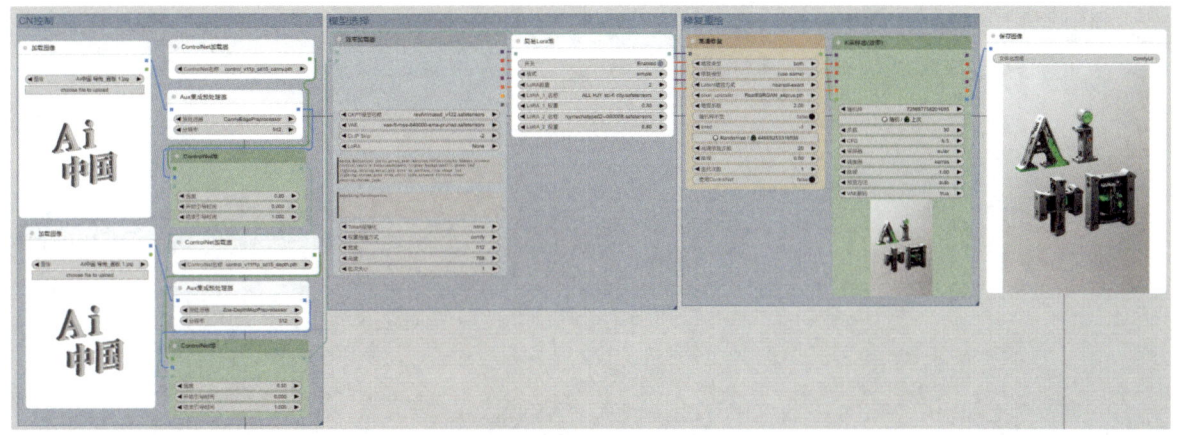

图9-98

02　在"CN控制"环节，采用了两种ControlNet类型进行调控，它们分别是canny和depth。对于这两种类型，我们上传了同一张CN控制图以供参考。在canny节点部分，选用了"Canny细致线预处理器"，并将其"强度"值设定为0.80。而在depth节点部分，则使用了"Zoe深度预处理器"，其"强度"值被设置为0.50，如图9-99所示。

03　在"模型选择"部分的"效率加载器"节点中，为了生成具有艺术感的文字图片，需要选用一个功能全面的大模型。在此，选择了revAnimated_v122.safetensors作为主模型，同时，VAE部分选用了vae-ft-mse-840000-ema-pruned.safetensors。在参数设置上，将CLIP Skip值设置为-2，而LoRA部分则选择不启用。接下来，在"正向提示词"文本框中输入期望生成的艺术字效果描述：mecha, Mechanical parts, green, gear, machine, reflection, no humans, science fiction, vehicle focus, machinery, (((grey background))), green led lighting, shining, metal, pipe wire on surface, line shape led lighting, chrome, gold trim, still life, science fiction, cross-section, chrome, jade，如图9-100所示。

04　负面提示词使用嵌入式负面提示词即可，生成的图片尺寸与CN控制图保持一致，此处设定为512×768，其余参数保持默认设置；在"简易LoRA堆"节点，首先确保"开关"处于开启状态，"模式"选择为

simple，"LoRA数量"值设置为2。接下来，"LoRA_1_名称"选择ALL HJY sci-fi city.safetensors，并为其设置"LoRA_1_权重"值为0.30。"LoRA_2_名称"选择hjymechatype02--000008.safetensors，"LoRA_2_权重"值设置0.80，如图9-101所示。

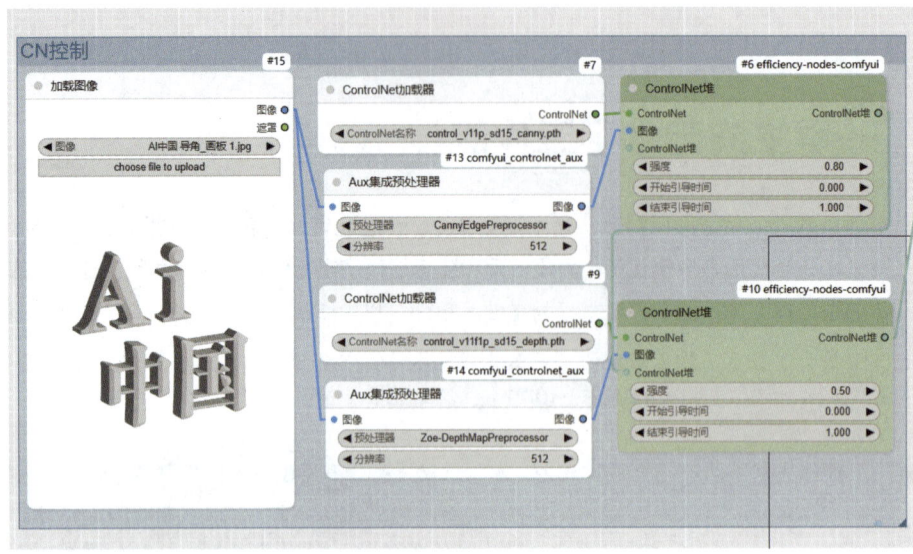

图9-99

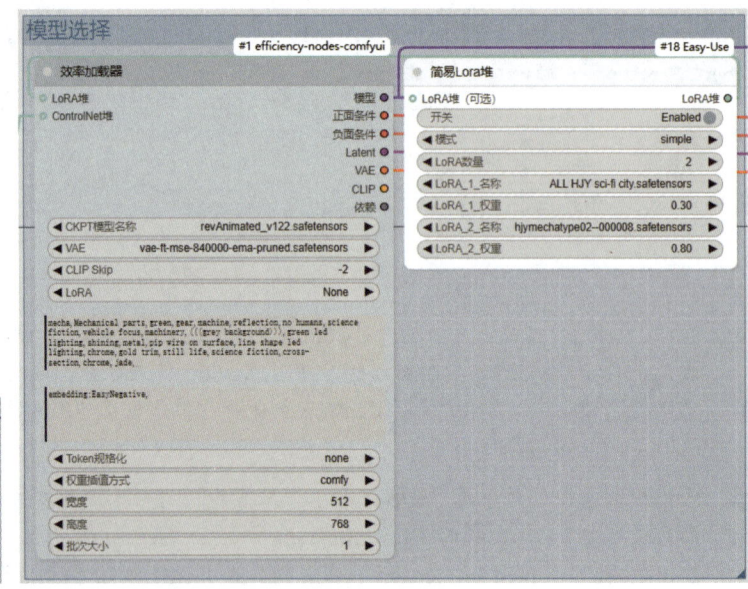

图9-100　　　　　　　　　　　　　　图9-101

05 在"修复重绘"部分，对于"K采样器（效率）"节点，将"步数"值设置为30，CFG值设置为6.5。"采样器"选择euler，"调度器"选择normal，"降噪"值设置为1.00，其余参数则保持默认设置。接着，在"高清修复"节点中，"缩放类型"选择both，"修复模型"选择（use same），而放大模型则选用RealESRGAN_x4plus.pth。将"缩放系数"值设定为2，并关闭"随机种不变"选项。"高清修复步数"值设置为20，"降噪"设置为0.50，其他参数则维持默认设置，如图9-102所示。

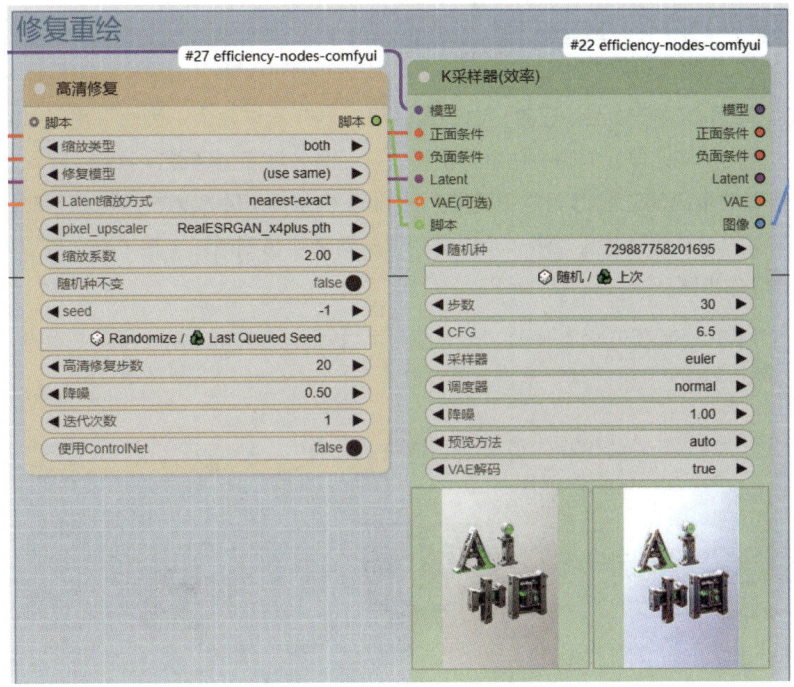

图9-102

06 单击"添加提示词队列"按钮后,一张充满科技感的机械文字图像便生成了,如图9-103所示。若希望生成其他文字的机械效果,只需替换文字素材底图即可实现。同样地,如果想要呈现不同的字体效果,只需更换LoRA模型即可。

 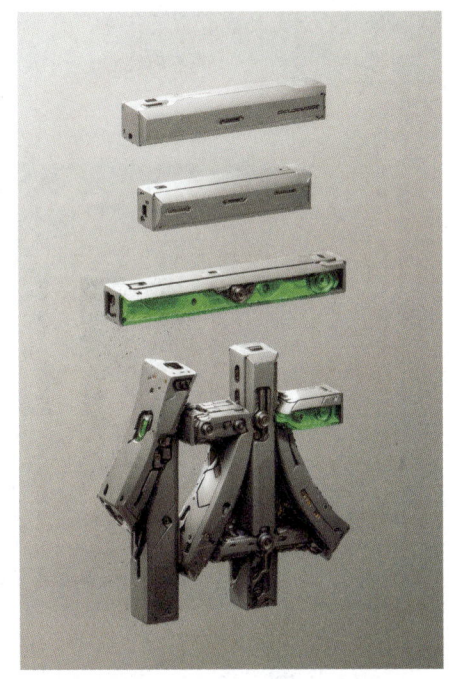

图9-103

9.13　一键超清放大图像工作流

在使用 Flux 模型对图像进行放大处理时，由于该过程对显存需求较大，因此采用了 tile 放大技术。这项技术通过分块处理图像，并将处理后的图像块进行拼接，从而有效地降低了显存消耗。Flux 模型以其卓越的图像生成质量和对提示词的精确响应能力而广受赞誉。当 Flux 模型与 tile 放大技术相结合时，不仅能够在放大图像的过程中保持图像的细节信息，还能进一步提升图像的清晰度和细腻度。接下来，以放大社交平台上的图片为例，介绍具体的操作步骤。

01　进入ComfyUI界面后，将已下载至本地的"一键超清放大图像"工作流文件拖至界面内，即可成功载入并打开该工作流，如图9-104所示。接下来，将对工作流的6个部分进行逐一详细讲解。

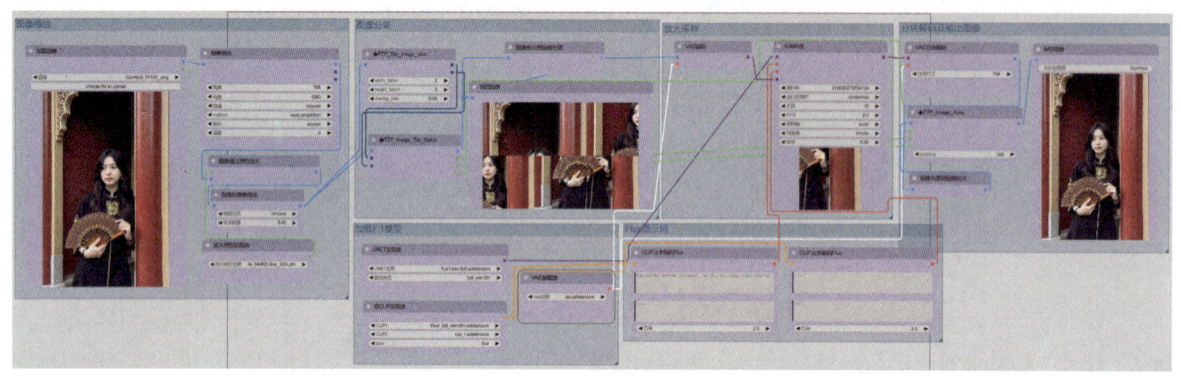

图9-104

02　在"图像缩放"部分，首先通过"图像缩放"节点来调整上传图像的尺寸。随后，利用"图像通过模型放大"节点对图像进行放大处理。需要注意的是，使用模型放大时无法精确控制图像的放大倍数。因此，进一步通过"图像按像素缩放"节点来适当缩小图像尺寸，以优化后续放大过程的速度并减少显存占用，如图9-105所示。

图9-105

03　在"图像分块"部分，首先通过TTP_Tile_image_size节点将图片按照设定的比例进行分割。接着，利用TTP_

Tile_image_Batch节点将已分割好的图像块组织成图像批次。然后，通过"图像批次到图像列表"节点，将这些图像批次转换成列表形式，并传递给"VAE编码"节点以进行后续的编码处理，如图9-106所示。

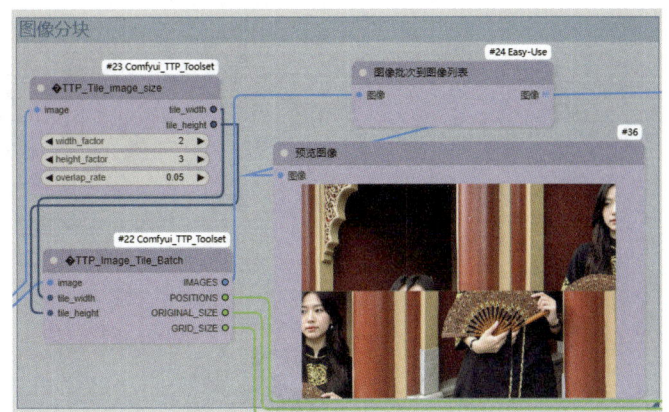

图9-106

04 在"加载F.1模型"部分，首先在"UNet加载器"节点选择Flux模型，此处选用flux1-dev-fp8.safetensors模型。接着，在"双CLIP加载器"节点，选择与Flux模型相匹配的CLIP模型，其中type选项设置为flux。最后，在"VAE加载器"节点，选择专为Flux设计的VAE模型，如图9-107所示。

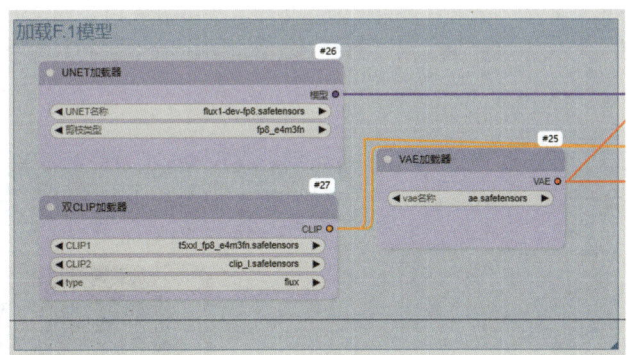

图9-107

05 在"Flux提示词"部分，由于目标是放大图像并提升其质量，因此正面提示词应主要围绕质量方面进行填写：high quality, detailed, photograph, hd, 8k, 4k, sharp, highly detailed。同时，"引导"值可以适当缩小，以减少对图像原始特征的干扰，如图9-108所示。

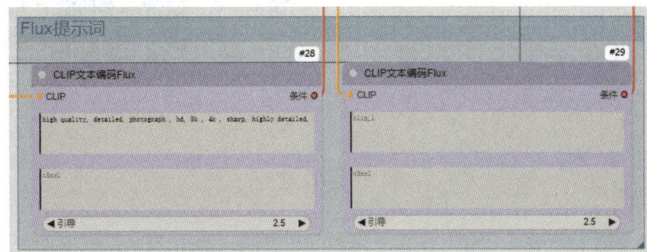

图9-108

06 在"放大采样"部分，对于"K采样器"节点的设置，采用Flux模型常用的图像生成参数即可。需要注意的是，由于是基于图像生成图像（图生图），因此需要将"降噪"值适当缩小，以避免生成模糊的图像，如图9-109所示。

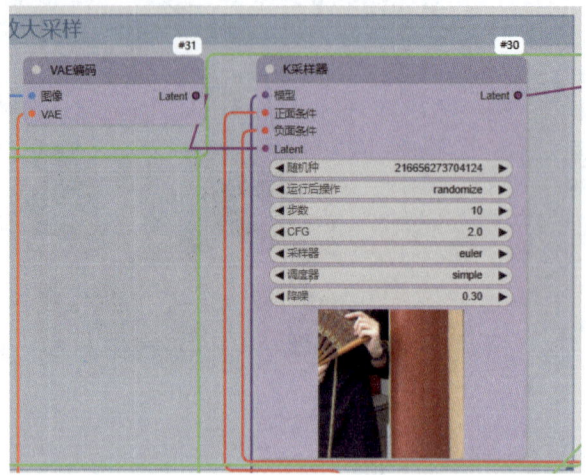

图9-109

07 在"分块解码及输出图像"部分，首先通过"VAE分块解码"节点对输出的图像进行分块解码操作。随后，利用"图像列表到图像批次"节点将解码后的图像按批次输出给TTP_Image_Assy节点。最后，TTP_Image_Assy节点根据输入时的图像参数，将这些图像批次准确地拼接成一幅完整的最终图像，如图9-110所示。

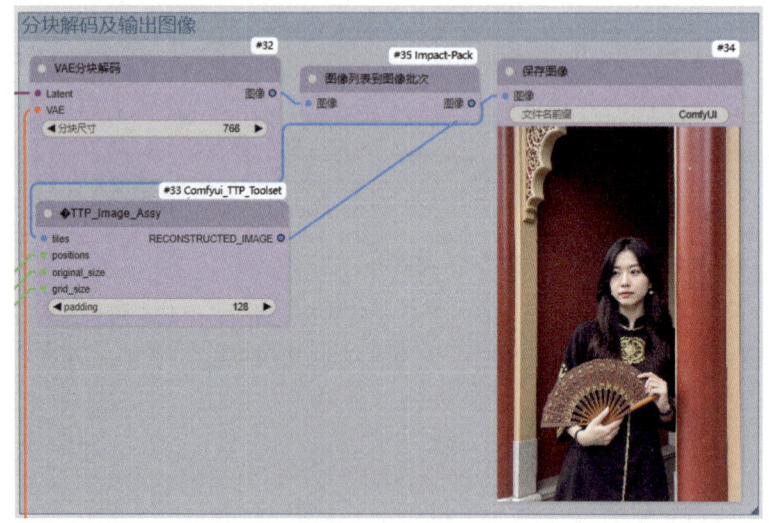

图9-110